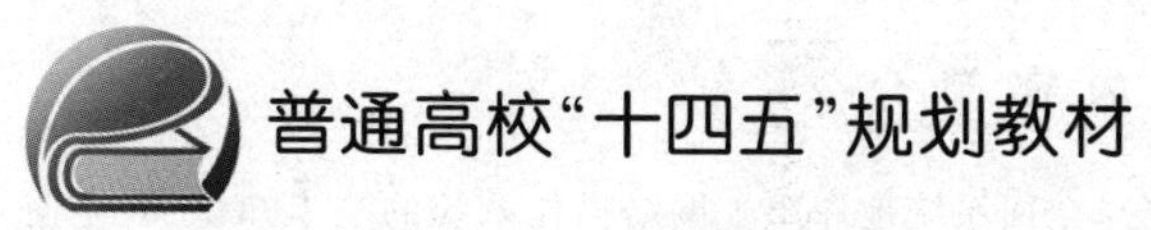

Linux 操作系统原理与应用

主编 柯 捷 梁 泉 朱昌洪

北京航空航天大学出版社

内 容 简 介

本书内容分为基础、原理和应用三部分，全面系统地介绍了网络操作系统的基本知识、安全使用及服务器的配置、管理与应用等。基础部分主要介绍 Linux 操作系统概述、Linux 操作基础和基本管理命令，以及 Linux 操作系统的安装与配置；原理部分主要介绍 Linux 操作系统的基本原理等，主要命令有网络参数配置、用户和组、文件系统、管理磁盘；应用部分主要介绍 Shell 程序设计、Linux 系统管理等，详细内容有远程主机、FTP 实现文件共享、服务传输文件等。本书注重原理讲解与应用实践相结合，精心设计了大量的实验案例，且在每一章的最后一节都设计了一个项目实践，并在最后一章设计了结课实践，以达到理论应用于实际的目的。

本书可作为高等院校计算机类专业和电子信息类专业本科生操作系统课程的教材，也可作为 Linux 系统应用开发人员的自学参考书。

图书在版编目(CIP)数据

Linux 操作系统原理与应用 / 柯捷，梁泉，朱昌洪主编. -- 北京 ：北京航空航天大学出版社，2023.5

ISBN 978 - 7 - 5124 - 4082 - 1

Ⅰ. ①L… Ⅱ. ①柯… ②梁… ③朱… Ⅲ. ①Linux 操作系统 Ⅳ. ①TP316.85

中国国家版本馆 CIP 数据核字(2023)第 070410 号

Linux 操作系统原理与应用

主编 柯 捷 梁 泉 朱昌洪

策划编辑 董立娟 责任编辑 王 实

*

北京航空航天大学出版社出版发行

北京市海淀区学院路 37 号(邮编 100191) http://www.buaapress.com.cn

发行部电话：(010)82317024 传真：(010)82328026

读者信箱：emsbook@buaacm.com.cn 邮购电话：(010)82316936

北京一鑫印务有限责任公司印装 各地书店经销

*

开本：710×1 000 1/16 印张：15.75 字数：336 千字

2023 年 5 月第 1 版 2023 年 5 月第 1 次印刷 印数：2 000 册

ISBN 978 - 7 - 5124 - 4082 - 1 定价：52.00 元

前　言

《Linux 操作系统原理与应用》是一本应用实践型教材，适用于强调以应用和实践为主的本科院校，以及计算机类和信息类专业操作系统课程，也可作为 Linux 操作系统应用开发人员的自学参考书。

全书按照 Linux 操作系统知识的体系结构和系统性，以及难易程度，逐步安排相关知识点，引导初学者快速掌握 Linux 操作系统的基本原理，进而实现 Linux 服务器的配置应用。本书内容设置由浅入深，同时结合实际操作步骤，在每章的最后一节都配置了一个完整的案例项目实践，重点突出，注重理论与实践的结合。

在内容编写上，本书以 Ubuntu 22.04 为平台，分为基础、操作、应用三部分，在讲述系统的基本概念、操作、原理等基础内容后，对系统、网络及服务器的配置进行了全面讲解，涵盖了 Linux 操作系统从初学到进阶的主要内容。

全书分为 11 章，各章具体内容如下：

第 1 章概括介绍 Linux 操作系统和安装，包括操作系统的功能及分类、发展历史、特点、版本等，以及 Linux 系统的安装与基本配置、在 VMware 虚拟机下安装等。

第 2 章主要从系统和整体上介绍 Linux 操作系统的管理模式，包括 Linux 系统的基本操作、文件类型、文件系统类型、目录结构等 Linux 命令。

第 3 章主要介绍 Linux 系统的用户管理，包括 Linux 系统中用户和用户组的概念等。

第 4 章主要介绍 Linux 系统的系统管理，包括进程、计划任务等。

第 5 章主要介绍 Linux 系统的网络管理，包括 ping、ip、ifconfig 等命令。

第 6 章主要介绍 Linux 系统的硬件管理，包括存储、内存管理等。

第 7 章主要介绍 Linux 操作系统的软件管理，包括 APT、LAMP、FTP 等软件安装等。

第 8 章主要介绍 Shell 脚本，包括 Shell 高级功能、Shell 脚本运行等命令。

第 9 章主要介绍 Linux 下的 C 语言编程，包括 GCC 的编译、优化、调试等。

第 10 章主要介绍 Linux 下防火墙的管理，包括 nftables、ufw 的设置。

第 11 章结课实践，主要是针对所学内容，完成实例项目的设计和实施，以实现完整的 Linux 系统的应用和实践。

本书操作性较强，语言通俗易懂，内容循序渐进，同时书中配有难度适中且实用性强的示例和习题，有助于读者迅速、全面地掌握操作系统原理、应用技术和基本开发技能。

本书编者多年来一直从事 Linux 相关课程的讲授及理论研究工作，并在多个项目中对 Linux 内核、系统安全等进行了深入研究，有着丰富的教学实践和编程经验。

本书由柯捷、梁泉、朱昌洪任主编，林奕森、赵全友、曾利任副主编。全书编写分工如下：第 1 章由柯捷编写，第 2～4 章由柯捷、郭振军、赵全友编写，第 5～8 章由梁泉、林奕森、曾利编写，第 9～11 章由朱昌洪、阳珊珊、董光光编写。

由于编者水平有限，书中难免存在不妥之处，敬请读者批评指正。

编　者

2023 年 1 月 3 日于桂林

目　录

第1章 Linux系统简介及安装

学完本章内容以后，你将能够：

- 了解Unix/Linux操作系统；
- 了解Linux下的磁盘分区和目录结构；
- 具备搭建Linux系统平台的能力。

1.1 Unix/Linux系统简介

Unix是较早被广泛使用的计算机操作系统之一，它的第1版于1969年在贝尔(Bell)实验室诞生，1975年对外公布，1976年以后在贝尔实验室被广泛使用。

芬兰的一位计算机研究生Linus Torvalds通过学习Minix(一个用于教学目的的简单Unix系统)，在x86平台上构建了Linux内核，这个内核与GNU的系统工具结合起来，取得了相当大的成功，成为当前非常流行的GNU/Linux系统。

1.1.1 Unix的起源及发展

Unix操作系统的历史漫长而曲折，它的第一个版本是1969年由Ken Thompson在AT&T贝尔实验室实现的，运行在一台DEC PDP-7计算机上。这个系统非常粗糙，与现代的Unix相差很远，它只具有操作系统最基本的一些特性。后来Ken Thompson和Dennis Ritchie使用C语言对整个系统进行了再加工和编写，使得Unix能够很容易地移植到其他硬件的计算机上。此后，Unix系统开始了令人瞩目的发展。

1.1.2 GPL与Linux的诞生及发展

Linus Torvalds一直以来就喜欢那个小小的操作系统核心，而操作系统的核心是管理一个系统中最底层的东西，所有的硬件资源都是由核心 Kernel 来管控的。但是，就如前面所说的，早期的 Unix 并不支持 x86 架构的个人计算机，直到 1991 年，当时还是大学生的芬兰人 Linus Torvalds 声称他修改了一个简单的操作系统核心，核心名称为 Hobby。这个名为 Hobby 的核心（Kernel）即为第一个 Linux 的核心系统。此外，由于它是基于 GNU 协议而开发的这个操作系统，所以它是免费的，任何人都可以下载使用。

Linus Torvalds 开发的这个 Hobby 是基于 Unix 系统发展出来的，其将 Unix 中的很多数据加以简化，使之可以适用于 Intel 主导的 x86 系统（早期的个人计算机系统为 386 和 486 架构），因此他所发表的这个最新的系统核心就被称为 Linus's unix，简称 Linux。当然，由于这个核心很像当时的 Unix 系统，因此也称为 Unix-Like 系统。（注：其实 Unix-Like 可以说是目前服务器类型操作系统的统称。因为，不论是 FreeBSD、BSD、SunUnix、SCO Unix、HP Unix，还是 Red Hat Linux、Mandrake Linux 等，都是由 Unix 来的，因此，这些都是被统称为 Unix-Like 的操作系统。）

那么这个操作系统有什么特殊功能呢？简单来说就是：

① 免费：由于基于 GPL（General Public License）架构，因此它是免费的，也就是任何人都可以免费使用或是修改其中的源代码。这就是所谓的“开放性的架构”，这对于科学界是相当重要的。因为很多工程师由于特殊的需求，常常需要修改系统的源代码，使该系统可以符合自己的需求。而这个开放性的架构就可以满足各种不同需求的工程师，因而就可能越来越流行。

② 配备需求低：它可以支持个人计算机的 x86 架构，系统资源不必像早先的 Unix 系统那样，仅适合于单一公司（例如 Sun）的设备。单从这一点来看，就可以广泛流行。

③ 功能强大而稳定：由于其功能并不输给一些大型的 Unix 工作站，因此，近年来越来越多的公司、组织团体、个人都开始投入这样一个操作系统的开发和整合的工作中来。

④ 独立作业：由于很多软件套件逐渐被这套操作系统替代，而很多软件套件也都是在 Linux 这个操作系统上进行发展与测试的，因此，Linux 目前已经能够独立地完成几乎所有的工作站或服务器的服务了，例如 Web、Mail、Proxy、FTP 等。

目前，Linux 已经是相当成熟的一套操作系统了。由于资源耗费少且免费，因此可以说已对微软造成相当大的压力。此外，由于它对系统硬件要求很低，在相当多被淘汰的硬件中也运行得相当顺畅和稳定，因此受到了许多人的关注。

以上这些是 Linux 成为近年来最受瞩目的操作系统之一的原因。如前述，它会受到瞩目，第一，因为它是“free”的，就是免费的操作系统；第二，它是开放性的系统，就是可以随时取得程序的源代码，这对于程序开发工程师而言很重要；第三，虽然它是免费的，但是功能却很强大。总之，Linux 具有以下优点：① 硬件需求低；② 架构开放；③ 系统稳定及保密功能强；④ 完全免费。

1.1.3　Linux 版本的发展

Linux 继承了 Unix 的版本制定规则，将版本分为内核版本和发行版本两类。内核版本是指 Linux 系统内核自身的版本号，而发行版本则是指由不同的公司或组织将 Linux 内核与应用程序、文档组织在一起，所构成的一个发行套装。

1. Linux 内核版本

内核版本可能属于以下几个主要类别：

(1) 预发布

预发布或"RC"内核是主线内核预发布，主要针对其他内核开发人员和 Linux 爱好者。他们必须从源代码编译，并且通常包含新功能，这些功能必须经过测试才能放入稳定版本中。预补丁内核由 Linus Torvalds 维护和发布。

(2) 主　线

主线树由 Linus Torvalds 维护。其是引入所有新功能的树，也会包含所有令人兴奋的新开发。新的主线内核每 9～10 周发布一次。

(3) 稳　定

每个主线内核发布后，其被认为是"稳定的"。稳定内核的任何 bug 修复都是从主线树向后移植的，并由指定的稳定内核维护者应用。在下一个主线内核可用之前，通常只有少数 bug 修复内核版本，除非它被指定为"长期维护内核"。稳定的内核更新根据需要发布，通常每周发布一次。

(4) 长　期

通常有几个"长期维护"内核版本，用于向后移植旧内核树的错误修复。只有重要的错误修复才应用于这样的内核，通常每年会有一个长期维护版本发布。

截至 2022 年 6 月，仍在维护的长期版本如表 1－1 所列。

表 1－1　Linux 内核版本

版　本	发　布	预计停止维护
5.15	2021－10－31	2023 年 10 月
5.10	2020－12－13	2026 年 12 月
5.4	2019－11－24	2025 年 12 月
4.19	2018－10－22	2024 年 12 月
4.14	2017－11－12	2024 年 1 月
4.9	2016－12－11	2023 年 1 月

Linux 内核历史上有多个不同的命名方案。

最常见的版本格式为 A. B. C，其中 A、B、C 分别代表：A 为主版本号，一般认为只有当发生极为重大的核心代码变化时主版本号才会改变，但是据 www. kernel. org

声称，只有当点后面的数字(即 B)开始看起来“太大”时，主版本号才会递增，没有其他原因。B 是指一些重大修改(如内核修改)。在 2.6 版本之前，B 为奇数表示预发布，开发内核(例如 2.1，2.3，2.5。这个方案在内核 2.6 发布后被放弃了，现在预发布内核用“-rc”表示)，B 为偶数表示稳定版本。C 是指轻微修订的内核，这个数字当有安全补丁、bug 修复、新的功能或者驱动程序发布时便有变化。

2.6.0 版本因历史原因比较特殊，存在的时间也比较长。其内核的版本格式为 A.B.C.D：A.B 即 2.6，C 是内核的版本，D 是安全补丁。

2022 年 5 月，Linus Torvalds 发布 Linux 5.18，这是截至 2022 年 6 月最新的 Linux 内核版本。

2. Linux 发行版本

Linux 说到底只是个 Kernel 而已，由 Linus Torvalds 等人在不断地开发和推出新的 Kernel，然而相应的 utilities 和 software 则多用 GNU 的和其他的 freeware。由于 Linux 基本遵循 POSIX 标准，因此大多数 Unix 软件的编译移植不会有太大的困难。而将 Linux Kernel 与这些外围的程序整合起来的任务是由发行版完成的，他们推出不同的发行版，以方便用户使用，如 FreeBSD 就只有一种 official 发行版，学习配置就不会遇到因发行版不同而带来的困难(如 XF86Config 的位置、启动方式等)。

以下是常见的一些 Linux 发行版本：

➢ Red Hat Linux

Red Hat Linux(红帽 Liunx)是由 Red Hat 软件公司(http://www.redhat.com)发行，它当前会同时提供 Linux 的商业版和 GPL 版，同时 Red Hat 公司为用户提供收费的技术支持。Red Hat Linux 最大的优势在于易维护和易使用。目前 Red Hat Linux 已经成为流行的 Linux 发行版，其 2010 年 11 月 10 日发布的 RHEL 6 正式版(红帽官方已经不用 REHL 这个简称了，其全称叫做 Red Hat Enterprise Linux)声称是一个可以取代微软服务器环境的极佳产品。RHEL 在发行时有两种方式：一种是二进制的发行方式，另一种是源代码的发行方式。CentOSJIUSHI RHEL 源代码是再编译的产物，其在 RHEL 的基础上修正了不少已知的 bug，相对于其他 Linux 发行版，其稳定性值得信赖。

➢ Novell/Suse Linux

Suse Linux 是欧洲大陆的 Linux，目前的最新版本是 11.0. 现已被 Novell 公司收购。

➢ Debian Linux

DebianLinux 是目前唯一由非商业组织维护的 Linux 发行版本，Debian 的安装使用对用户的要求较高，其功能强大，收录的软件极为丰富，尤其适合高级用户。

➢ Ubuntu Linux

Ubuntu Linux 就是在 Debian 基础之上，再创建一个可以为桌面和服务器提供

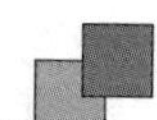

最新且一贯的Linux系统。Ubuntu囊括了大量从Dabian发行版中精挑细选的软件包，同时保留了Debian强大的软件包管理系统，以便简易地安装或彻底删除程序。与大多数发行版附带数量巨大的可用和可不用的软件不同，Ubuntu的软件包清单只包含那些高质量的重要应用程序。Ubuntu注重质量，提供了一个健壮且功能丰富的计算环境，既适合家用又适用于商业环境。Ubuntu称每6个月就会发布一个版本，以提供最新、最强大的软件。Ubuntu支持各种架构，包括i386(386/486/Pentium(Ⅱ/Ⅲ/Ⅳ)和Athlon、Duron、Sempron处理器)、AMD64(Athlon64、Opteron及64位Intel处理器)，以及PowerPC(ibook、Powerbook，G4andG5)等。

➢ 红旗Linux

红旗Linux是全球发行量最大的中文Linux，目前的最新版本是6.0。

1.1.4　Ubuntu Linux系统简介

Ubuntu是一个古老的非洲语单词，意思是以人道善待他人，同时还有着“群在故我在”的意味。Ubuntu操作系统将Ubuntu精神带到了计算机世界。

Ubuntu被认为是对硬件支持最好的Linux发行版之一，绝大部分的硬件在Ubuntu上都能轻松安装使用。同时Ubuntu也易于安装。

1. Ubuntu的起源

2004年，当时的Linux已确立了作为企业服务器平台的地位，但免费软件还未走进大多数计算机用户的日常生活。为了让免费软件为大众所用，Mark Shuttleworth聚集了一群来自著名Linux项目“Debian”的开发者，着手创造了一个易用的Linux桌面系统：Ubuntu。

2. Ubuntu的版本发布

Ubuntu以每6个月一次的频率发行新版本，每年4月及10月各发布一个版本。版本号通常由年份后两位及月份组成，例如2022年4月发布的版本，版本号为22.04。

Ubuntu偶数年4月发布的版本将获得长期支持(LTS)，例如14.04、16.04、18.04等。LTS版本一般提供5年的免费安全和维护更新。截至2022年6月，最新一个LTS版本即为22.04。本书将以Ubuntu 22.04版本为例，介绍Linux操作系统。

1.2　Linux系统安装

对Linux有了初步了解后，就可以安装其操作系统了。下面将以Ubuntu Linux为例，介绍Linux系统的安装步骤。在开始安装之前，还需要了解在Linux安装过程中可能用到的一些基本知识。

1.2.1 系统安装方式

Linux 有多种安装方式：

1. 针对 PC 的安装

(1) 从光驱安装

要求：有 Linux 安装光盘，且计算机有光驱。推荐首先设置 BIOS 从光驱启动，然后再从光盘启动安装 Ubuntu Linux。

(2) 从 U 盘安装

要求：有可启动的 U 盘，使用克隆工具或安装工具将其镜像安装。

2. 针对虚拟机的安装

虚拟机的安装比较简单，只需将镜像加载进虚拟光驱，以虚拟光驱启动即可开始安装。

1.2.2 虚拟机

1. 虚拟机简介

虚拟机(Virtual Machine)指通过软件模拟的、具有完整硬件系统功能的、运行在一个完全隔离环境中的完整计算机系统。目前流行的虚拟机软件有 VMware (VMWare ACE)、Virtual Box 和 Virtual PC，它们都能在 Windows 系统上虚拟出多个计算机(Windoows、Linux、UNIX 操作系统)，每个虚拟计算机可以独立运行，都有独立的 CMOS、硬盘和操作系统，可以安装各种软件与应用等，可像使用实体机一样对虚拟机进行操作。

2. 安装虚拟机

要安装虚拟机，首先选择相应的软件版本，本教材选择的 VMware 版本是 VMware Workstation 16.2.4，可以通过网址(https://www.vmware.com/cn.html)下载。

① 安装向导：双击下载的虚拟机软件包进行安装，界面如图 1-1 所示。

② 接受许可条款：单击“下一步”按钮后，选中“我接受许可协议中的条款”，界面如图 1-2 所示。

③ 选择安装路径：继续单击“下一步”按钮后，再单击“更改”按钮，选择要安装的路径，这里安装路径为“E:\developmen\虚拟机\安装”，如图 1-3 所示。

④ 用户体验设置：继续单击“下一步”按钮，如图 1-4 所示，根据需要选中“启动时检查产品更新”，为了提升软件的启动速度，可以取消勾选。

⑤ 设置快捷方式：继续单击“下一步”按钮，如图 1-5 所示，根据需要选择是否创建桌面和开始菜单中的快捷方式。

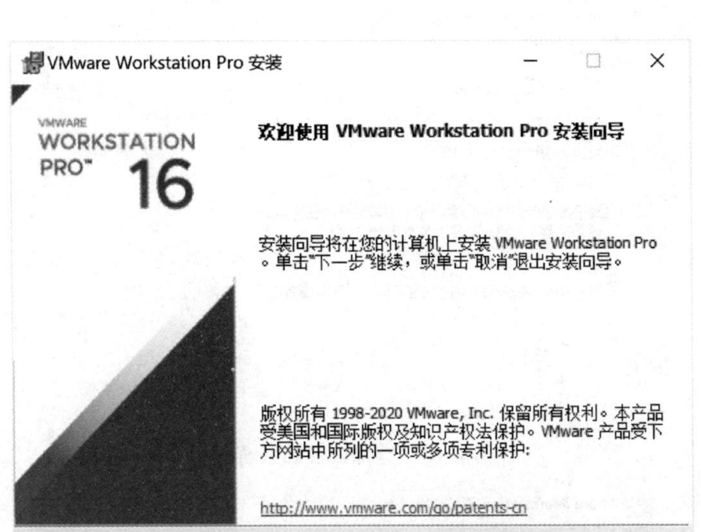

图1-1　安装向导界面

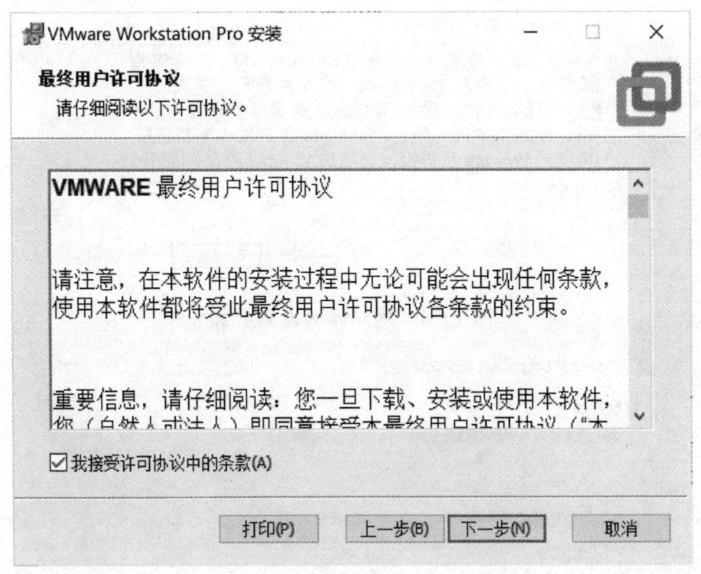

图1-2　接受许可条款界面

⑥ 安装：继续单击"下一步"按钮后，开始准备安装虚拟机，单击"安装"按钮后开始安装，随后等待安装完成，如图1-6所示。

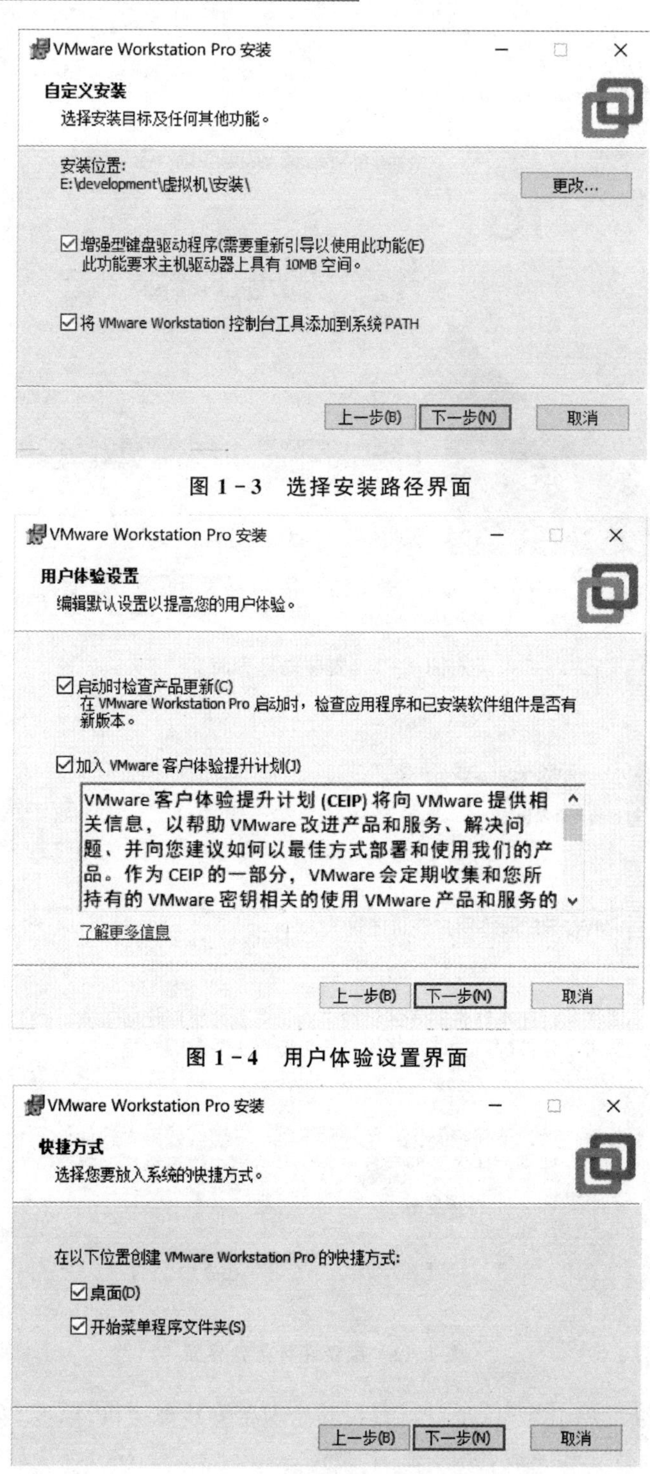

图 1-3　选择安装路径界面

图 1-4　用户体验设置界面

图 1-5　快捷方式设置界面

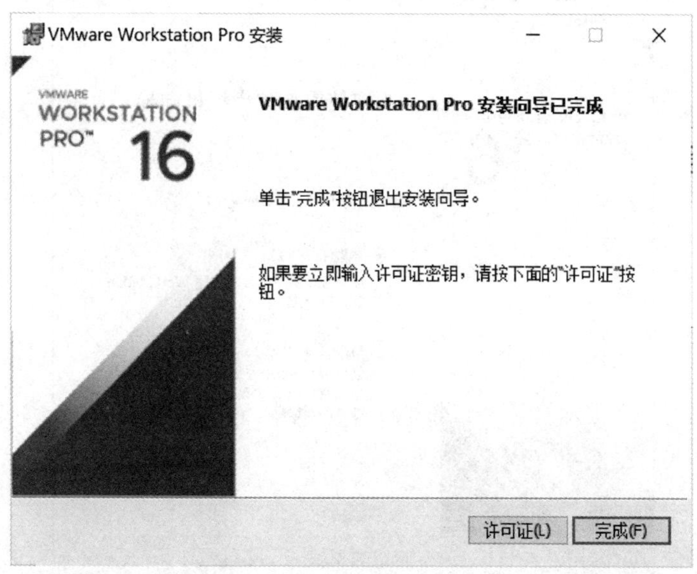

图 1-6　安装完成界面

3. 配置虚拟机

安装完成后启动 VMware 软件，其主页面如图 1-7 所示。单击主页中的"创建新的虚拟机"，VMware 开始启动向导引导用户一步步去创建新的虚拟机。首先提示选择什么类型的配置，界面如图 1-8 所示，有"典型"和"自定义"两种安装类型，这里选择"典型"安装方式，通过几个简单的步骤进行创建。

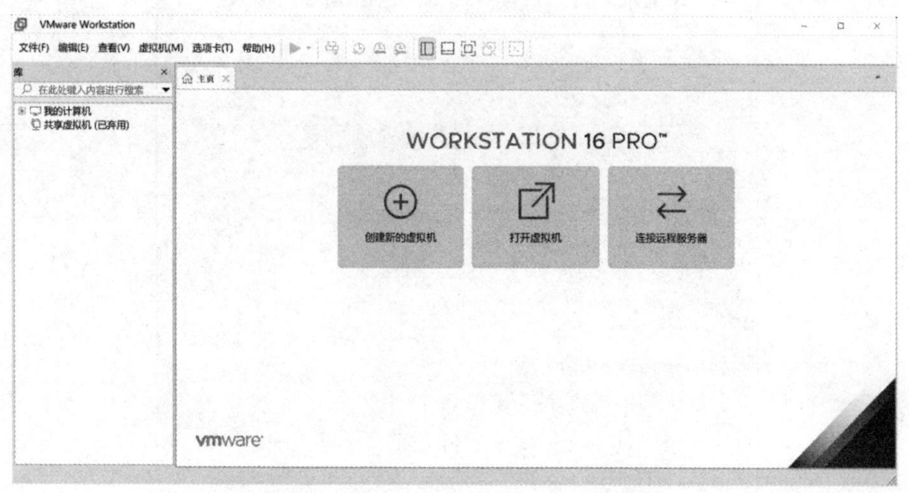

图 1-7　VMware 启动后的主页界面

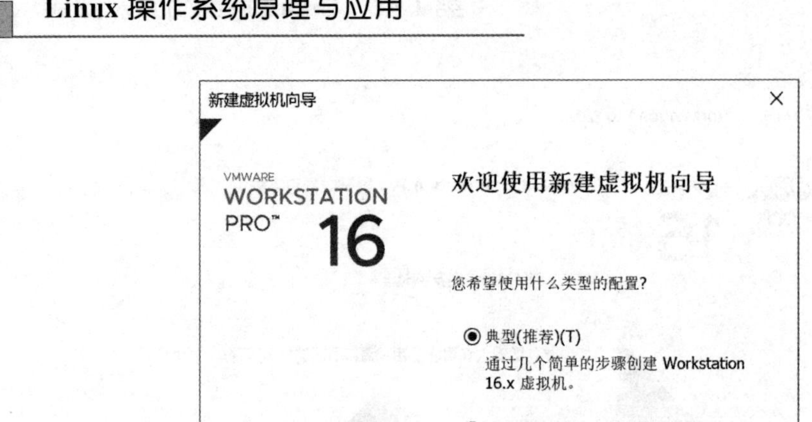

图 1-8 新建虚拟机向导界面

单击“下一步”按钮后，需要选择虚拟机的安装来源，如图 1-9 所示，有两种安装来源，分别是“安装程序光盘”和“安装程序光盘映像文件”，这里选择“稍后安装操作系统”。

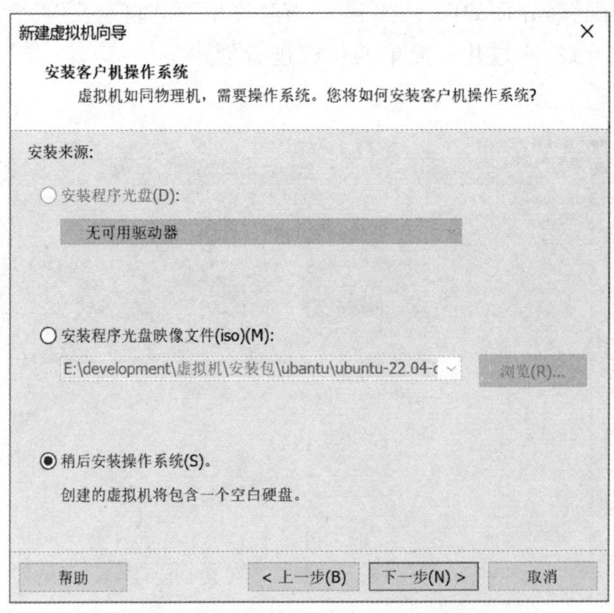

图 1-9 选择虚拟机安装来源界面

继续单击“下一步”按钮后，设置操作系统的版本，这里选择默认的 Linux 操作系统，版本为 Ubuntu 64 位，如图 1 - 10 所示。

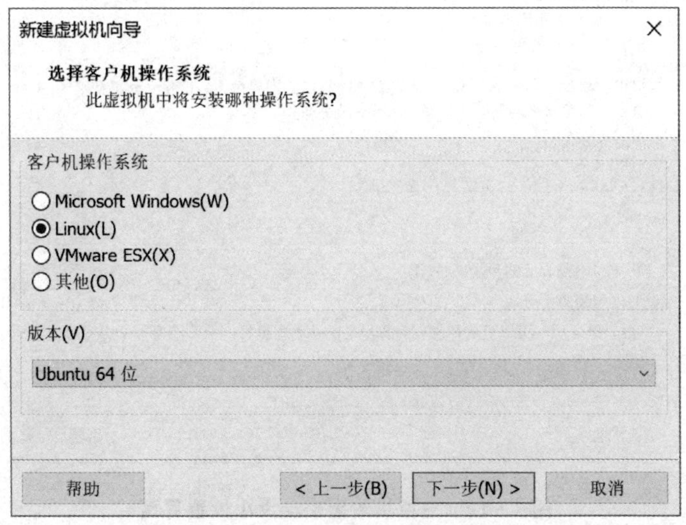

图 1 - 10　选择虚拟机操作系统界面

继续单击“下一步”按钮后，进入虚拟机的命名及安装路径的设置，如图 1 - 11 所示。这里虚拟机的命名可以设置为其他名字，安装路径这里更改为有足够磁盘空间的本地硬盘路径，可以单击“浏览”按钮进行安装路径的选择，以便完成操作系统的安装。

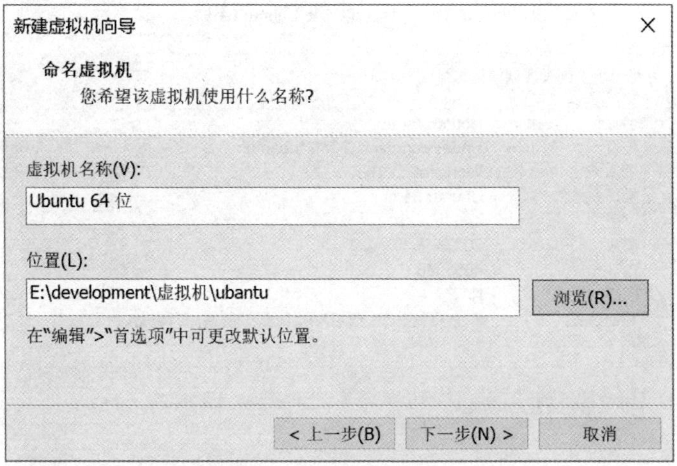

新建虚拟机向导
命名虚拟机
您希望该虚拟机使用什么名称?
虚拟机名称(V):
Ubuntu 64 位
位置(L):
E:\development\虚拟机\ubantu
浏览(R)...
在“编辑”>“首选项”中可更改默认位置。
< 上一步(B)
下一步(N) >
取消

图 1 - 11　虚拟机的命名及安装路径的设置界面

继续单击“下一步”按钮后，进行磁盘大小的设置，如图 1 - 12 所示。这里选择默认的磁盘大小设置即可。

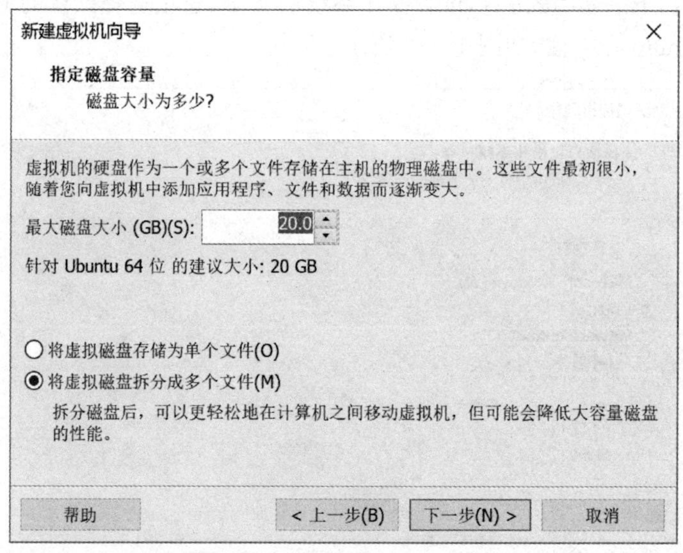

图 1-12　虚拟机最大磁盘大小设置界面

继续单击“下一步”按钮后，进入虚拟机的配置界面，如图 1-13 所示。这里显示的信息就是前面步骤的设置，在单击“完成”按钮创建虚拟机之前，最好设置一下虚拟机的硬件配置信息(内存、处理器、光驱以及网络适配器等信息)。

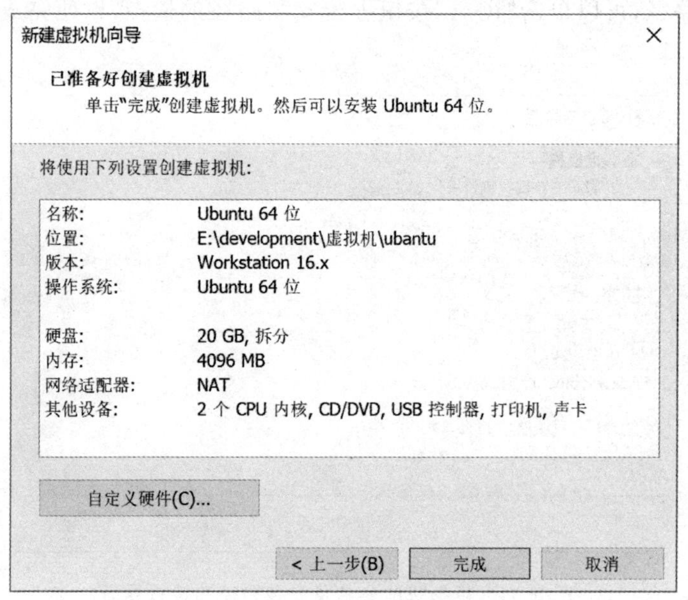

图 1-13　虚拟机的配置界面

单击“自定义硬件”按钮后，进入虚拟机的硬件配置信息界面，选择“内存”，即可

通过右侧的信息分配虚拟机的内存，其大小可以通过键盘输入数值，或者通过“上三角”“下三角”按钮进行微调，还可以拖动左侧的滚动条根据需要进行设置，这里选择1～4 GB 内存都可以，如图 1-14 所示。

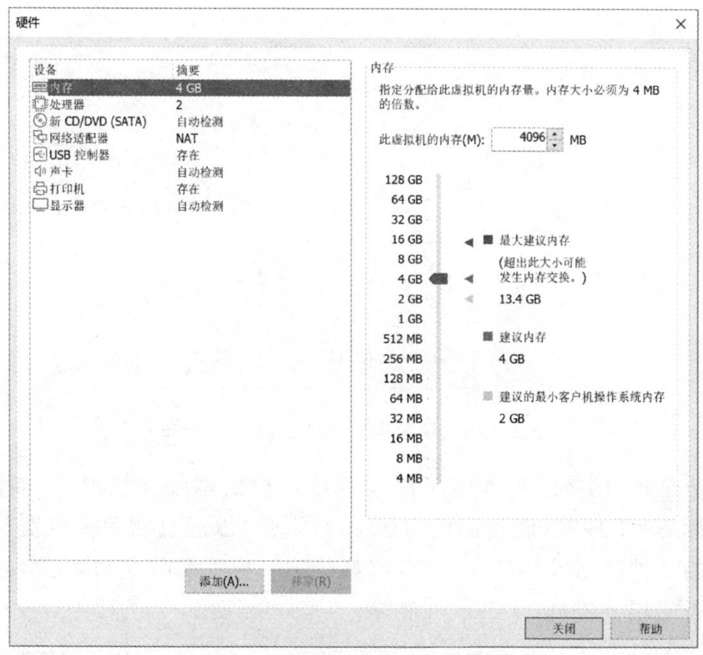

图 1-14　虚拟机内存分配界面

接下来再选择“处理器”，进入虚拟机处理器配置界面，根据需要设置即可，如图 1-15 所示。

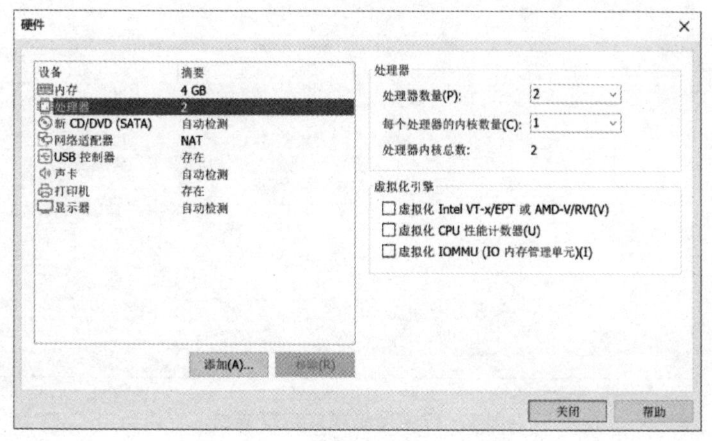

图 1-15　虚拟机处理器配置界面

再选择“新 CD/DVD”进入设置虚拟机的光驱设备界面，选择“使用 ISO 映像文件”单选项，通过单击“浏览”按钮指定 ISO 镜像源（通过 ubuntu 官网进行下载）的位置，如图 1－16 所示。

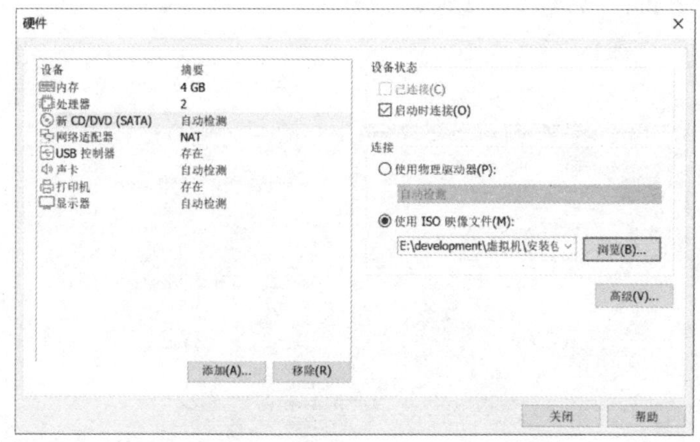

图 1－16　设置操作系统安装路径界面

接下来再选择“网络适配器”，可以设置虚拟机的网络连接模式，如图 1－17 所示。这里选择 NAT 模式，因为创建的这个虚拟机可以通过物理主机实现网络链接。虚拟机常见的 3 种网络连接模式（桥接模式、NAT 模式和仅主机模式），感兴趣的读者可以自行查阅相关资料，这里不再赘述。

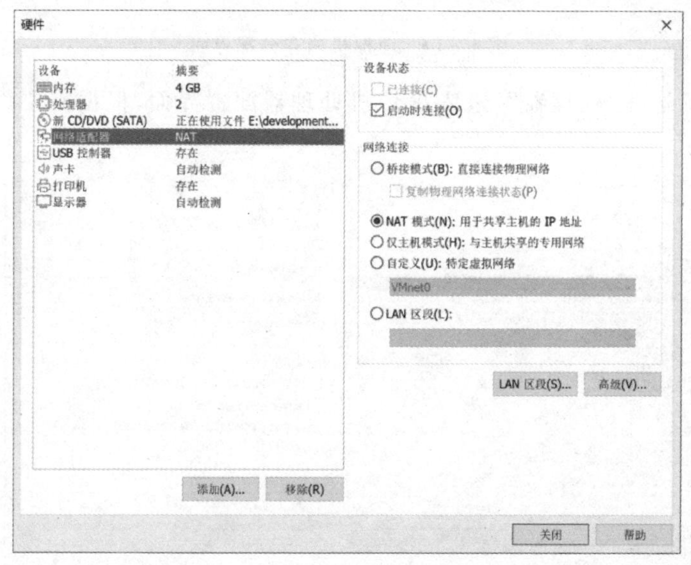

图 1－17　网络模式选择界面

最后单击“关闭”按钮，虚拟机的硬件就配置好了，此时单击“完成”按钮即可完成虚拟机的创建与配置，进入虚拟机管理界面，如图 1－18 所示。

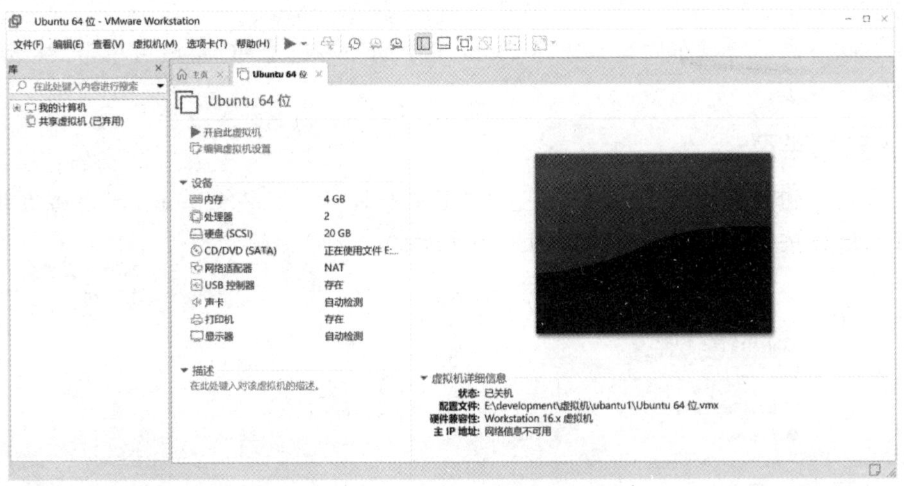

图 1-18　虚拟机管理界面

1.2.3　系统安装过程

本教材中的 Ubuntu 版本选择 2022 年最新发布的版本 22.04LTS，其镜像源可以通过 Ubuntu 官网进行下载，对于初学者，推荐下载 Ubuntu 桌面系统，约 3.4 GB。

1. 启动界面

PC 使用含有安装源的光驱或 U 盘启动，虚拟机从加载了安装镜像的虚拟光驱启动，直接按 Enter 键即可进入图形安装模式，如图 1-19 所示。

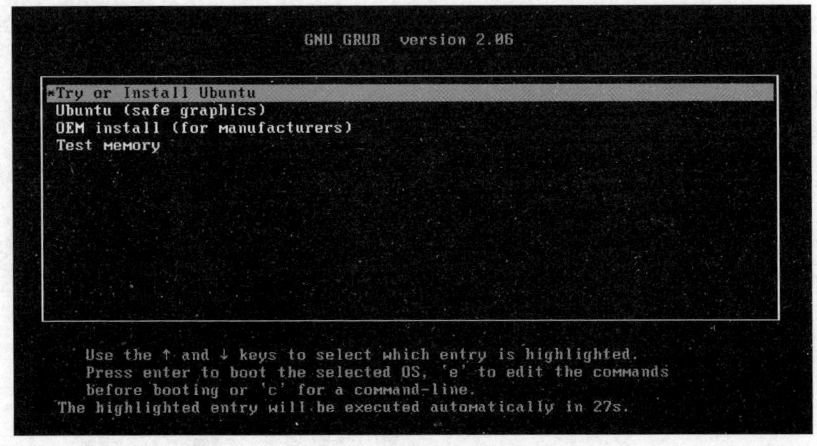

图 1-19　安装启动界面

2. 语种和键盘选择

下面两步是安装过程中语言和键盘的选择，想要在安装过程中看到中文的提示，可以在列表中选择“中文(简体)”,然后单击“安装 Ubuntu”。

在接下来的键盘布局类型选择 Chinese 中的一种键盘布局,最后单击“继续”按钮进入下一步。

3. 安装类型

在更新和其他软件中选择默认选项“正常安装”和“安装 Ubuntu 时下载更新”,单击“继续”按钮进入下一步,如图 1-20 所示。

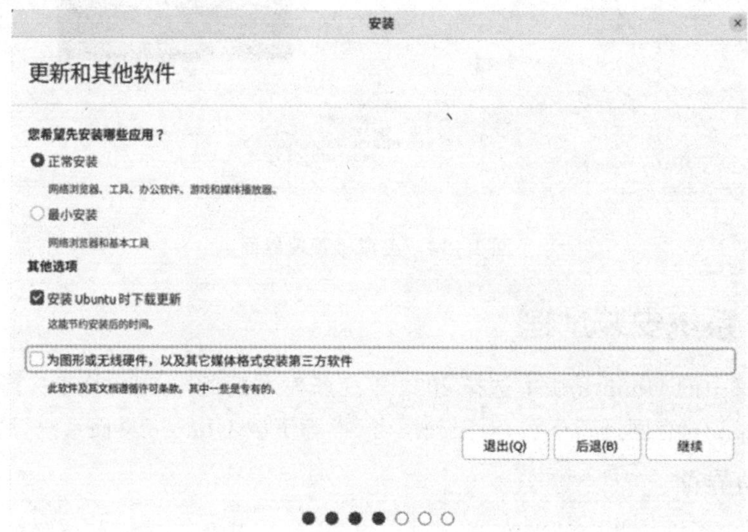

图 1-20　更新和其他软件

默认“清除整个磁盘并安装 Ubuntu”,单击“现在安装”按钮进行安装,如图 1-21 所示。

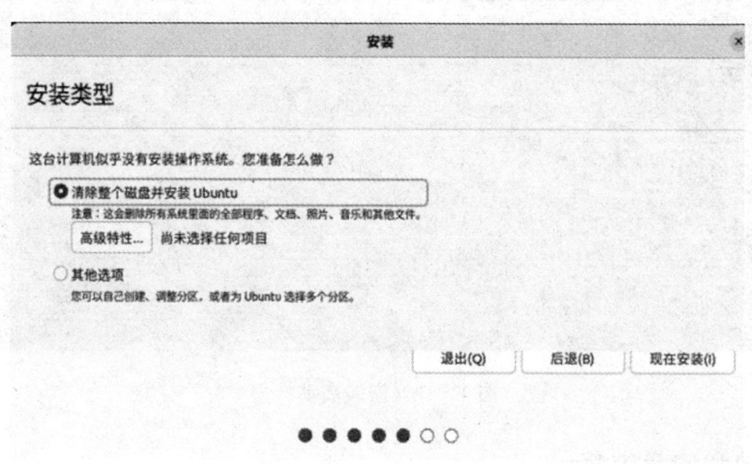

图 1-21　安装类型

4. 用户设置

下面进行用户设置：首先在地图上选择一个地区位置；然后进行普通用户的用户名和密码设置，根据提示进行相应的设置即可（**注意**：设置计算机名时，不能使用下画线字符作为主机名字符）；最后默认登录选项为“登录时需要密码”，单击“继续”按钮进行安装。

5. 确认安装

图 1－22 所示为系统初始安装的进度提示界面，从图中可以看到安装进度。

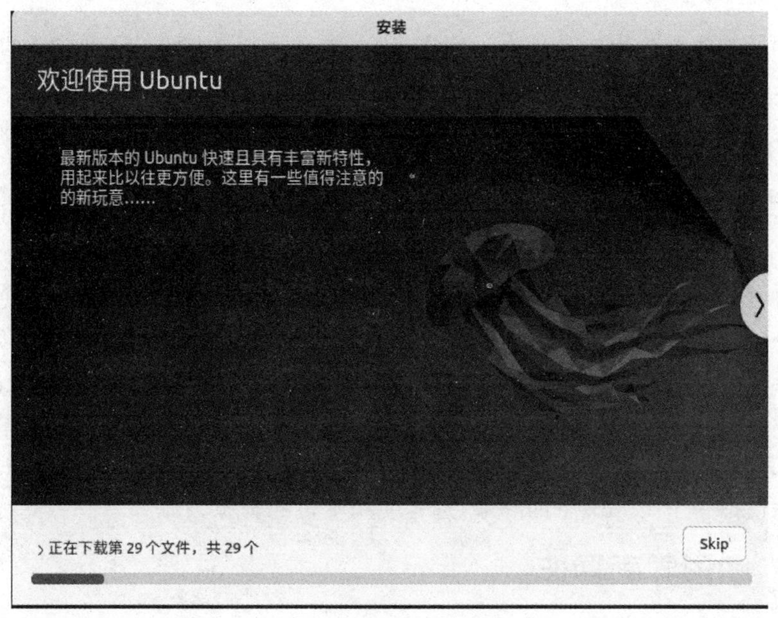

图 1－22　安装进度

安装完成后会有安装完成的提示弹窗，并且新系统需要重新启动后方可使用，单击“现在重启”按钮，此时可以重启系统，如图 1－23 所示。

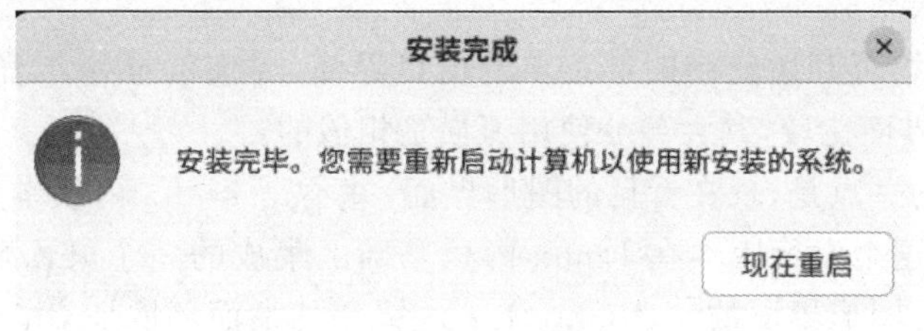

图 1－23　重启弹窗界面

1.3 Linux 操作界面

Linux 操作界面主要分为传统的字符界面和更友好的图形界面。正常情况下，使用字符界面比使用图形界面更快捷高效，因此服务器端一般采用字符界面以达到实现更高效率的目的；而图形界面更友好，对使用者要求也更低，适合安装于办公或休闲使用的 PC。

1.3.1 Linux 的终端（TTY）

终端最初的概念指的是独立于计算机，完成计算机的输入/输出功能的硬件，而随着技术的发展，目前 Linux 系统中的终端都是软件仿真出来的虚拟终端。

作为一个多用户的操作系统，Linux 支持多个终端使用不同用户或相同用户同时登录系统，使用时互相独立，互不干扰。

Ubuntu 22.04 启动时本机一般提供 7 个终端供用户使用，终端之间通过快捷键 Ctrl＋Alt＋(F1～F7)切换，特殊情况下也包括 Ctrl＋Alt＋F8。终端编号为 tty1～tty7，其中 tty1 为图形界面的登录窗口，一般情况下登录后的图形界面会使用 tty2，剩余 5 个终端为纯字符界面。其他的 Linux 发行版大多也提供 7 个终端，如果是包含图形界面的系统，则不同的系统，图形界面使用的终端各不相同，有些是 tty1，也有些是 tty7，剩余终端都是字符界面。

Linux 也支持其他计算机通过 telnet、ssh 等命令，或 SecureCRT、XShell、putty 等工具来模拟一个 Linux 下的终端，远程使用本机的资源。

1.3.2 图形界面操作

安装 Ubuntu 桌面系统并重启后，会进入 Ubuntu 系统的图形界面。此时可根据需要进行一些升级安装的设置，包括各类的可选软件安装和更新等。

在系统启动登录界面后，单击用户名，进入密码输入界面，如图 1－24 所示。

输入之前设置的密码，即可登录。登录成功后，会有几个弹窗，可根据需要选择，如图 1－25 所示。

登录成功后，可开始使用图形菜单的窗口界面，界面的操作与普通用户熟悉的 Windows 操作界面比较，其大部分使用习惯是相似的。

需要了解的一点是，现在看见的图形界面，并不是 Linux 内核本身自带的，而是 Ubuntu Linux 这个发行版本在 Linux 内核基础上集成的一个桌面环境。Linux 内核本身是不包含图形界面的。Ubuntu Linux 采用的桌面环境是 Gnome 42.0。

Gnome 桌面顶端是状态栏，类似于 Windows 下端的任务栏，可通过单击图标进入相应界面；左边是一个停靠栏，类似于 Windows 的快速启动栏，其中包括经常应用的快捷图标等。停靠栏上方是活动菜单，单击可以查看当前正在运行的应用；下方是

“显示应用程序”,可以查看或搜索已安装的应用,在这些应用上右击,可选择添加到收藏夹,即可在快速启动栏生成此应用的快捷图标,方便下一次快速进入此应用。

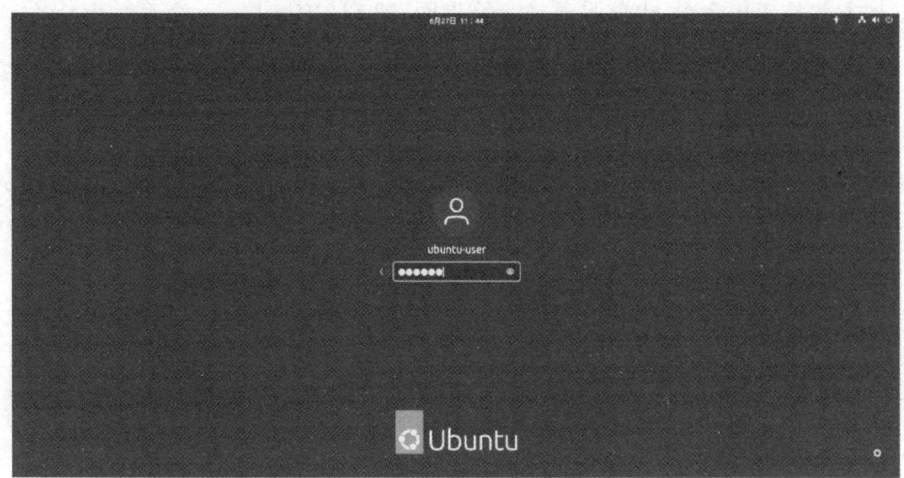

图 1-24　密码输入界面

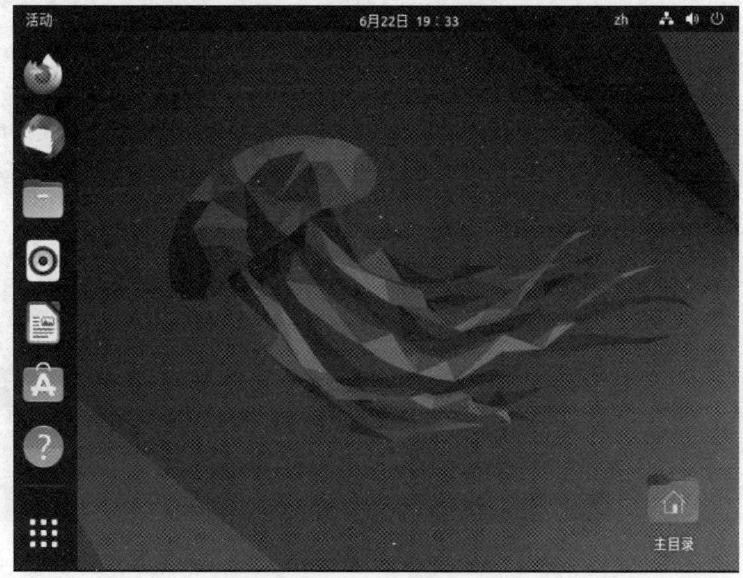

图 1-25　系统图形界面

1.3.3　字符界面操作

1. Shell 初步认识

在传统的 Unix 系统上,系统管理都是通过命令的方式进行的。而在现代的

Linux/Unix 系统上，配置了 GUI 的工作环境，且有相当多的管理命令添加了图形的包装，可以使用图形工具来进行系统管理。但作为系统管理员，最直接、最有效的系统管理方式是使用命令，也就是通过字符界面，即 Shell 与 Linux 交互。

一般 Linux 命令大体上可分为两类：

- Shell 的内部命令；
- Shell 的外部命令。

前者是一些较为简单但又很常用的命令，如 cd、exit 及其他的 Shell 流程控制语句等，这些命令在 Shell1 启动时载入内存，犹如操作系统本身所具有的命令一样。Linux 的大多数命令属于后者，每一条 Shell 的外部命令都是一个独立的可执行程序。也就是说，Shell 的外部命令实际上就是一些实用工具程序，系统管理员可以在 Shell 环境下独立地安装和卸载它们。

2. 打开 Shell

进入 Shell 界面有多种方式：

① 通过 Ctrl＋Alt＋(F1～F7)组合按键进入相应 tty 的 Shell，如图 1－26 和图 1－27 所示。

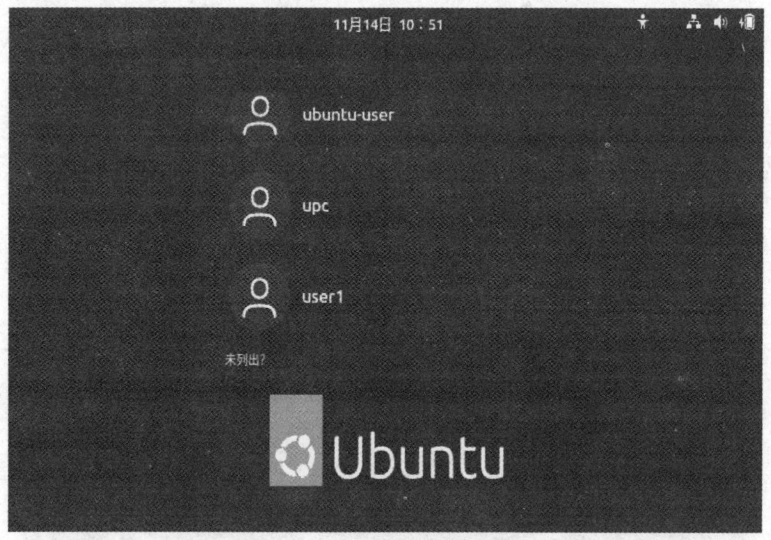

图 1－26　通过 Ctrl＋Alt＋F1 组合按键进入 tty1 登录界面

图 1－27　通过 Ctrl＋Alt＋F3 组合按键进入 tty3 字符界面

另外，tty4～tty7 界面与 tty3 界面类似，而 tty2 是图形界面。

② 在图形界面里，找到终端程序，进入 Shell。

右击，在弹窗中选择“在终端中打开”（见图 1 - 28），即可开启 Shell 界面（见图 1 - 29）。

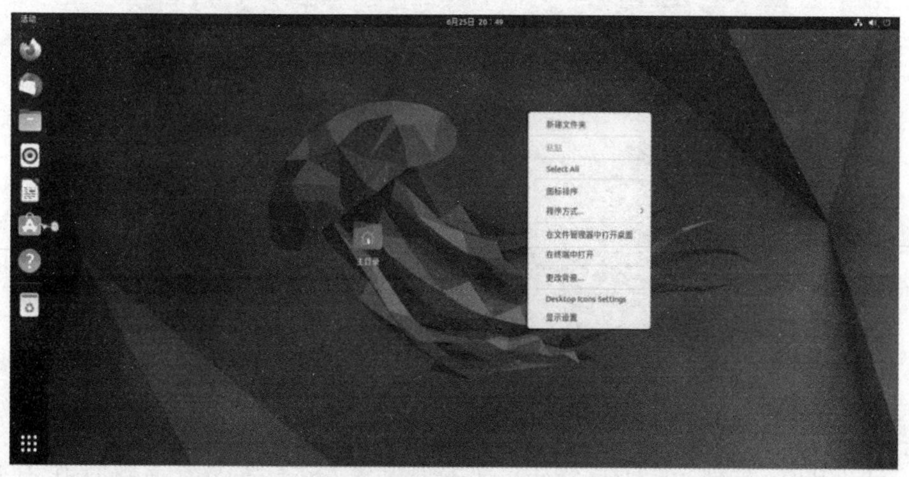

图 1 - 28　在终端中打开

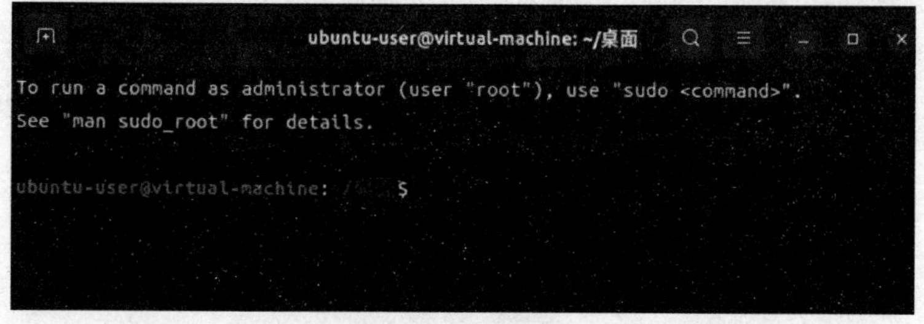

图 1 - 29　Shell 界面

③ 在其他计算机上，通过相应命令或工具远程登录进入 Shell。远程登录首先需要远程计算机与 Ubuntu 系统网络畅通，同时 Ubuntu 系统打开 telnet 或 ssh 服务。

下面以 Putty 通过 ssh 远程连接 Ubuntu 服务器为例进行介绍。

(1) 设置网卡

由于虚拟机默认与本机不能互通，因此需要在虚拟机增加一张网卡，与本机进行通信。非虚拟机的 Ubuntu 系统无需此步骤，只需查询到可以与远程计算机通信的 IP 地址即可。

(2) 打开 ssh 服务

在已打开的终端运行 sudo apt install ssh，如图 1 - 30 所示。

```
ubuntu-user@virtual-machine:~$ sudo apt install ssh
[sudo] ubuntu-user 的密码:
正在读取软件包列表... 完成
正在分析软件包的依赖关系树... 完成
正在读取状态信息... 完成
下列【新】软件包将被安装:
  ssh
升级了 0 个软件包，新安装了 1 个软件包，要卸载 0 个软件包，有 318 个软件包未被升
级。
需要下载 4,834 B 的归档。
解压缩后会消耗 133 kB 的额外空间。
获取:1 http://mirrors.aliyun.com/ubuntu jammy/main amd64 ssh all 1:8.9p1-3 [4,83
4 B]
已下载 4,834 B，耗时 0秒 (26.7 kB/s)
正在选中未选择的软件包 ssh。
(正在读取数据库 ... 系统当前共安装有 217123 个文件和目录。)
准备解压 .../ssh_1%3a8.9p1-3_all.deb  ...
正在解压 ssh (1:8.9p1-3) ...
正在设置 ssh (1:8.9p1-3) ...
ubuntu-user@virtual-machine:~$
```

图 1-30　安装 ssh 服务

(3) 从 Putty 登录

打开 Putty 软件，在 Host Name 文本框中输入在第一步查询到的 IP 地址，Connection type 选择 SSH，再单击 Open 按钮即可连接。

如果想保存连接，避免每次访问都输入 IP 地址，则可在 Save Sessions 文本框中输入自定义名称，再单击 Save 按钮，即可保存连接，之后需要再次连接时，可双击保存的连接，或单击保存的连接按顺序单击 Load 和 Open 按钮，即可自动连接。

登录界面如图 1-31 所示。

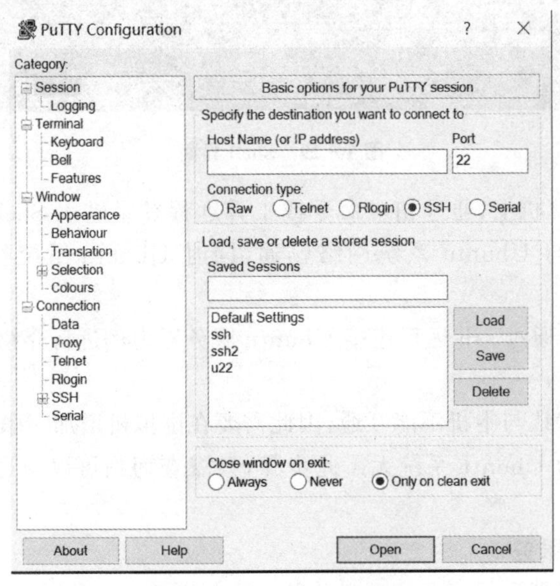

图 1-31　putty 登录界面

登录后界面如图 1 - 32 所示，此时输入用户名及密码就会登录 Ubuntu 系统。

图 1 - 32　Putty 登录后界面

3. Shell 命令格式

Shell 是操作系统平台与用户进行交互的界面。Linux 用户在此界面中输入 Linux 命令，然后 Shell 对命令进行分析后，将命令请求交给适当的后台处理程序，等待处理的结果，并通过 Shell 界面将处理结果返回给用户。根据程序的功能不同，Shell 可能返回一些输出信息（程序要求的一些信息），或者不返回任何输出信息（程序没有要求返回信息）。

Linux 命令的格式基本相同，如下所示：

```
Command[option] [arguments]
```

其中：

➢ command　所发的命令。

➢ option　命令的选项，说明对命令的要求。

➢ arguments　命令的参数，描述命令作用的对象。

➢ [ ]　表示该选项或参数可选，即参数可为空。

这里需要注意两点：第一，选项不一定要在参数前面，很多情况下，参数在前，选项在后的命令也是可以正常执行的。第二，有些选项是有先后顺序的，某些选项必须放在另一些选项之后，另外还有某些选项必须在使用了另一个选项后才能使用，否则会报错，或命令执行后得到预料之外的结果。

最简单的 Shell 命令只有命令名，复杂的 Shell 命令可以有多个选项及多个参数。

操作对象可以是文件也可以是目录，有些命令必须使用多个操作对象，如 cp 命令必须指定来源操作对象和目标操作对象。

命令名、参数和操作对象都作为 Shell 命令执行时的输入，它们之间用空格分隔。

4. 获得帮助

Linux 操作系统作为 GNU 产品，不仅向用户开放所有程序的源代码，而且提供程序开发人员与其他参与者一起编写的大量帮助文档。这些文档随着程序的发布一起安装在系统中。用户可以在系统管理的过程中，通过几种方式获得一个命令的相关帮助信息。

Linux 下常用的几种获得帮助信息的方法：

(1) 通过命令的帮助选项

Shell 命令常使用-help 的选项来获得帮助，而非 Shell 命令可以通过使用-h 或-help 选项获得命令的参数列表或简单的使用说明，有的程序支持两种选项方式，有些只支持其中的一种。

例如：使用 mount -h 命令，可以获得有关 mount 程序的参数列表和简单的使用说明，如图 1－33 所示。

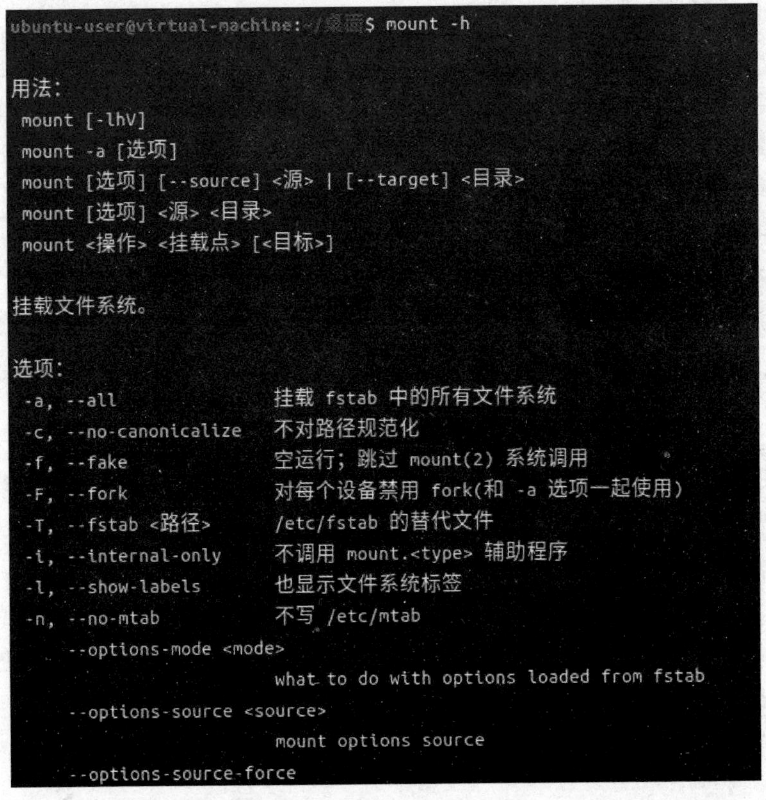

图 1－33　使用 mount -h 命令

(2) 使用 man 命令获得帮助

几乎 Linux 的每个命令都有相应的联机帮助文档，可使用 man 命令来查看这些帮助文档。如要查看 mount 命令的联机帮助，可使用下面的命令，如图 1－34 所示。

```
[root@localhost / ]$ man mount
```

man 命令的查找路径为/usr/share/man，也就是说，所有 man 文件都存放在这个目录中。man 文件是用 less 程序来显示的。所以，在 man 显示页面，可以使用 less 的控制键查看帮助文件。

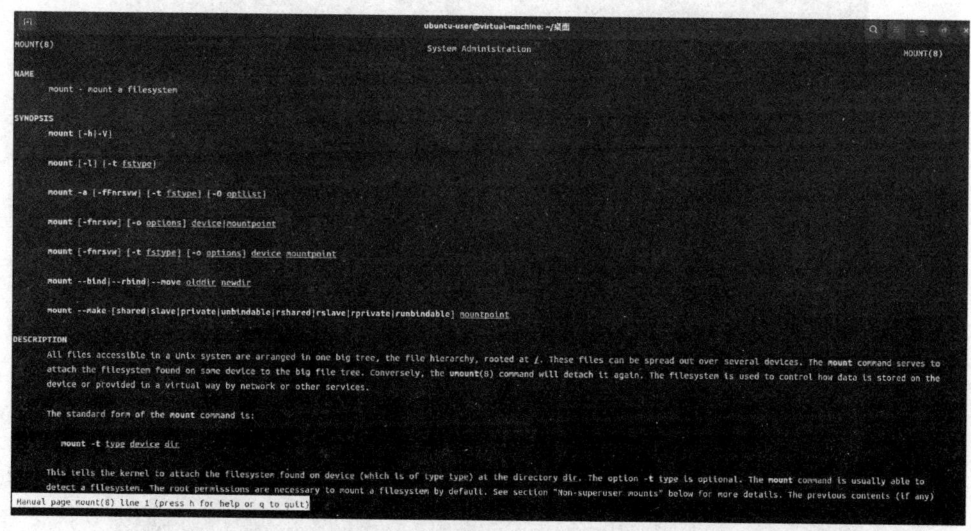

图 1-34 使用 man 命令

(3) 使用 info 命令查看信息

info 程序是 GNU 的超文本帮助系统，Linux 中的大多数软件都提供了 info 文件形式的在线文档。info 文档一般保存在/usr/share/info 目录中，可使用 info 命令查看 info 文档。要运行 info，可以在 shell 提示符后输入 info，也可以在 GNU 的 emacs 中输入 Esc-x，后跟 info。

info 帮助系统的初始屏幕显示了一个主题目录，可以将光标移动到带有 * 的主题菜单上，然后按回车键进入该主题。也可以输入 m，后跟主题菜单的名称而进入该主题，例如，输入 m，然后再输入 GCC，可进入 gcc 主题中。如：

```
info mount
```

info 命令的查找路径为/usr/share/info。

(4) help 命令

help 命令用于查看所有的 Shell 命令。用户可以通过该命令查找 Shell 命令的用法，只需要在所查找的命令前输入 help 命令，就可以看到所要查找的命令的内容。

例如，要查看 cd 命令的使用方法，可以输入如下命令，如图 1-35 所示。

```
[root@localhost / ]$ help cd
```

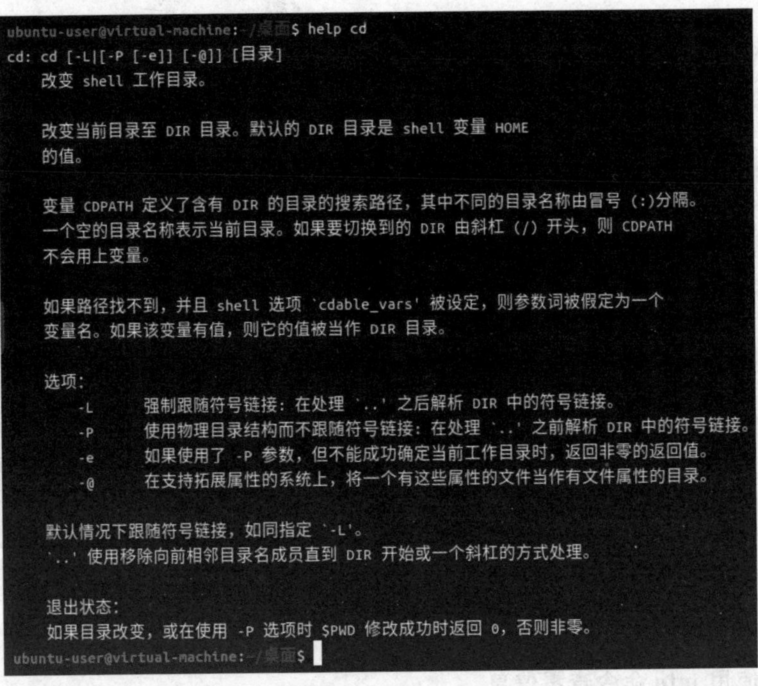

图 1-35　help 命令

1.4　Linux 相关基础知识

在详细学习 Linux 各个命令之前，需要先了解一些相关的基础知识。

1.4.1　基础命令

1. 查看 Ubuntu Linux 的版本

查看内核版本的命令是 uname -r。如图 1-36 所示，可见 Ubuntu 22.04 的 Linux 内核版本为 5.15。

```
ubuntu-user@virtual-machine:~$ uname -r
5.15.0-41-generic
ubuntu-user@virtual-machine:~$
```

图 1-36　uname 命令

查看 Ubuntu 发行版的版本命令是 lsb_release -a，如图 1-37 所示。

还可以通过 uname -a 命令查看更详细的信息。

```
ubuntu-user@virtual-machine:~$ lsb_release -a
No LSB modules are available.
Distributor ID: Ubuntu
Description:    Ubuntu 22.04 LTS
Release:        22.04
Codename:       jammy
ubuntu-user@virtual-machine:~$
```

图1-37 查看Ubuntu发行版的版本

2. 查看登录用户

who命令或w命令可以查看系统已登录的用户，whoami命令则可以查看当前用户。如图1-38所示，可查看到目前有两个用户登录系统：一个是当前用户，通过pts/1终端登录；另一个为user1用户，通过tty2终端登录。pts前缀的终端，即是通过远程工具登录的用户；tty前缀的终端，即是通过Ctrl＋Alt＋(F1～F7)切换界面登录的用户，这其中包括了通过图形界面登录的用户。who命令还可以看到用户登录的时间以及终端的IP，tty表示是通过本机登录的。而w命令还可以看到用户当前在执行什么命令。

```
ubuntu-user@virtual-machine:~$ who
ubuntu-user pts/1        2022-11-15 09:09 (192.168.56.102)
user1    tty2         2022-11-15 09:31 (tty2)
ubuntu-user@virtual-machine:~$ w
 09:56:45 up 48 min,  2 users,  load average: 0.08, 0.08, 0.09
USER     TTY      来自             LOGIN@   IDLE   JCPU   PCPU WHAT
ubuntu-u pts/1    192.168.56.102   09:09    4.00s  0.05s  0.00s w
user1    tty2     tty2             09:31   48:05   0.01s  0.01s /usr/li
ubuntu-user@virtual-machine:~$ whoami
ubuntu-user
ubuntu-user@virtual-machine:~$
```

图1-38 查看登录用户

3. 查看日期时间

date命令可以用来查询及修改系统时间，如图1-39所示。

```
ubuntu-user@virtual-machine:~$ date
2022年 11月 15日 星期二 16:56:56 CST
ubuntu-user@virtual-machine:~$
```

图1-39 查看日期时间

需要注意的是，在Linux系统中还有一个叫time的命令，但是这个命令不是用来查看系统时间的。

4. clear 命令

Linux clear 命令的作用是清除屏幕，用法如图 1－40 和图 1－41 所示。

```
ubuntu-user@virtual-machine:~$
ubuntu-user@virtual-machine:~$
ubuntu-user@virtual-machine:~$
ubuntu-user@virtual-machine:~$
ubuntu-user@virtual-machine:~$
ubuntu-user@virtual-machine:~$
ubuntu-user@virtual-machine:~$
ubuntu-user@virtual-machine:~$
ubuntu-user@virtual-machine:~$
ubuntu-user@virtual-machine:~$ clear
```

图 1－40　clear 命令

```
ubuntu-user@virtual-machine:~$
```

图 1－41　clear 命令结果

5. 关机、重启命令

在了解 Linux 的关机、重启命令之前，需要先了解 Linux 系统的 runlevel。

Linux 操作系统从开始启动至启动完毕需要经历几个不同的阶段，这几个阶段就叫作 runlevel，同样，当 Linux 操作系统关闭时也要经历另外几个不同的 runlevel。

进入每个 runlevel 都需要启动或关闭相应的一系列服务（services），在 Ubuntu 22.04 中，这些服务（services）以初始化脚本的方式放置于目录/etc/rc?.d 下面（? 代表 runlevel 的对应序号）。

如图 1－42 所示，可见共有 8 个 runlevel，分别是 0～6，以及 S，各 runlevel 定义如表 1－2 所列。

```
ubuntu-user@virtual-machine:~$ ll /etc/rc* -d
drwxr-xr-x 2 root root 4096 11月  7 17:37 /etc/rc0.d/
drwxr-xr-x 2 root root 4096 11月  7 17:37 /etc/rc1.d/
drwxr-xr-x 2 root root 4096 11月  7 17:37 /etc/rc2.d/
drwxr-xr-x 2 root root 4096 11月  7 17:37 /etc/rc3.d/
drwxr-xr-x 2 root root 4096 11月  7 17:37 /etc/rc4.d/
drwxr-xr-x 2 root root 4096 11月  7 17:37 /etc/rc5.d/
drwxr-xr-x 2 root root 4096 11月  7 17:37 /etc/rc6.d/
drwxr-xr-x 2 root root 4096  6月 13 17:26 /etc/rcS.d/
ubuntu-user@virtual-machine:~$
```

图 1－42　runlevel

表1-2　runlevel定义

运行级别	系统状态	运行级别	系统状态
0	停止系统	4	系统保留
1	单用户模式	5	带GUI的多用户模式
2	基本多用户模式	6	重新启动系统
3	多用户模式	S	单用户模式

Ubuntu Linux桌面版系统默认的runlevel是5,用户登录时是图形界面,而Ubuntu Linux服务器版本默认的runlevel是3,用户登录时是字符界面。runlevel 1和2除了调试之外很少使用,runlevel 4系统保留并未使用,runlevel 6和S并不是直接给用户使用,而是用来为runlevel 3作准备。

(1) runlevel命令

runlevel命令可以查看系统当前的runlevel以及上一次的runlevel,如图1-43所示。

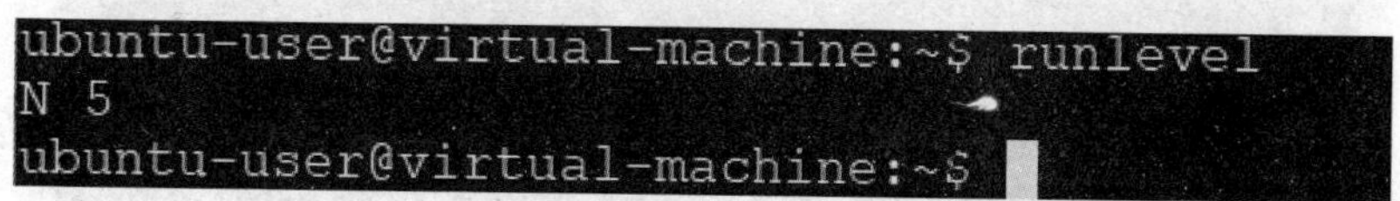

图1-43　runlevel命令

其中,5表示当前runlevel为5,N表示没有上一次的runlevel。

(2) init命令

init命令可以改变系统当前的runlevel。

如图1-44所示,Ubuntu Linux桌面版启动后会进入图形界面的登录界面。

此时系统runlevel为5,若通过远程计算机登录进入系统,并运行init 3,则可以使runlevel切换为3,如图1-45所示。

切换后可以发现,之前的图形登录界面已经切换为文字登录界面,此时已经进入runlevel 3,即非图形界面的多用户模式,如图1-46所示。

再将runlevel切换回5,可以发现登录界面再次切换为图形登录。

init命令可以切换runlevel,init 0命令可以将runlevel切换为关机状态,init 6命令可以将runlevel切换为重启状态,因此可以通过这两个命令实现关机及重启。

(3) 其他关机、重启命令

shutdown命令可以用来关机,并且在关机以前发送信息给所有登录用户,使用-r选项可以在关机完成后重新开机。

halt命令会通知硬件停止所有的CPU功能,执行时会杀死进程,执行sync系统调用文件系统写操作,完成后就会停止内核工作。

11月19日 14：39
ubuntu-user
upc
user1
user2
未列出?
Ubuntu

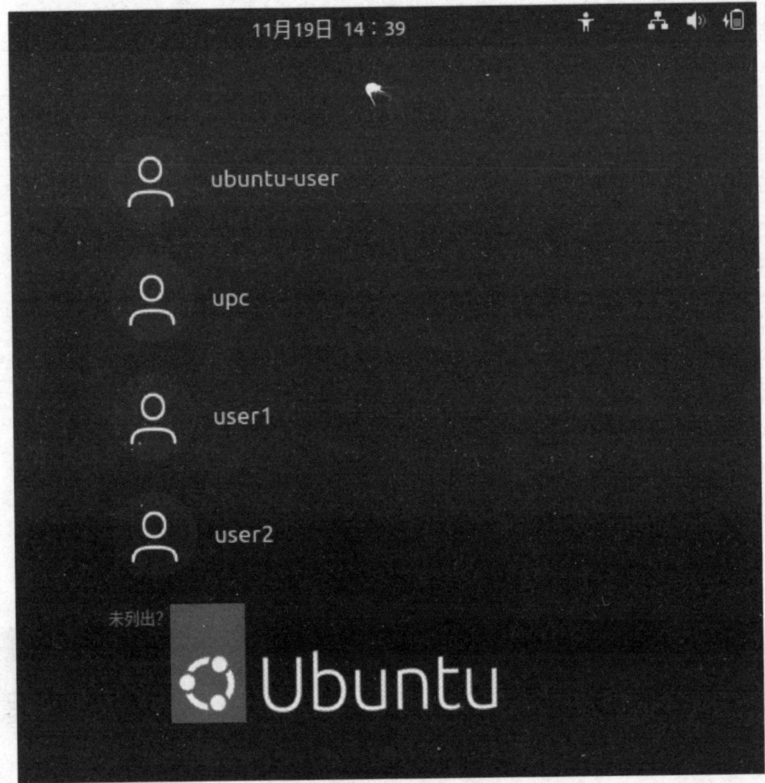

图 1 - 44　登录界面

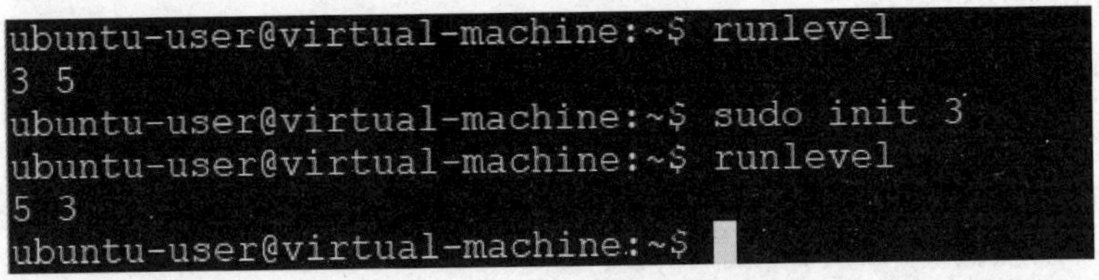

ubuntu-user@virtual-machine:~$ runlevel
3 5
ubuntu-user@virtual-machine:~$ sudo init 3
ubuntu-user@virtual-machine:~$ runlevel
5 3
ubuntu-user@virtual-machine:~$

图 1 - 45　切换 runlevel

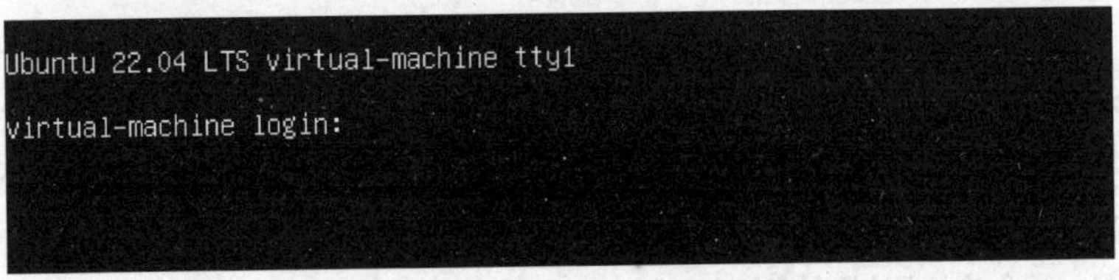

Ubuntu 22.04 LTS virtual-machine tty1
virtual-machine login:

图 1 - 46　登录界面变化

poweroff 命令在关机的同时关闭电源。

reboot 命令可以用于重启计算机。

1.4.2　基础知识

1. 关于别名

Linux 系统的别名可以理解为用一个简单的名称代替一个复杂的命令。其好处是减少了很多输入工作量,而在减少了输入的同时也降低了输入错误的可能性。同时,设置别名也可以用来屏蔽一些关键命令。

(1) 命　令

alias　命令的作用是定义或显示别名。

unalias　命令的作用是从别名定义列表中删除别名。

(2) 用　法

alias [-p] [名称[=值] ...]

unalias [-a] 名称 [名称 ...]

(3) 常用选项

alias

-p　以可重用的格式打印所有的已定义的别名。

unalias

-a　删除所有的别名定义。

(4) 退出状态

除非一个没有定义的名字被作为参数提供,否则 alias、unalias 返回值为真。

(5) 常见用法

```
alias
```

命令结果:不带参数时,'alias' 以可重用的格式 'alias 名称=值' 在标准输出设备上打印别名列表。

```
alias'aa = ls - a'
```

命令结果:为 ls -a 命令定义别名 aa。

```
unalias aa
```

命令结果:取消别名 aa。

命令结果如图 1 - 47 所示。

需要注意的是,用 alias 命令定义的别名并不是永远生效的,在终端退出后就会失效。如果想使别名永远生效,需要将 alias 命令写进用户主目录的.bashrc 文件中。

2. sudo(关于 root 用户)

在安装 Ubuntu Linux 系统时,有一个步骤是设定初始的用户,在本书的例子中,初始的用户名是 ubuntu-user。这个初始的用户是一个普通用户,在一些需要权限的场合,会被提示权限不足。

```
ubuntu-user@virtual-machine: $ alias
alias alert='notify-send --urgency=low -i "$([ $? = 0 ] && echo terminal || echo
 error)" "$(history|tail -n1|sed -e '\''s/^\s*[0-9]\+\s*//;s/[;&|]\s*alert$//'\'
')"'
alias egrep='egrep --color=auto'
alias fgrep='fgrep --color=auto'
alias grep='grep --color=auto'
alias l='ls -CF'
alias la='ls -A'
alias ll='ls -alF'
alias ls='ls --color=auto'
ubuntu-user@virtual-machine:~$ alias 'aa=ls -a'
ubuntu-user@virtual-machine: $ aa
    a1  .bash_history  .bashrc  .config  .local    .sudo_as_admin_successful
    a2  .bash_logout   .cache   .lesshst  .profile
ubuntu-user@virtual-machine: $ unalias aa
ubuntu-user@virtual-machine: $ aa
Command 'aa' not found, but can be installed with:
sudo apt install astronomical-almanac
ubuntu-user@virtual-machine:~$
```

图 1－47　alias 命令

而在 Linux 系统中，有一个用户名是 root 的超级管理员用户，它是系统中权限最大的用户，可以管理和使用系统中所有的资源。正是由于权限太大，在 Ubuntu Linux 系统及其他大部分 Linux 系统发行版中都默认是锁定了 root 用户不能使用，避免因为用户误操作造成不可挽回的损失。虽然可以通过修改 root 用户的密码来启用 root 用户，但是为了系统安全，一般不建议这样做。

在实际使用中，还是会有需要使用到 root 权限的时候，此时可以通过使用 sudo 命令来获得 root 用户的部分权限。

sudo 命令的作用是以其他用户身份执行一条命令。而一个用户需要在 sudo 这个组内，才有使用 sudo 这个命令的权限，安装系统时的初始用户默认有这个权限，其他用户需要手动添加进组。

(1) 用　法

sudo［命令］

(2) 常用选项

-b，--background	在后台运行命令。
-g，--group＝group	以指定的用户组或 ID 执行命令。
-h，--help	显示帮助消息并退出。
-i，--login	以目标用户运行一个登录 Shell，可同时指定一条命令。
-k，--reset-timestamp	无效的时间戳文件。
-l，--list	列出用户权限或检查某个特定命令。

-s，--shell 以目标用户运行 Shell，可同时指定一条命令；
-u，--user=user 以指定用户或 ID 运行命令（或编辑文件）；
-V，--version 显示版本信息并退出；
-v，--validate 更新用户的时间戳而不执行命令。

如果没有指定-g 和-u 参数，sudo 命令会使用 root 用户的身份执行命令。第一次使用 sudo 命令时，需要输入用户密码，输入密码后 sudo 会话时长为 15 min，15 min 之内再次使用 sudo 命令不需要重复输入密码。出于安全考虑，可以使用-k 参数，使会话时长清零，之后下一次使用 sudo 命令会强制要求密码，也可以使用-v 参数，使会话时长延长 15 min。

(3) 常见用法

```
ls /home/u1
```

命令结果：无权限时显示权限不够。

```
sudo ls /home/u1
```

命令结果：会话时长之内会显示/home/u1 目录的文件列表。

```
sudo -k
```

命令结果：会话时长清零，之后下一次使用 sudo 命令会强制要求密码。

```
sudo ls /home/u1
```

命令结果：会话时长之外会要求密码。无 sudo 权限的用户会报错。

命令执行结果如图 1-48 所示。

```
ubuntu-user@virtual-machine:~$ ls /home/u1
ls: 无法打开目录 '/home/u1': 权限不够
ubuntu-user@virtual-machine:~$ sudo ls /home/u1
dir1  dir2  file1  file2
ubuntu-user@virtual-machine:~$ sudo ls /home/u1
dir1  dir2  file1  file2
ubuntu-user@virtual-machine:~$ sudo -k
ubuntu-user@virtual-machine:~$ sudo ls /home/u1
[sudo] ubuntu-user 的密码:
dir1  dir2  file1  file2
ubuntu-user@virtual-machine:~$ su u1
密码:
u1@virtual-machine:/home/ubuntu-user$ sudo ls /home
[sudo] u1 的密码:
u1 不在 sudoers 文件中。此事将被报告。
u1@virtual-machine:/home/ubuntu-user$
```

图 1-48 sudo 命令

3. 命令历史列表

history 命令的作用是显示或操纵命令执行历史列表。单独运行 history 命令时会显示带序号的命令执行历史列表，运行！＋序号可重新运行历史命令。

(1) 用　法

history [-c] [-d 偏移量] [n]

或 history -anrw [文件名]

或 history -ps 参数 [参数...]

(2) 常用选项

-c　删除所有条目从而清空历史列表。

-d　偏移量从指定位置删除历史列表；负偏移量将从末尾开始计数。

-a　将当前会话的历史行追加到历史文件中。

-n　从历史文件中读取所有未被读取的行并且附加到历史列表。

-r　读取历史文件并将内容追加到历史列表中。

-w　将当前历史写入到历史文件中。

(3) 常见用法

```
history
```

命令结果：显示命令执行历史列表。

命令执行结果如图 1-49 所示。

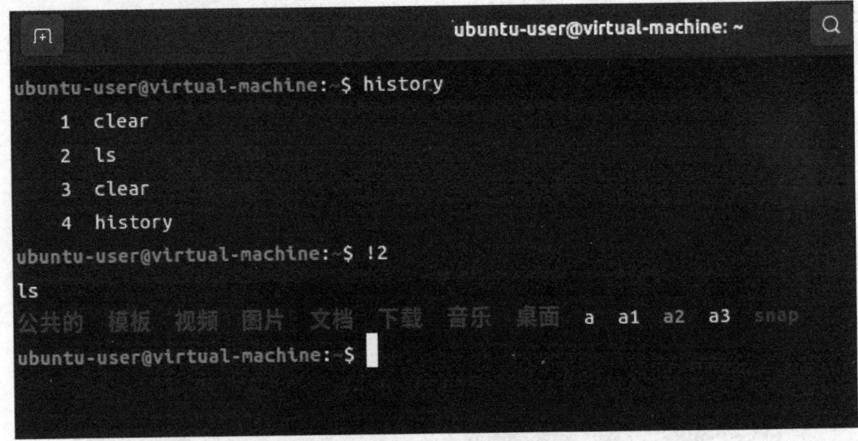

图 1-49　history 命令

4. 关于 Tab 补全

自动补全是 Ubuntu 22.04 的一个强大的功能，可以补全的内容包括：可执行命令、命令的参数、变量等。

以补全可执行命令为例，只需要输入命令或文件名等的前几个字符，再按 Tab

键，Shell 将会进入补全模式。此时又分为 3 种情况：第 1 种情况，已输入字符开头的可执行命令是唯一的，Shell 就会自动补全此命令；第 2 种情况，已输入字符开头的可执行命令有多条，但是所有这些命令，从已输入的最后一个字符开始，有连续多个字符都是一样的，那么 Shell 将会自动补全到相同的字符为止；第 3 种情况，已输入字符开头的可执行命令有多条，而且从已输入的最后一个字符开始，下一个字符不唯一，有多种情况，此时只按一次 Tab 键将不会有回应，连续按两次 Tab 键，Shell 才会将所有符合条件的命令列出，供用户参考，若符合条件的命令太多，会在列出前询问用户是否需要。而除了第 1 种情况中，按下 Tab 键能自动补全外，其他情况下按下 Tab 键 Shell 都会有报警音，提醒并没有完全补全。

例如，当输入 a 之后，按下 Tab 键，因 a 开头的可执行命令不止一个，Shell 除了报警音，不会给出其他回应；如果是连续按两下 Tab 键，因可执行命令很多，Shell 会提示是否将所有命令列出，若选择 y，则 Shell 会将所有 a 开头的命令全部列出；若选择 n，则不会列出命令。

若输入 ad 之后，按下 Tab 键，则因为以 ad 开头的命令，第 3 个字符都是 d，但第 4 个字符有多种情况，所以 Shell 会自动补全至第 3 个字符，即 add，同时系统会有警告音，提示命令并未完全补全，即 add 开头的命令不止一个。此时再按两下 Tab 键，Shell 会将 add 开头的命令全部列出来，因为数量并不多，列出之前不会有提示。

若输入 addu 之后，按下 Tab 键，则因为 addu 开头的命令只有 adduser，Shell 会直接将命令补全为 adduser。如图 1－50 所示，其中第 1 个命令是输入 a 后再按两下 Tab 键，再选择 n（若选择 y 则会列出 100 多个命令）；第 2 个命令是输入 ad 按 Tab 键，补全为 add 后再按两下 Tab 键；第 3 个命令是输入 addu 后自动补全。

```
ubuntu-user@virtual-machine:~$ a
Display all 100 possibilities? (y or n)
ubuntu-user@virtual-machine:~$ add
add-apt-repository  addpart             adduser
addgnupghome        addr2line
addgroup            add-shell
ubuntu-user@virtual-machine:~$ adduser
```

图 1－50　自动补全

同理，对于某些使用固定参数的命令，输入命令后，直接按两下 Tab 键，输入参数的前几个字符，按 Tab 键 Shell 会自动补全，同时也可以通过自动补全功能在输入命令后直接按两次 Tab 键查看命令所有的参数。如图 1－51 所示，输入 ip 命令后按两下 Tab 键，Shell 会将 ip 命令可用参数全部列出，输入 ip h 后按一下 Tab 键，Shell 会补全为 ip help。

对于参数是文件或目录名的命令，在输入文件或目录名时，只需要输入该文件名的前几个字符，然后按 Tab 键，Shell 就可以自动将文件名补全，同理，按两下 Tab 键可以列出所有文件或目录。这个功能对长文件名的文件或目录非常有用，可以减少

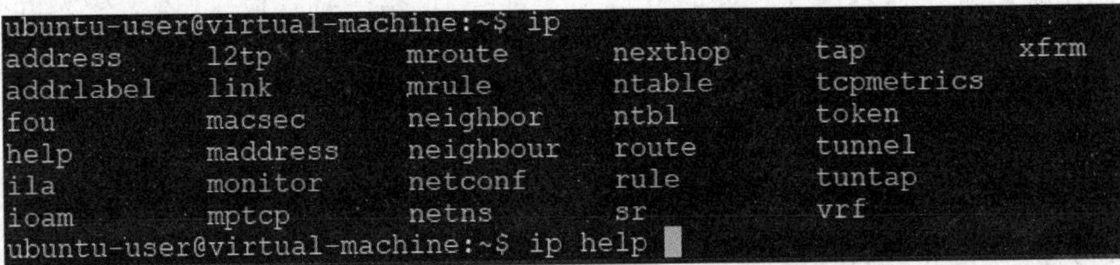

图 1-51　查看参数

输入工作量，同时有效避免错误输入。

自动补全功能对变量也有效。在 Linux 中使用 $ 标识一个变量，在输入 $ 之后的内容，Linux 会认为是一个变量名，因此在 $ 之后输入的变量名，也可以使用 Tab 补全功能。

1.5　项目实践

1.5.1　安装 Ubuntu Linux 系统

1. 访问 Ubuntu 官方网站 https://cn.ubuntu.com/，下载 Ubuntu 22.04 LTS。
2. 根据实际环境，将镜像刻成光盘，或复制进 U 盘(PC)，或加载进虚拟光驱(虚拟机)，通过安装介质启动。
3. 根据安装提示，完成系统安装。

1.5.2　图形界面操作练习

1. 系统的启动、关闭练习。
2. 登录系统，熟悉图形界面。
3. 查找 Ubuntu 22.04 自带的可以编辑文本的程序，编辑一个文本文件并保存。
4. 将终端(terminal)程序快捷方式添加到收藏夹，并从收藏夹启动。

1.5.3　字符界面操作练习

1. 使用 Crtl＋Alt＋(F1～F7)组合键在 tty2、tty3、tty4 之间切换，并在纯字符界面登录。
2. 从图形界面进入字符界面。
3. 查看系统版本、当前登录用户、当前系统时间。
4. 使用命令关机、重启。
5. 输入 apt 命令，使用 Tab 补全功能查看 apt 命令支持哪些参数。

本章小结

本章首先介绍了 Linux 的历史、Linux 不同发行版本的区别以及如何学习 Linux。在此要求着重掌握 Linux 内核与 GNU 的关系，了解 Linux 版本号的规律，同时还要了解 Linux 多硬件平台支持、低开发成本等优越性。对于 Linux 的不同发行版本，可到各自官方主页上了解相关信息。最后介绍了如何安装 Linux，以及安装完成后对 Linux 初步的使用。

第 2 章

Linux 管理模式

学完本章内容以后，你将能够：

➢ 了解 Linux 基本结构；

➢ 了解 Linux 文件系统。

文件和目录结构的操作是使用操作系统最常用的基本操作，本章将详细介绍 Linux 的基本结构、文件系统类型及目录结构。

2.1 Linux 基本结构

严格来讲，Linux 这个名字仅仅是指由 Liunx 主导的一个操作系统内核，而不是一般用户所看到和使用的操作系统。现在所指的 Linux 操作系统从结构上可以划分为 4 个部分：内核、运行期库及系统程序、Shell 以及实用工具程序。

1. Linux 内核

内核是系统的心脏，是运行程序和管理诸如磁盘、打印机等硬件设备的核心程序，主要包含文件管理、设备管理、内存管理、模块管理、网络管理及进程管理等。

2. 运行期库及系统程序

运行期库及系统程序封装了内核向外提供的功能接口，将这些功能加入一定的权限检查后，通过自己的应用编程接口提供给一般的用户进程使用。

3. Linux Shell

Shell 是一个系统程序，是一个命令解释器。Ubuntu Linux OS 支持多种不同的

Shell：

- bash：GNU 的 Bourne Again Shell，系统默认使用。
- csh：C Shell，是 SUN 公司 Shell 的 BSD 版本。
- dash：Debian Almquist Shell，某些 Ubuntu 的旧版本将其作为默认 Shell 使用。
- ksh：Korn Shell，是对早先 Bourne Shell 的发展，大部分与 Bourne Shell 兼容。

4. 实用工具程序

实用工具程序是方便用户使用，用来完成特定工作的程序，如 Open Office。

2.2　Linux 的文件类型

Linux 系统有一个重要概念，即"一切皆文件"，Linux 中普通文件是文件，目录是文件，硬件(输入/输出设备、存储设备、网络设备)是文件，套接字(socket)、网络通信等资源也都是文件。Linux 中所有内容都挂在文件系统之上，可以通过文件的方式访问和管理。

Linux 有 4 种基本文件类型：普通文件、目录文件、链接文件和特殊文件。它们可以用 File 命令来识别。

1. 普通文件

普通文件如文本文件、C 语言源代码、Shell 脚本等。可用 cat、less、more、vi、emacs 文本编辑工具来查看内容，用 MV 来改名。

2. 目录文件

Linux 中的目录是当作一个文件来处理的，这与 Windows 中的文件夹有一定的区别。

3. 链接文件

链接文件中仅存储被链接文件的索引节点位置，当用 ls -l 命令查看时，链接文件条目常以 l 开头，其文件后面用"----->"指向所链接的文件。这样的文件，也称为符号链接文件或软链接文件。Linux 系统中的软链接与 Windows 系统中的快捷方式比较类似。

4. 特殊文件

Linux 的一些设备，如磁盘、终端、打印机等，都在文件系统中表示出来，这一类文件是特殊文件，常放在/dev 目录内。例如：/dev/fd0 表示软驱 A。

硬盘分区则使用类似下面的方式表示：/dev/sdmn。其中：

- "M"可用 a、b、c、d 等来标识，表示第一、二、三、四块 SCSI 或 SATA 接口的硬盘；

➢ “N”可用 1、2、3、4 等来标识，标识第“M”块硬盘上的第一、二、三、四分区。

2.3 文件系统类型

随着 Linux 的不断发展，Linux 所支持的文件系统类型也在迅速扩充。在 Linux 2.4 版本的发行时期，出现了大量可供选择的文件系统类型，其中包括 ReiserFS、XFS、JFS 和其他文件系统。每一个不同版本的 Linux 所支持的文件系统类型种类都不同，如果想知道自己的 Linux 发行版本所支持的文件类型有哪些，则可以这样操作：以超级用户权限登录 Linux，进入/lib/modules/2.4.21-4.EL/kernel1/fs/目录执行命令(不同的 Linux 发行版本，fs 的目录位置有所不同，你可以用查找 fs 文件夹的方法找到它，如图 2 - 1 所示。

```
ubuntu-user@virtual-machine:~$ cd /lib/modules/5.15.0-40-generic/kernel/fs
ubuntu-user@virtual-machine:/lib/modules/5.15.0-40-generic/kernel/fs$ ls
9p             ceph     freevxfs  ksmbd       ntfs3      romfs
adfs           cifs     fscache   lockd       ocfs2      shiftfs.ko
affs           coda     fuse      minix       omfs       smbfs_common
afs            cramfs   gfs2      netfs       orangefs   sysv
autofs         dlm      hfs       nfs         overlayfs  ubifs
befs           efs      hfsplus   nfs_common  pstore     udf
bfs            erofs    hpfs      nfsd        qnx4       ufs
binfmt_misc.ko exfat    isofs     nilfs2      qnx6       vboxsf
btrfs          f2fs     jffs2     nls         quota      xfs
cachefiles     fat      jfs       ntfs        reiserfs   zonefs
```

图 2 - 1　查看 Linux 发行版本所支持的文件类型

下面对最常用的几个文件系统的发展情况和优缺点作详细介绍：ext、ext2、est3、ext4、minix、msdos、ISO-9660、vfat、nfs、ntfs、Linux swap。

1. ext

ext 是第一个专门为 Linux 编写的文件系统类型，叫作扩展文件系统，于 1992 年 4 月完成。它对 Linux 的发展起到了重要作用，但由于在性能和兼容性上存在许多缺陷，现在已经很少使用了。

2. ext 2

ext2 是为解决 ext 文件系统的缺陷而设计的可扩展的高性能的文件系统，被称为二级扩展文件系统。它于 1993 年发布，设计者是 Rey Card。est2 是 Linux 文件系统类型中使用较多的格式，在速度和 CPU 利用率上比较突出，是 GNU/Linux 系统中标准的文件系统。特点是存取文件的性能极好，对于中小型文件更显示出优势，

这主要取决于其簇快取层的优良设计。ext2 可以支持 256 字节的长文件名，其单一文件大小与文件系统本身的容量上限及簇大小有关。在一般常见的 Intel x86 兼容处理器系统中，簇最大为 4 KB，则 ext2 的单一文件的上限为 2 048 GB，而文件系统的容量上限为 6 384 GB。尽管 Linux 可以支持种类繁多的文件系统，但是在 2000 年以前所有的 Linux 发行版都以 ext2 作为默认的文件系统。

ext2 的缺陷：ext2 的设计者主要考虑的是文件系统性能方面的问题，ext2 在写入文件内容的同时并没有写入文件的 meta-data（与文件有关的信息如权限、所有者以及创建和访问时间）。换句话说，Linux 先写入文件的内容，然后等到系统有空时才写入文件的 meta-data。这样，若出现在写入文件内容之后，写入文件的 meta-data 信息之前系统突然断电，则可能造成该文件在文件系统中处于不一致的状态。而这种情况如果出现在一个有大量文件操作的系统中，则会导致很严重的后果。

3. ext 3

ext3 是由开放资源社区开发的日志文件系统，主要开发人员是 Stephen tweedie。ext3 被设计成是 ext2 的升级版本，尽可能方便用户从 ext2 fs 向 ext3 fs 迁移。ext3 在 ext2 的基础上加入了记录元数据的日志功能，并努力保持向前和向后的兼容性，这个文件系统被称为 ext2 的下一个版本，也就是在保有 est2 格式的基础上再加上日志功能。est3 是一种日志文件系统。日志式文件系统的优越性在于：由于文件系统都有快取层参与运作，如不使用时必须将文件系统卸下，并将快取层的资料写回磁盘中。因此，每当系统要关机时，都必须将其所有的文件系统全部卸下后才能关机。如果在文件系统尚未卸下前就关机（如停电时），那么下次重开机后会造成文件系统的资料不一致，这在大型的伺服器上可能会发生问题。ext3 最大的缺点是没有现代文件系统所具有的能提高文件数据处理速度和解压的高性能。另外，使用 ext3 文件系统时还要注意硬盘限额问题，在这个问题解决之前，不推荐在重要的企业应用上使用 ext3＋disk quota（磁盘配额）。

4. ext4

ext4 是一种针对 ext3 系统的扩展日志式文件系统，是专门为 Linux 开发的原始的扩展文件系统（ext 或 extfs）的第 4 版。其相对于 ext3 有如下特点：

(1) 兼容性

ext3 升级到 ext4 能提供系统更高的性能，消除储存限制和获取新的功能，并且不需要重新格式化分区，ext4 会在新的数据上用新的文件结构，旧的文件保留原样。以 ext3 文件系统的方式 mount 到 ext4 上可不用新的磁盘格式，而且还能用 ext3 来重新挂载，这样仅仅是失去了 ext4 的优势而已。

(2) 更大的大文件系统以及更大的单个文件

现在 ext3 支持最大为 16 TB 的文件系统。单个文件最大为 2 TB。ext4 增加了 48 位块地址，最大支持 1 EB 文件系统和单个 16 TB 的文件。（注：1 EB＝1 024 PB＝

2^{60} B;1 PB=1 024 TB=2^{50} B;1 TB=1 024 GB=2^{40} B)

(3) 子目录具有可伸缩性

ext3 的每个目录最多包含 32 000 个子目录。减去.(当前的工作目录)和..(父目录)也就是 31 998 个,而 ext4 已打破了这个限制,ext4 的子目录最多可达 64 000 个,且使用 dir_nlink 功能后会更多(虽然父目录的 link count 会停止增加)。为了避免效能受到大量目录的影响,ext4 默认打开 H-tree(一种特殊的 B-tree)牵引功能。

(4) extents 创新技术

传统的 Unix 派生文件系统,使用间接块映射方案,以跟踪每块用于块相应的数据文件,这对于大文件来说是低效率的。现代文件系统使用不同的方法称为 extents。extents 基本上指一串连续的物理块,通常称数据在下面的 N 个块中。一个 100 MB 的文件可以分配到一个 extent 中,而无须创建一个间接映射表为 256 000 个 blocks(每个 block 为 4 KB),将大文件分割为很多小块。extents 改进了性能并减少了碎片,因为 extents 鼓励在磁盘上连续布局。

(5) multiiblock 多块分配的使用

ext4 使用了一个多块分配来解决在一次调用重分配很多块,替换掉每次分配一个块,减少系统的开销,在延时分配和 extents 上十分有用。(注:延迟分配是一个特性,它不修改磁盘格式。相对于传统文件系统如 ext3 reiser3 等,现代的文件系统如 XFS、btrfs、Reiser 4,都使用尽可能多的延时块的分配,为所做的立刻分配块提供了更高的性能。)

(6) 日志校验和的使用

日志是磁盘最常用的一部分,组成日志 IDE 这部分也是最容易出现硬件故障的,而且从一个受损的日志上恢复数据会导致巨大的数据损坏。ext4 校验和提供了改进,允许将 ext3 的双向提交日志格式转换为单向,加速了文件系统操作,在某些情况下可提升 20%的性能,而且可靠性和性能同时被改进。

(7) 在线碎片整理

当延迟分配时,extents 和 multiblock 分配帮助减少了碎片,但使用中的文件系统依然会产生碎片。为了解决这个问题,ext4 支持在线碎片整理,并且有一个 e4defrag 工具可以整理个别文件在整个文件系统中的碎片。

(8) 与索引节点相关的功能

ext4 拥有大索引节点,纳秒时间戳,快速扩展属性,索引节点保留的特点。ext3 支持设置的索引节点大小(通过 mkfs-1 参数),但是默认索引节点大小是 128 字节。ext4 则默认 256 字节。这需要适应一些额外的字段(比如纳秒时间戳或者索引节点版本),并且剩余索引节点空间会用于存放扩展属性,为那些足够小的对象提供适合的空间。这样可使得访问那些属性更快,并使那些使用扩展属性的应用程序的性能提高 3~7 倍。在目录创建的时间里保留了若干索引节点,预期它们未来的使用。这样改进性能,是因为新文件创建在目录中,它们可以使用保留的索引节点,从而使文

件创建和删除更高效。纳秒时间戳，以索引节点字段为例，如修改时间可以用纳秒分辨率替代 ext3 中的秒。

5. minix

Linux 支持的第一个文件系统，对用户有很多限制且性能低。有些没有时间标记，其文件名最长 14 个字符。minix 文件系统最大的缺点就是至多只能使用 64 MB 的硬盘分区，所以目前已经没有人使用它了。

6. msdos

msdos 是在 DOS、Windows 和某些 OS/2 系统的操作系统上使用的一种文件系统，其名称采用“8＋3”的形式，即 8 个字符的文件名加上 3 个字符的扩展名。

7. ISO-9660

ISO-9660，简称 ISO，是由国际标准化组织在 1985 年制定的、唯一通用的光盘文件系统，任何类型的计算机和所有的刻录软件都支持它。

8. vfat

vfat 是在 Windows 9x 和 Windows NT/2000 下使用的一种 DOS 文件系统，其在 DOS 文件系统的基础上新增了对长文件名的支持。

9. NFS

NFS 为 Sun 公司推出的网络文件系统，允许多台计算机之间共享同一文件系统，易于从所有的联网的计算机上存取文件。

10. NTFS

NTFS 为微软 Windows NT 内核系列操作系统支持的一种专为网络和磁盘配额、文件加密等的管理安全特性而设计的磁盘格式。

11. Linux swap

它是 Linux 中一种专门用于交换分区的 swap 文件系统。Linux 使用这个分区作为交换空间。一般这个 swap 交换分区的大小设置为主内存的 2 倍。在内存不够时，Linux 会将部分数据写到交换分区上。

2.4 Linux 目录结构

文件系统就是对文件的组织和管理的方法。目前绝大部分的文件系统都流行采用树形目录结构来组织文件。这种结构存在一个文件系统的“根”(root)，然后在根上分“叉”(directory)，任何一个分叉上都可以再分叉，枝杈上可以长出“叶子”。相类似的，在 Linux 系统中，不同的文件系统通过 vfs(虚拟文件系统)界面，以统一的树形目录结构来组织和管理系统中的所有文件。

- “根”和“叉”在 Linux 中被称为“目录”或“文件夹”。
- “叶子”则是一个个文件。
- 以根目录为起点，其他所有的目录都由根目录派生而来。

用户可以浏览整个系统，可以进入任何一个有权访问的目录，访问那里的文件。

Linux 目录提供了管理文件的一个方便途径。每个目录中都可以包含文件。用户可以为自己的文件创建目录，也可以把一个目录的文件移动或复制到另一个目录下，而且能移动整个目录。下面介绍系统中的其他几个基本概念。

2.4.1 工作目录与用户主目录

从逻辑上讲，用户在登录 Linux 系统后，每时每刻都“处在”某个目录之中，此目录即为工作目录或当前目录(working directory)。工作目录是可以随时改变的，当用户初始登录到系统中时，其主目录(Home directory)就成为其工作目录。

当前的工作目录可以用“.”表示。

其父目录(或称双亲目录)用“..”来表示。

用户主目录也叫家目录，是系统管理员添加用户时建立起来的(之后也可以改变)，每个用户都有自己的主目录，不同用户的主目录互不相同。一般来说，root 用户的主目录为/root，其他用户的主目录为/home/(用户名)，例如 ubuntu-user 用户的主目录为/home/ubuntu-user。

用户刚登录到系统中时，其工作目录便是该用户的主目录。用户可以通过一个“~”字符或“-”来引用自己的主目录，示例如图 2-2 所示。

```
root@virtual-machine:~# cat ~/class/software
HELLO WORD!!!!!
root@virtual-machine:~# cat /root/class/software
HELLO WORD!!!!!
root@virtual-machine:~#
```

图 2-2 工作目录与用户主目录示例

示例中两个命令意义相同，Shell 将使用当前用户的宿主目录名来替换“~”字符。

2.4.2 路 径

顾名思义，路径是指从树形目录中的某个目录层次到某一文件的一条途径。路径的主要构成是目录名称，中间用“/”分隔。任一文件在文件系统中的位置都由相应的路径来决定。用户在对文件进行访问时，要给出文件所在的路径。路径分为相对路径和绝对路径。

➢ 绝对路径是指从“根”开始的路径，也称为完全路径；

➢ 相对路径是指从用户当前的工作目录开始的路径。

提示：在树形目录结构中，到某一确定文件的绝对路径和相对路径均只有一条，绝对路径是确定不变的，而相对路径则随着用户工作目录的变化而不断变化，认识到这一点后，对于以后使用某些命令如 cp 和 tar 等大有好处。

用户要访问一个文件，可以通过路径名来引用，并可根据需要访问的文件和用户工作目录的相对位置来引用它，而无须列出这个文件的完整的路径名。例如，用户 ubuntu-user 有一个名为 dir1 的目录，该目录中有一个 text1 文件，可以使用绝对路径（从根路径开始）和相对路径（根据文件与当前工作目录的相对位置）方式来查看文件内容，示例如图 2-3 所示。

```
ubuntu-user@virtual-machine:~$ cat /home/ubuntu-user/dir1/text1
ubuntu-user
ubuntu-user@virtual-machine:~$ pwd
/home/ubuntu-user
ubuntu-user@virtual-machine:~$ cat dir1/text1
ubuntu-user
ubuntu-user@virtual-machine:~$ 
```

图 2-3　使用绝对路径和相对路径方式查看文件内容

2.4.3　Linux 的主要目录

Linux 系统有其特定的目录组织结构，了解这些目录结构是学习 Linux 管理操作的基础。Linux 根文件系统的结构是树形结构，表 2-1 以 Ubuntu 22.04 为例，详细列出了 Linux 根文件系统中各个主要目录的存放内容。

表 2-1　主要目录

目　录	说　明
/bin	这个目录是系统中最重要的可执行文件的存放位置，这些可执行文件大多是 Linux 系统中最常用的命令。一般用户和超级用户都能经常使用其中的命令，如 IS、su、mount 等
/boot	存放系统启动时的内核镜像文件和其他一些与启动有关的信息文件
/dev	这个目录中的所有文件都是特殊文件，Linux 系统把所有的外部设备都看成是一个文件。也就是说，用户对代表该外设的文件操作，就表示对该外设的操作。所以，/dev 目录对于系统相当重要。比如，要对软盘进行 ext2 文件系统的格式化，就要这样做：mke2fs/dev/fd0（注：fd0 代表软盘驱动器）
/etc	这个目录是系统内部存放配置文件的主要位置，一般与系统关系十分密切的配置文件都放在该目录下。也就是说，对系统的配置主要就是对该目录下的文件进行修改。在该目录下，大多是文本文件，如 inittab、resolv. conf 等

续表 2-1

目　录	说　明
/home	这是系统默认的普通用户的宿主目录的父目录，也就是普通用户的宿主目录设置为：/home/[username]目录
/sys	类似于/proc 目录，用于提供系统硬件层次的视图，展现设备驱动模型中各组件的层次关系

2.4.4　Linux 的环境变量

Linux 是一个多用户的操作系统。每个用户登录系统后，都会有一个专用的运行环境。通常每个用户默认的环境都是相同的，这个默认环境实际上就是一组环境变量的定义。环境变量分为系统环境变量和用户环境变量。系统环境变量即每个用户默认的环境，用户还可以对自己的运行环境进行定制，其方法就是修改相应的用户环境变量。

使用 env 指令可以查看 Linux 系统所有的环境变量，如图 2-4 所示。

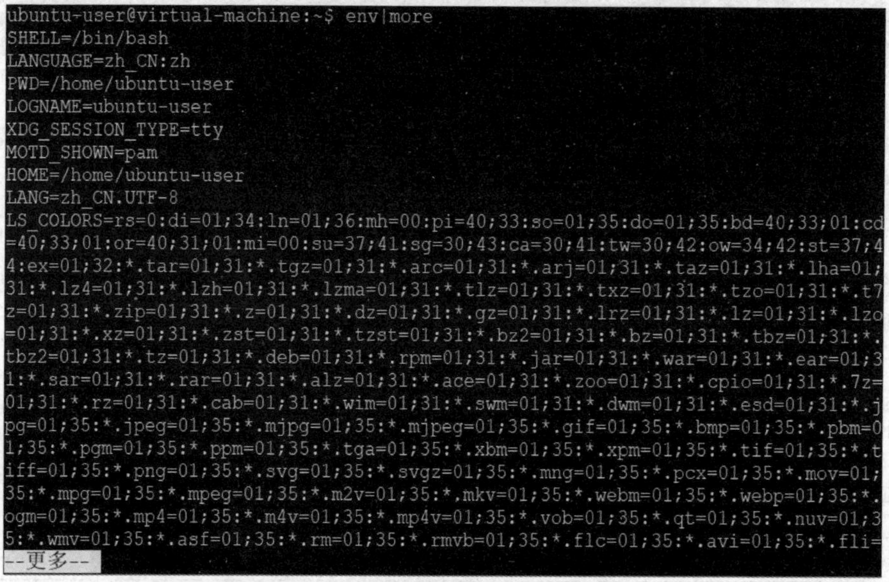

```
ubuntu-user@virtual-machine:~$ env|more
SHELL=/bin/bash
LANGUAGE=zh_CN:zh
PWD=/home/ubuntu-user
LOGNAME=ubuntu-user
XDG_SESSION_TYPE=tty
MOTD_SHOWN=pam
HOME=/home/ubuntu-user
LANG=zh_CN.UTF-8
LS_COLORS=rs=0:di=01;34:ln=01;36:mh=00:pi=40;33:so=01;35:do=01;35:bd=40;33;01:cd
=40;33;01:or=40;31;01:mi=00:su=37;41:sg=30;43:ca=30;41:tw=30;42:ow=34;42:st=37;4
4:ex=01;32:*.tar=01;31:*.tgz=01;31:*.arc=01;31:*.arj=01;31:*.taz=01;31:*.lha=01;
31:*.lz4=01;31:*.lzh=01;31:*.lzma=01;31:*.tlz=01;31:*.txz=01;31:*.tzo=01;31:*.t7
z=01;31:*.zip=01;31:*.z=01;31:*.dz=01;31:*.gz=01;31:*.lrz=01;31:*.lz=01;31:*.lzo
=01;31:*.xz=01;31:*.zst=01;31:*.tzst=01;31:*.bz2=01;31:*.bz=01;31:*.tbz=01;31:*.
tbz2=01;31:*.tz=01;31:*.deb=01;31:*.rpm=01;31:*.jar=01;31:*.war=01;31:*.ear=01;3
1:*.sar=01;31:*.rar=01;31:*.alz=01;31:*.ace=01;31:*.zoo=01;31:*.cpio=01;31:*.7z=
01;31:*.rz=01;31:*.cab=01;31:*.wim=01;31:*.swm=01;31:*.dwm=01;31:*.esd=01;31:*.j
pg=01;35:*.jpeg=01;35:*.mjpg=01;35:*.mjpeg=01;35:*.gif=01;35:*.bmp=01;35:*.pbm=0
1;35:*.pgm=01;35:*.ppm=01;35:*.tga=01;35:*.xbm=01;35:*.xpm=01;35:*.tif=01;35:*.t
iff=01;35:*.png=01;35:*.svg=01;35:*.svgz=01;35:*.mng=01;35:*.pcx=01;35:*.mov=01;
35:*.mpg=01;35:*.mpeg=01;35:*.m2v=01;35:*.mkv=01;35:*.webm=01;35:*.webp=01;35:*.
ogm=01;35:*.mp4=01;35:*.m4v=01;35:*.mp4v=01;35:*.vob=01;35:*.qt=01;35:*.nuv=01;3
5:*.wmv=01;35:*.asf=01;35:*.rm=01;35:*.rmvb=01;35:*.flc=01;35:*.avi=01;35:*.fli=
--更多--
```

图 2-4　查看系统所有的环境变量

其中每个环境变量也可以通过 echo 加 $ 符号来查看，如图 2-5 所示。

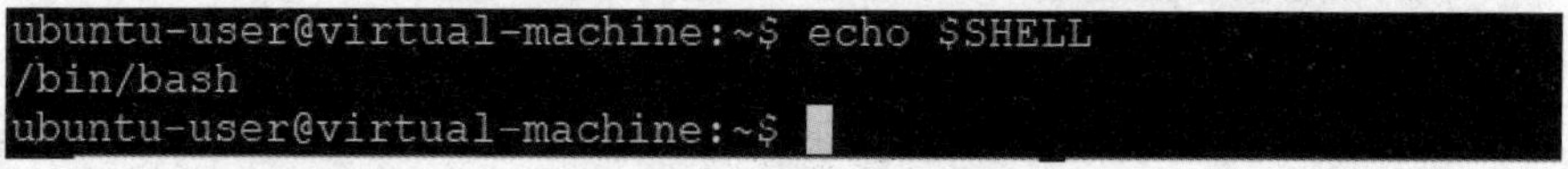

```
ubuntu-user@virtual-machine:~$ echo $SHELL
/bin/bash
ubuntu-user@virtual-machine:~$
```

图 2-5　查看环境变量

常用的环境变量如下：

➢ HOME　　　　当前用户主目录。

- HOSTNAME　主机名称。
- LANG　系统的语言环境。
- LOGNAME　当前用户的登录名称。
- PATH　Shell 寻找命令或程序的目录路径。
- PS1　命令提示符的格式。
- SHELL　当前用户 Shell 类型。

如需修改环境变量,直接给变量赋值即可,如图 2-6 所示。

```
ubuntu-user@virtual-machine:~$ echo $HOME
/home/ubuntu-user
ubuntu-user@virtual-machine:~$
ubuntu-user@virtual-machine:~$ HOME=/home
ubuntu-user@virtual-machine:~/ubuntu-user$ echo $HOME
/home
ubuntu-user@virtual-machine:~/ubuntu-user$
```

图 2-6　修改环境变量

也可以通过 export 命令声明一个新的环境变量,如图 2-7 所示。

```
ubuntu-user@virtual-machine:~/ubuntu-user$ export HOME1=/home
ubuntu-user@virtual-machine:~/ubuntu-user$ env | grep HOME
HOME=/home
HOME1=/home
ubuntu-user@virtual-machine:~/ubuntu-user$
```

图 2-7　声明环境变量

需要注意的是,在命令行直接赋值或声明的环境变量,只在本次登录有效。退出登录后再重新登录,修改的环境变量会恢复为原值,声明的环境变量会失效。如需永久修改或声明环境变量,需要修改环境变量配置文件。修改对所有用户生效的系统环境变量,可以修改/etc/bash.bashrc 文件,修改只针对当前用户生效的用户环境变量,可以修改~/.bashrc 文件,其中"~"表示用户的家目录。将之前例子中的命令放进配置文件,即可使修改或声明的环境变量永久生效。

2.5　文件、目录相关命令

2.5.1　文件相关命令

1. ls 命令

(1) 作　用

ls 是 Linux 操作系统中最常用的命令,作用是列出给定文件(默认为当前目录)

的信息。

(2) 用　法

ls [选项]... [文件]...

(3) 常用选项

-a, --all	显示所有文件,包括隐藏文件。
-d, --directory	当遇到目录时列出目录本身而非目录内的文件。
-i, --inode	显示每个文件的索引编号(inode 号)。
-l	使用较长格式列出信息。
-r, --reverse	逆序排列。
-R, --recursive	递归显示子目录。
-t	按时间排序,最新的在前。
-U	不进行排序,按照目录顺序列出项目。
-v	在文本中进行数字(版本)的自然排序。
-X	根据扩展名按字母顺序排序。
-1	每行只列出一个文件。
--color=auto	在标准输出连至终端时,可通过颜色区分文件类型。
--help	显示此帮助信息并退出。
--version	显示版本信息并退出。

(4) 退出状态

0　正常。

1　一般问题(例如:无法访问子文件夹)。

2　严重问题(例如:无法使用命令行参数)。

(5) 常见用法

```
ls
```

命令结果:显示当前目录的文件名称列表,不包括隐藏文件。

```
ls -a
```

命令结果:将隐藏文件一起显示出来。

```
ls -l
```

命令结果:显示各文件的详细信息。

```
ls -li
```

命令结果:显示各文件的详细信息,同时显示出文件的索引编号。

显示结果如图 2-8 所示。

默认情况下,ls 命令自带--color=auto 参数,因此从图 2-8 可以看出目录的显示颜色与普通文件是不一样的。

当使用 ls -l 命令时,显示的文件信息比较多,可以分为 7 个字段。其中:第 1 个

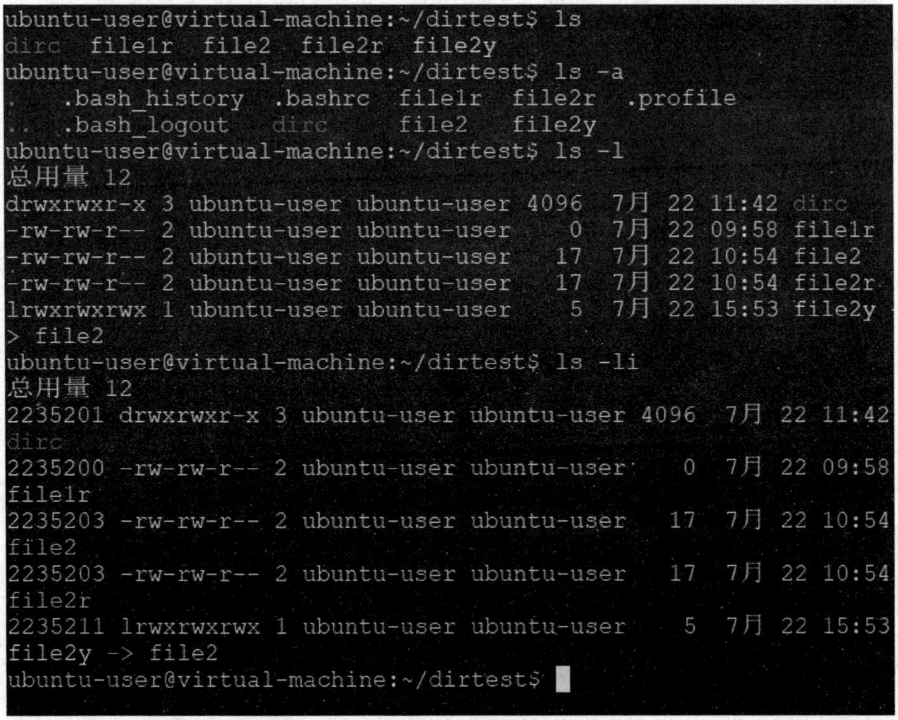

```
ubuntu-user@virtual-machine:~/dirtest$ ls
dirc  file1r  file2  file2r  file2y
ubuntu-user@virtual-machine:~/dirtest$ ls -a
.   .bash_history  .bashrc  file1r  file2r  .profile
..  .bash_logout   dirc     file2   file2y
ubuntu-user@virtual-machine:~/dirtest$ ls -l
总用量 12
drwxrwxr-x 3 ubuntu-user ubuntu-user 4096  7月 22 11:42 dirc
-rw-rw-r-- 2 ubuntu-user ubuntu-user    0  7月 22 09:58 file1r
-rw-rw-r-- 2 ubuntu-user ubuntu-user   17  7月 22 10:54 file2
-rw-rw-r-- 2 ubuntu-user ubuntu-user   17  7月 22 10:54 file2r
lrwxrwxrwx 1 ubuntu-user ubuntu-user    5  7月 22 15:53 file2y
> file2
ubuntu-user@virtual-machine:~/dirtest$ ls -li
总用量 12
2235201 drwxrwxr-x 3 ubuntu-user ubuntu-user 4096  7月 22 11:42
dirc
2235200 -rw-rw-r-- 2 ubuntu-user ubuntu-user    0  7月 22 09:58
file1r
2235203 -rw-rw-r-- 2 ubuntu-user ubuntu-user   17  7月 22 10:54
file2
2235203 -rw-rw-r-- 2 ubuntu-user ubuntu-user   17  7月 22 10:54
file2r
2235211 lrwxrwxrwx 1 ubuntu-user ubuntu-user    5  7月 22 15:53
file2y -> file2
ubuntu-user@virtual-machine:~/dirtest$ 
```

图 2-8　ls 命令

字段共 10 个字符，第 1 个字符显示文件的类型如下：

"-"表示普通文件；

"d"表示目录文件；

"1"表示链接文件；

"c"表示字符设备；

"b"表示块设备；

"p"表示命名管道比如 FIFO 文件(First In First Out，先进先出)；

"f"表示堆栈文件比如 LIFO 文件(Last In First Out，后进后出)。

第 2～10 个字符，分为 3 个 3 位字符组，均反映文件的权限设置情况。Linux 中每个文件有 3 种不同的用户级别：文件拥有者(u)、所属组的用户(g)和系统中的其他用户(o)。而第 2～10 个字符分成的这 3 个字符组，分别代表了这 3 种用户级别的权限。

第 1 个 3 位字符组表示对文件拥有者(u)对该文件的权限；

第 2 个 3 位字符组表示文件所属组用户(g)对该文件的权限；

第 3 个 3 位字符组表示系统中其他用户(o)对该文件的权限。

Linux 中文件的访问有 3 种不同的访问权限，即可读(r)、可写(w)和可执行(x)。若该用户级别有相应的权限，则显示相应的字符；若对此没有权限，则显示"-"字符。

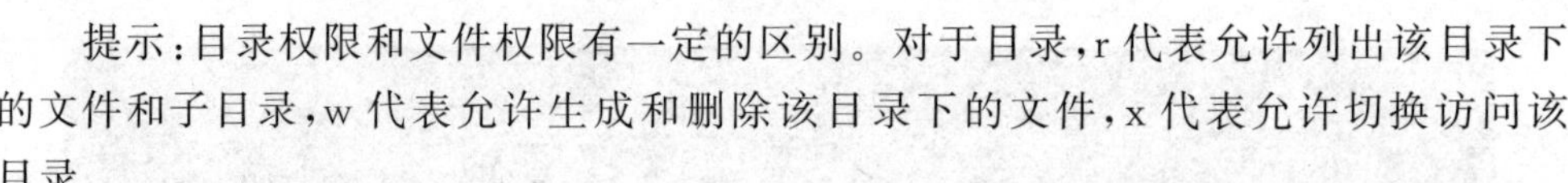

提示：目录权限和文件权限有一定的区别。对于目录，r 代表允许列出该目录下的文件和子目录，w 代表允许生成和删除该目录下的文件，x 代表允许切换访问该目录。

第 2 个字段为数字，如果是文件，则代表链接数；如果是目录，则代表第 1 层子目录下的文件数。

第 3 个字段为文件所属用户。

第 4 个字段为文件所有用户组。

第 5 个字段为文件的大小。

第 6 个字段为文件最后修改时间。

第 7 个字段为文件或目录的名称。

具体信息如图 2－9 所示。

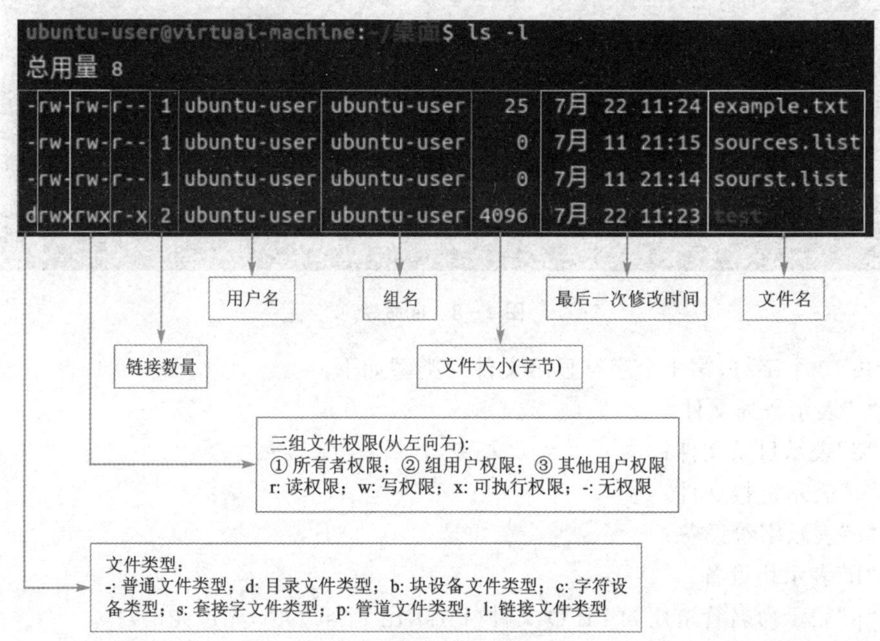

图 2－9　ls -l 显示的信息

在使用 ls -li 命令时，其与使用 ls -l 命令相比，前面还多了一个索引编号字段。在 Linux 系统中，每个文件都会分配一个索引编号(inode)，索引编号类似一个指针，它指向文件在物理磁盘上的具体存储位置，系统通过索引节点来定位文件。

2. cp 命令

(1) 作　用

cp 命令的作用是将指定<源文件>复制至<目标文件>，或将<源文件>复制至<目标目录>。

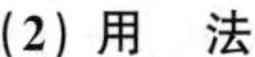

(2) 用　法

cp [选项]... 源文件 目标文件

或 cp [选项]... 源文件... 目录

或 cp [选项]... -t 目录 源文件...

(3) 常用选项

-i, --interactive	覆盖前询问(使前面的-n 选项失效)。
-n, --no-clobber	不要覆盖已存在的文件(使前面的-i 选项失效)。
-R, -r, --recursive	递归复制目录及其子目录下的所有内容。
-s, --symbolic-link	只创建符号链接而不复制文件。
-t, --target-directory=目录	将所有参数指定的源文件/目录复制至目标目录。
-u, --update	源文件比目标文件新或目标文件不存在时才复制。
-v, --verbose	显示详细的进行步骤。
--help	显示帮助信息并退出。
--version	显示版本信息并退出。

(4) 常见用法

```
cp file1 file2
```

命令结果:将当前目录下的文件 file1 复制为 file2。

```
cp file1 dir1/
```

命令结果:将 file1 复制到 dir1 目录下,目标文件名与源文件名一致。

```
cp -r dir1 dir2
```

命令结果:将 dir1 目录复制到 dir2 目录。

```
cp file1 file2 dir1/* dir2
```

命令结果:将多个文件复制到 dir2 目录下。

命令执行结果如图 2-10 所示。

```
ubuntu-user@virtual-machine:~/dirtest$ ls
dir1  file1
ubuntu-user@virtual-machine:~/dirtest$ cp file1 file2
ubuntu-user@virtual-machine:~/dirtest$ ls
dir1  file1  file2
ubuntu-user@virtual-machine:~/dirtest$ cp file1 dir1/
ubuntu-user@virtual-machine:~/dirtest$ ls dir1
file1
ubuntu-user@virtual-machine:~/dirtest$ cp -r dir1 dir2
ubuntu-user@virtual-machine:~/dirtest$ ls
dir1  dir2  file1  file2
ubuntu-user@virtual-machine:~/dirtest$ ls dir2
file1
ubuntu-user@virtual-machine:~/dirtest$ cp file1 file2 dir1/* dir2
cp: 不会以'dir1/file1' 覆盖刚创建的'dir2/file1'
ubuntu-user@virtual-machine:~/dirtest$ ls dir2
file1  file2
ubuntu-user@virtual-machine:~/dirtest$ 
```

图 2-10　cp 命令

由结果可以看出，复制多个文件时，如果有同名文件，只会复制其中第一个。

3. mv 命令

(1) 作　用

mv 命令的作用是将<源文件>重命名为<目标文件>，或将<源文件>移动至指定<目录>。

(2) 用　法

mv [选项]... [-T] 源文件 目标文件
或　mv [选项]... 源文件... 目录
或　mv [选项]... -t 目录 源文件...

(3) 常用选项

-b	为每个已存在的目标文件创建备份。
-f, --force	覆盖前不询问。
-i, --interactive	覆盖前询问。
-n, --no-clobber	不覆盖已存在文件。
	如果指定了-i、-f、-n 中的多个，则仅最后一个生效。
-t, --target-directory=目录	将所有<源文件>移动至指定的<目录>中。
-u, --update	源文件比目标文件新或目标文件不存在时才移动。
-v, --verbose	显示详细的进行步骤。
--help	显示帮助信息并退出。
--version	显示版本信息并退出。

(4) 常见用法

```
mv file1 file2
```

命令结果：将当前目录下的文件 file1 改名为 file2。

```
mv file2 dir1/
```

命令结果：将 file2 移动到 dir1 目录下。

```
mv -b file3 file4
```

命令结果：将当前目录下的文件 file3 改名为 file4，原 file4 文件备份为 file4～。

命令执行结果如图 2-11 所示。

4. rm 命令

(1) 作　用

rm 命令的作用是删除指定的文件。

(2) 用　法

rm [选项]... [文件]...

(3) 常用选项

-f, --force	强制删除。忽略不存在的文件，不提示确认。

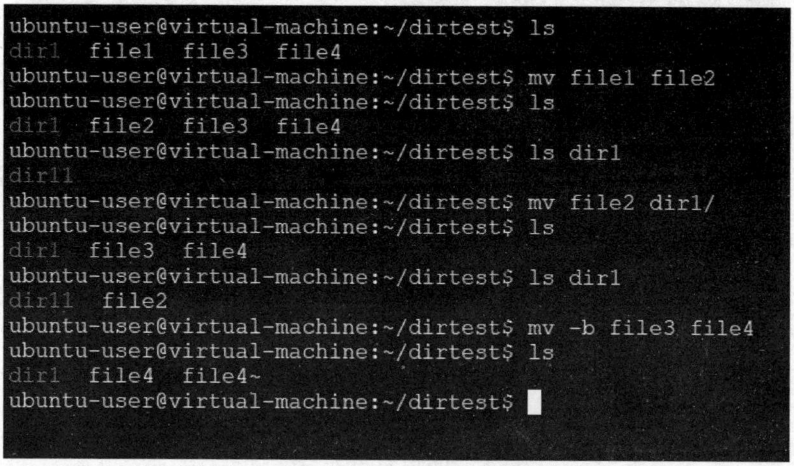

```
ubuntu-user@virtual-machine:~/dirtest$ ls
dir1  file1  file3  file4
ubuntu-user@virtual-machine:~/dirtest$ mv file1 file2
ubuntu-user@virtual-machine:~/dirtest$ ls
dir1  file2  file3  file4
ubuntu-user@virtual-machine:~/dirtest$ ls dir1
dir11
ubuntu-user@virtual-machine:~/dirtest$ mv file2 dir1/
ubuntu-user@virtual-machine:~/dirtest$ ls
dir1  file3  file4
ubuntu-user@virtual-machine:~/dirtest$ ls dir1
dir11  file2
ubuntu-user@virtual-machine:~/dirtest$ mv -b file3 file4
ubuntu-user@virtual-machine:~/dirtest$ ls
dir1  file4  file4~
ubuntu-user@virtual-machine:~/dirtest$ 
```

图 2-11　mv 命令

-i	每次删除前提示确认。
-r，-R，--recursive	递归删除目录及其内容。
-d，--dir	删除空目录。
-v，--verbose	详细显示进行的步骤。
--help	显示帮助信息并退出。
--version	显示版本信息并退出。

默认时，rm 不会删除目录。使用--recursive(-r 或-R)选项可删除每个给定的目录，以及该目录下所有的内容。

(4) 常见用法

```
rm file1
```

命令结果：删除文件 file1。

```
rm -r dir1
```

命令结果：删除目录 dir1。

命令执行结果如图 2-12 所示。

5. cat 命令

(1) 作　用

cat 命令的作用是连接所有指定文件并将结果写到标准输出。

(2) 用　法

cat [选项]... [文件]...

(3) 常用选项

-b，--number-nonblank	对非空输出行编号，同时取消-n 选项效果。
-E，--show-ends	在每行结束处显示"$"。

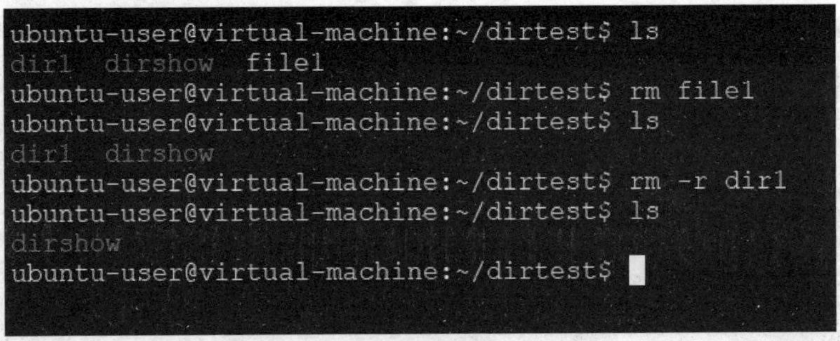

```
ubuntu-user@virtual-machine:~/dirtest$ ls
dir1  dirshow  file1
ubuntu-user@virtual-machine:~/dirtest$ rm file1
ubuntu-user@virtual-machine:~/dirtest$ ls
dir1  dirshow
ubuntu-user@virtual-machine:~/dirtest$ rm -r dir1
ubuntu-user@virtual-machine:~/dirtest$ ls
dirshow
ubuntu-user@virtual-machine:~/dirtest$
```

图 2-12　rm 命令

-n，--number　　对输出的所有行编号。

-s，--squeeze-blank　　不输出多行空行。

--help　　显示帮助信息并退出。

--version　　显示版本信息并退出。

(4) 常见用法

```
cat file1
```

命令结果：输出文件 file1 内容。

```
cat -n file2
```

命令结果：输出文件 file2 内容，并对输出的所有行编号。

```
cat -sn file1 file2
```

命令结果：将文件 file1 及 file2 连接后输出，将多行空行视为一行空行，并将所有行编号。

命令执行结果如图 2-13 所示。

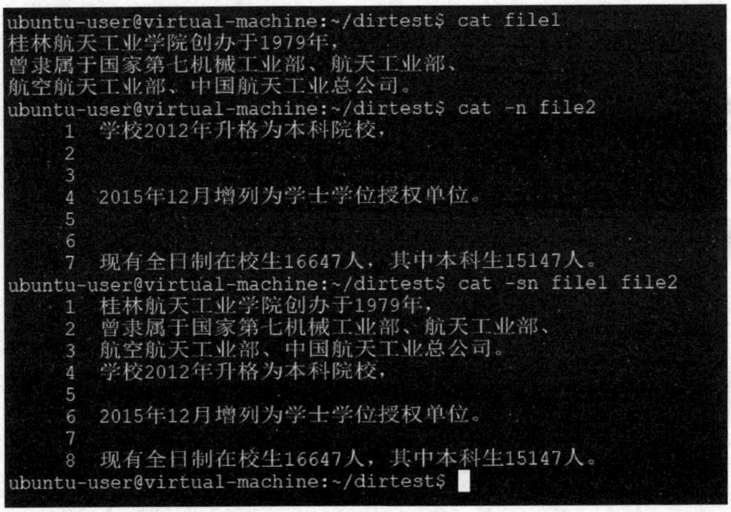

```
ubuntu-user@virtual-machine:~/dirtest$ cat file1
桂林航天工业学院创办于1979年，
曾隶属于国家第七机械工业部、航天工业部、
航空航天工业部、中国航天工业总公司。
ubuntu-user@virtual-machine:~/dirtest$ cat -n file2
     1  学校2012年升格为本科院校，
     2
     3
     4  2015年12月增列为学士学位授权单位。
     5
     6
     7  现有全日制在校生16647人，其中本科生15147人。
ubuntu-user@virtual-machine:~/dirtest$ cat -sn file1 file2
     1  桂林航天工业学院创办于1979年，
     2  曾隶属于国家第七机械工业部、航天工业部、
     3  航空航天工业部、中国航天工业总公司。
     4  学校2012年升格为本科院校，
     5
     6  2015年12月增列为学士学位授权单位。
     7
     8  现有全日制在校生16647人，其中本科生15147人。
ubuntu-user@virtual-machine:~/dirtest$
```

图 2-13　cat 命令

6. more 命令

(1) 作　用

more 命令的作用是分页显示文档的内容。

(2) 用　法

more [选项] <文件>...

(3) 常用选项

-n, --lines <number>	设定每页显示的行数。
-<number>	设定每页显示的行数。
+<number>	从第 number 行开始显示。
+/<pattern>	先在文件中搜索包含 pattern 的行,并从找到的行之前两行开始显示,若没有找到搜索的内容,则从第 1 行开始显示。
--help	显示帮助信息并退出。
--version	显示版本信息并退出。

在 more 命令运行过程中,还可以输入信息与其进行交互:

按 Enter	键向下显示 1 行。
按空格键	向下滚动一页。
按 Ctrl+B 键	返回上一页。
按 F 键	跳过下一页。
按=键	输出当前行的行号。
按 V 键	调用 vi 编辑器。
按 Q 键	退出 more。
输入 :f 命令	输出文件名和当前行的行号。
输入 ! 命令	调用 Shell,并执行命令。

(4) 常见用法

```
more file1
```

命令结果:分页显示文件 file1,每页行数由屏幕大小决定。

```
more +6 -6 file1
```

命令结果:分页显示文件 file1,从第 6 行开始显示,每页为 6 行。

```
more +/9 file1
```

命令结果:搜索含 9 的行,并从之前两行开始分页显示。

命令执行结果如图 2-14～图 2-16 所示。

7. less 命令

(1) 作　用

less 命令的作用与 more 命令的作用类似,也是分页显示文档的内容。与 more

```
ubuntu-user@virtual-machine:~/more$ more file1
No. 1
No. 2
No. 3
No. 4
No. 5
No. 6
No. 7
No. 8
No. 9
No. a
No. b
No. c
No. d
No. e
No. f
No. g
No. h
No. i
No. j
--更多--(54%)
```

图 2-14　more 命令查看文件

```
ubuntu-user@virtual-machine:~/more$ more +6 -6 file1
No. 6
No. 7
No. 8
No. 9
No. a
No. b

...跳过 6 行
No. i
No. j
No. k
No. l
No. m
No. n
--更多--(65%)
```

图 2-15　more +6 -6 file1 命令查看文件：按 F 键跳过下一页

命令不同的是，less 命令显示文件完成默认不会自动退出，需要按 Q 键才能退出，而且显示的内容在退出后不会保留在输出界面。

(2) 用　法

less [选项]... [文件]...

图 2-16　more 命令查看文件：搜索含 9 的行，并从之前两行开始显示

(3) 常用选项

-m　　下方提示符显示文件显示比例。

-M　　下方提示符显示文件显示比例以及当前行数等详细信息。

-N　　对输出的所有行编号。

-p <pattern>　　先在文件中搜索包含 pattern 的行，并从找到的行开始显示，若没有找到搜索的内容，则从第 1 行开始显示。

与 more 命令类似，在 less 命令运行过程中，也可以输入信息与其进行交互：

按 Q 键　　退出。

按上下键　　可显示文件上一行或下一行。

按 PgUp 与 PgDn 键　　可向上或向下翻页。

输入 /<pattern>与？<pattern>　　可向上或向下查找包含 pattern 的内容。

less 命令运行中交互的功能比 more 命令强大得多，具体信息可在 less --help 命令中查询。

(4) 常见用法

```
less -M file1
```

命令结果：分页显示文件 file1，并显示百分比、当前行数等详细信息。

```
less -Np a file1
```

命令结果:搜索文件 file1 中含 a 的行,从此行开始显示,并显示行号。

命令执行结果如图 2-17 和图 2-18 所示。

```
No. 6
No. 7
No. 8
No. 9
No. a
No. b
No. c
No. d
No. e
No. f
No. g
No. h
No. i
No. j
No. k
No. l
No. m
No. n
No. o
No. p
No. q
No. r
No. s
No. t
file1 lines 6-29/35 82%
```

图 2-17 less -M 命令查看文件

```
     10 No. a
     11 No. b
     12 No. c
     13 No. d
     14 No. e
     15 No. f
     16 No. g
     17 No. h
     18 No. i
     19 No. j
     20 No. k
     21 No. l
     22 No. m
     23 No. n
     24 No. o
     25 No. p
     26 No. q
     27 No. r
     28 No. s
     29 No. t
     30 No. u
     31 No. v
     32 No. w
     33 No. x
file1
```

图 2-18 less -Np a 命令查看文件

图 2－17 中，下方提示符可看见文件名为 file1，当前显示行数为第 6～29 行，当前百分比为 82%。

文件从包含 a 的第 10 行开始显示，每行都显示了行号。

8. head 命令

(1) 作　用

head 命令的作用是将每个指定文件的前几行输出到标准输出，若未指定行数，则输出 10 行。

(2) 用　法

head [选项]... [文件]...

(3) 常用选项

-n，--lines=[-]K	显示每个文件的前 K 行内容而非前 10 行内容，如果数字前附加“-”字符，则除了每个文件的最后 K 行数据外，显示其余全部内容。
-q，--quiet，--silent	不显示包含给定文件名的文件头。
-v，--verbose	总是显示包含给定文件名的文件头。
--help	显示帮助信息并退出。
--version	显示版本信息并退出。

(4) 常见用法

```
head file1
```

命令结果：输出文件 file1 前 10 行的内容。

```
head -n 3 file1 file2
```

命令结果：输出文件 file1、file2 前 3 行的内容。

```
head -n -32 file1
```

命令结果：输出文件 file1 的内容，不包括最后 32 行。

命令执行结果如图 2－19 所示。

9. tail 命令

(1) 作　用

tail 命令的作用是将每个指定文件的最后几行输出到标准输出，若未指定行数，则输出 10 行。

(2) 用　法

tail [选项]... [文件]...

(3) 常用选项

-n，--lines=[+]K	显示每个文件的最后 K 行内容而非最后 10 行内容，如果数字前附加“+”字符，则从文件的第 K 行开始显示之后的全部内容。

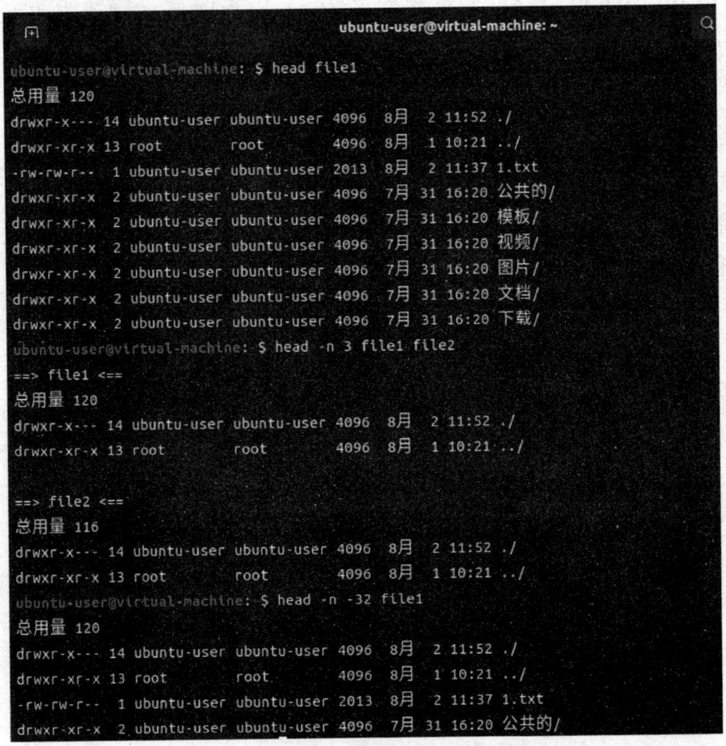

```
ubuntu-user@virtual-machine: ~
ubuntu-user@virtual-machine: $ head file1
总用量 120
drwxr-x--- 14 ubuntu-user ubuntu-user 4096  8月  2 11:52 ./
drwxr-xr-x 13 root        root        4096  8月  1 10:21 ../
-rw-rw-r--  1 ubuntu-user ubuntu-user 2013  8月  2 11:37 1.txt
drwxr-xr-x  2 ubuntu-user ubuntu-user 4096  7月 31 16:20 公共的/
drwxr-xr-x  2 ubuntu-user ubuntu-user 4096  7月 31 16:20 模板/
drwxr-xr-x  2 ubuntu-user ubuntu-user 4096  7月 31 16:20 视频/
drwxr-xr-x  2 ubuntu-user ubuntu-user 4096  7月 31 16:20 图片/
drwxr-xr-x  2 ubuntu-user ubuntu-user 4096  7月 31 16:20 文档/
drwxr-xr-x  2 ubuntu-user ubuntu-user 4096  7月 31 16:20 下载/
ubuntu-user@virtual-machine: $ head -n 3 file1 file2
==> file1 <==
总用量 120
drwxr-x--- 14 ubuntu-user ubuntu-user 4096  8月  2 11:52 ./
drwxr-xr-x 13 root        root        4096  8月  1 10:21 ../

==> file2 <==
总用量 116
drwxr-x--- 14 ubuntu-user ubuntu-user 4096  8月  2 11:52 ./
drwxr-xr-x 13 root        root        4096  8月  1 10:21 ../
ubuntu-user@virtual-machine: $ head -n -32 file1
总用量 120
drwxr-x--- 14 ubuntu-user ubuntu-user 4096  8月  2 11:52 ./
drwxr-xr-x 13 root        root        4096  8月  1 10:21 ../
-rw-rw-r--  1 ubuntu-user ubuntu-user 2013  8月  2 11:37 1.txt
drwxr-xr-x  2 ubuntu-user ubuntu-user 4096  7月 31 16:20 公共的/
```

图 2-19　head 命令

-q，--quiet，--silent	不输出给定文件名的文件头。
-v，--verbose	总是显示包含给定文件名的文件头。
--help	显示帮助信息并退出。
--version	显示版本信息并退出。

(4) 常见用法

```
tail file1
```

命令结果：输出文件 file1 最后 10 行的内容。

```
tail -n 3 file1 file2
```

命令结果：输出文件 file1、file2 最后 3 行的内容。

```
tail -n +32 file1
```

命令结果：从第 32 行开始输出文件 file1 的内容。

命令执行结果如图 2-20 所示。

10. file 命令

(1) 作　用

file 命令的作用是显示文件的类型。

```
ubuntu-user@virtual-machine: ~
ubuntu-user@virtual-machine: $ tail file1
-rw-------  1 ubuntu-user ubuntu-user   20  7月 28 13:38 .lesshst
drwx------  3 ubuntu-user ubuntu-user 4096  7月 19 12:17 .local/
-rw-rw-r--  1 ubuntu-user ubuntu-user    0  8月  2 11:52 n
-rw-r--r--  1 ubuntu-user ubuntu-user  807  7月 19 12:15 .profile
drwx------  4 ubuntu-user ubuntu-user 4096  7月 31 16:23 snap/
-rw-r--r--  1 ubuntu-user ubuntu-user    0  7月 24 17:11 .sudo_as_admin_successful
-rw-r-----  1 ubuntu-user ubuntu-user    5  8月  1 09:48 .vboxclient-clipboard.pid
-rw-r-----  1 ubuntu-user ubuntu-user    5  8月  1 09:48 .vboxclient-display-svga-x1
-rw-r-----  1 ubuntu-user ubuntu-user    5  8月  1 09:48 .vboxclient-draganddrop.pid
-rw-r-----  1 ubuntu-user ubuntu-user    5  8月  1 09:48 .vboxclient-seamless.pid
ubuntu-user@virtual-machine:~$ tail -n 3 file1 file2
==> file1 <==
-rw-r-----  1 ubuntu-user ubuntu-user    5  8月  1 09:48 .vboxclient-display-svga-x1
-rw-r-----  1 ubuntu-user ubuntu-user    5  8月  1 09:48 .vboxclient-draganddrop.pid
-rw-r-----  1 ubuntu-user ubuntu-user    5  8月  1 09:48 .vboxclient-seamless.pid

==> file2 <==
-rw-r-----  1 ubuntu-user ubuntu-user    5  8月  1 09:48 .vboxclient-display-svga-x1
-rw-r-----  1 ubuntu-user ubuntu-user    5  8月  1 09:48 .vboxclient-draganddrop.pid
-rw-r-----  1 ubuntu-user ubuntu-user    5  8月  1 09:48 .vboxclient-seamless.pid
ubuntu-user@virtual-machine:~$ tail -n +32 file1
drwx------  4 ubuntu-user ubuntu-user 4096  7月 31 16:23 snap/
-rw-r--r--  1 ubuntu-user ubuntu-user    0  7月 24 17:11 .sudo_as_admin_successful
-rw-r-----  1 ubuntu-user ubuntu-user    5  8月  1 09:48 .vboxclient-clipboard.pid
-rw-r-----  1 ubuntu-user ubuntu-user    5  8月  1 09:48 .vboxclient-display-svga-x1
-rw-r-----  1 ubuntu-user ubuntu-user    5  8月  1 09:48 .vboxclient-draganddrop.pid
-rw-r-----  1 ubuntu-user ubuntu-user    5  8月  1 09:48 .vboxclient-seamless.pid
```

图 2－20　tail 命令

(2) 用　法

file [选项]... [文件]...

(3) 常用选项

--help　　显示帮助信息并退出。

--version　显示版本信息并退出。

(4) 常见用法

```
file file1
```

命令结果:输出文件 file1 的文件类型。

```
file *
```

命令结果:输出当前目录所有文件的类型。

命令执行结果如图 2－21 所示。

```
ubuntu-user@virtual-machine:~/dirtest/dirc$ file file1
file1: ASCII text
ubuntu-user@virtual-machine:~/dirtest/dirc$ file *
dir11: directory
file1: ASCII text
file2: empty
ubuntu-user@virtual-machine:~/dirtest/dirc$
```

图 2-21 file 命令

从结果可以看出,file1 是一个文本文件,dir11 是一个目录,file2 是一个空文件。

11. stat 命令

(1) 作 用

stat 命令的作用是显示文件或文件系统的状态。

(2) 用 法

stat [选项]... [文件]...

(3) 常用选项

-f, --file-system 显示文件系统状态而非文件状态。

--help 显示帮助信息并退出。

--version 显示版本信息并退出。

(4) 常见用法

```
stat file1
```

命令结果:输出文件 file1 的文件状态。

```
stat -f file1
```

命令结果:输出文件 file1 的文件系统状态。

命令执行结果如图 2-22 所示。

```
ubuntu-user@virtual-machine:~$ stat file1
  文件: file1
  大小: 0               块: 0          IO 块: 4096   普通空文
件
设备: 803h/2051d        Inode: 2235200     硬链接: 1
权限: (0664/-rw-rw-r--)  Uid: ( 1003/ubuntu-user)   Gid: ( 100
3/ubuntu-user)
最近访问: 2022-07-22 09:59:04.926403028 +0800
最近更改: 2022-07-22 09:58:15.661783331 +0800
最近改动: 2022-07-22 09:59:04.926403028 +0800
创建时间: 2022-07-21 10:31:46.807973285 +0800
ubuntu-user@virtual-machine:~$ stat -f file1
  文件: "file1"
    ID: cbfb40cf4838059c 文件名长度: 255     类型: ext2/ext3
块大小: 4096         基本块大小: 4096
    块: 总计: 10113344    空闲: 7412798    可用: 6891019
Inodes: 总计: 2588672     空闲: 2366256
ubuntu-user@virtual-machine:~$
```

图 2-22 stat 命令

12. touch 命令

(1) 作　用

touch 命令的作用是将所指定的每个文件的访问时间和修改时间更改为当前时间。如果没有使用-c 或-h 选项，则指定不存在的文件将会被创建为空文件，通常可以利用这个属性来新建空文件。

(2) 用　法

cat [选项]... [文件]...

(3) 常用选项

-a	只更改访问时间。
-c, --no-create	不创建任何文件。
-d, --date=字符串	使用指定字符串表示时间而非当前时间。
-m	只更改修改时间。
--help	显示此帮助信息并退出。
--version	显示版本信息并退出。

(4) 常见用法

```
touch file1
```

命令结果：如果文件 file1 不存在，则新增空文件 file1；如果存在，则将其访问时间和修改时间更改为当前时间。

```
touch -c file1
```

命令结果：如果文件 file1 存在，则将其访问时间和修改时间更改为当前时间；如果不存在，则不进行任何操作。

命令执行结果如图 2-23 所示。

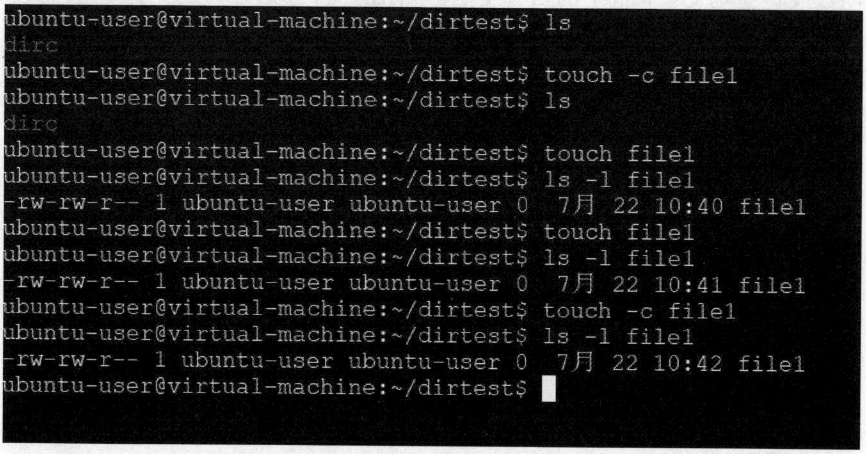

```
ubuntu-user@virtual-machine:~/dirtest$ ls
dirc
ubuntu-user@virtual-machine:~/dirtest$ touch -c file1
ubuntu-user@virtual-machine:~/dirtest$ ls
dirc
ubuntu-user@virtual-machine:~/dirtest$ touch file1
ubuntu-user@virtual-machine:~/dirtest$ ls -l file1
-rw-rw-r-- 1 ubuntu-user ubuntu-user 0  7月 22 10:40 file1
ubuntu-user@virtual-machine:~/dirtest$ touch file1
ubuntu-user@virtual-machine:~/dirtest$ ls -l file1
-rw-rw-r-- 1 ubuntu-user ubuntu-user 0  7月 22 10:41 file1
ubuntu-user@virtual-machine:~/dirtest$ touch -c file1
ubuntu-user@virtual-machine:~/dirtest$ ls -l file1
-rw-rw-r-- 1 ubuntu-user ubuntu-user 0  7月 22 10:42 file1
ubuntu-user@virtual-machine:~/dirtest$
```

图 2-23　touch 命令

13. ln 命令

(1) 作　用

ln 命令的作用是创建指定目标的链接。

在 Linux 系统中,链接分为软链接和硬链接两类。软链接类似于 Windows 中快捷方式的概念。而创建硬链接即为创建一个与源文件相同索引编号的文件,即两个文件的指向是同一个存储位置,可以把这两个文件理解为同一个文件的不同名称。硬链接创建之后,与原始文件是平等的,两者并没有从属关系,Linux 系统允许一个文件有多个硬链接文件,原始文件也可以视为其中一个硬链接文件,与其他硬链接文件并没有什么区别。删除其中一个硬链接文件并不影响其他有相同索引节点号的文件,所以可以为重要的文件创建多个硬链接,这样即使错误操作误删了文件,也不会对重要文件造成影响。只有当一个文件的硬链接文件数为 0,在没有任何文件名指向时,才会被删除。

(2) 用　法

ln [选项]... [-T] 目标 链接名

或 ln [选项]... 目标

或 ln [选项]... 目标... 目录

或 ln [选项]... -t 目录 目标...

在第 1 种格式中,创建具有指定<链接名>且指向指定<目标>的链接。

在第 2 种格式中,在当前目录创建指向<目标>位置的链接。

在第 3、4 种格式中,在指定<目录>中创建指向指定<目标>的链接。

默认创建硬链接,当使用--symbolic 或-s 时创建符号链接。

默认情况下,创建每个目标时都不应存在与新链接的名称相同的文件。

创建硬链接时,每个指定的目标都必须存在。符号链接可以指向任意位置。

当链接解析正常时,将其解析为一个相对于其父目录的相对链接。

(3) 常用选项

-b	为每个已存在的目标文件创建备份文件。
-f, --force	强行删除任何已存在的目标文件。
-i, --interactive	删除目标文件前进行确认。
-s, --symbolic	创建符号链接而非硬链接。
-t, --target-directory=目录	在指定<目录>中创建链接。
-v, --verbose	列出每个链接的文件名称。
--help	显示帮助信息并退出。
--version	显示版本信息并退出。

(4) 常见用法

```
ln file1 file1y
```

命令结果:创建文件 file1 的硬链接文件 file1y。

```
ln -s file1 file1s
```

命令结果:创建文件 file1 的软链接文件 file1s。

命令执行结果如图 2 - 24 所示。

```
ubuntu-user@virtual-machine:~$ ln file1 file1y
ubuntu-user@virtual-machine:~$ ln -s file1 file1r
ubuntu-user@virtual-machine:~$ ls -li
总用量 8
2235199 drwxrwxr-x 4 ubuntu-user ubuntu-user 4096  7月 23 14:22
dirtest
2230461 -rw-rw-r-- 2 ubuntu-user ubuntu-user    0  7月 23 14:23
file1
2234918 lrwxrwxrwx 1 ubuntu-user ubuntu-user    5  7月 23 14:24
file1r -> file1
2230461 -rw-rw-r-- 2 ubuntu-user ubuntu-user    0  7月 23 14:23
file1y
2235038 drwx------ 3 ubuntu-user ubuntu-user 4096  7月 19 12:16
snap
ubuntu-user@virtual-machine:~$
```

图 2 - 24　ln 命令

从结果可以看出,file1 与 file1y 的索引编号是一样的,两个文件的指向是同一个文件。而 file1r 的属性为 l,说明它是软链接文件,它指向的文件是同目录的 file1 文件。

14. tar 命令

(1) 作　用

tar 命令的作用是对文件目录进行打包或解包。

对文件打包是指将一些文件或目录编成一个总的文件,而压缩则是将一个大的文件通过一些压缩算法变成一个小文件,为什么要区分这两个概念呢? 这是由于在 Linux 中的很多压缩程序只能针对一个文件进行压缩,如果想要压缩较多文件,就要借助工具将这堆文件先打成一个包,然后再用原来的压缩程序进行压缩。

(2) 格　式

tar[选项][打包后文件名][文件目录列表]

tar 可自动根据文件名识别打包和解包动作,其中打包后的文件名为用户自定义的打包后的文件名称,文件目录列表可以是要进行打包备份的文件目录列表,也可以是进行解包的文件目录列表。

(3) 主要选项

tar 主要选项参数如下:

-c　建立新的打包文件。

-r　向打包文件末尾追加文件。

-x　从打包文件中解出文件。

-o 将文件解开到标准输出。

-v 处理过程中输出相关信息。

-f 对普通文件操作。

-z 调用 gzip 来压缩打包文件,与-x 联用时调用 gzip 完成解压缩。

-j 调用 bzip2 来压缩打包文件,与-x 联用时调用 bzip2 完成解压缩。

-Z 调用 compress 来压缩打包文件,与-x 联用时调用 compress 完成解压缩。

(4) 使用实例

tar 命令除了用常规的打包之外,使用更为频繁的是用选项"-z"或"-j"调用 gzip 或 bzip2(Linux 中另一种解压工具)完成对各种不同文件的解压,此外,*.tar.gz 的文件往往被缩写成 *.tgz 的文件。

① 创建归档和压缩文件:

```
tar cvf          bencai.tar            bencai\
tar z(j)cvf      bencai.tar.gz(bz2)    bencai\
tar -czvf        bencai.tgz            bencai\
```

② 查看归档和压缩文件:

```
tar tvf          bencai.tar
tar tz(j)vf      bencai.tar.gz(bz2)
tar -tvf         bencai.tgz
```

③ 恢复归档文件和压缩文件:

```
tar xvf          bencai.tar
tar z(j)xvf      bencai.tar.gz(bz2)
tar -xzvf        bencai.tgz
```

15. ar 命令

(1) 作　用

建立或修改库归档文件,或从归档文件中抽取二进制的模块文件。

ar 可集合许多文件,成为单一的库归档文件。在库归档文件中,所有成员文件皆保有原来的属性与权限。

(2) 格　式

ar ［指令参数］［选项参数］［库归档文件］［成员文件列表］

ar 根据成员文件列表的顺序排序成员文件在库归档文件中的位置。

(3) 主要选项及参数

ar 的主要选项及参数如下:

1) 选　项

-d 删除库归档文件中的成员文件。

-m 变更成员文件在库归档文件中的次序。

-p　显示库归档文件中的成员文件内容。

-q　将文件附加在库归档文件末端。

-r　将文件插入库归档文件中。

-t　显示库归档文件中所包含的文件。

-x　自库归档文件中取出成员文件。

2）参　数

a <成员文件>　将文件插入库归档文件中指定的成员文件之后。

b <成员文件>　将文件插入库归档文件中指定的成员文件之前。

i <成员文件>　将文件插入库归档文件中指定的成员文件之前。

C　建立库归档文件。

f　为避免过长的文件名不兼容其他系统的 ar 指令指令，可利用此参数截掉要放入库归档文件中过长的成员文件名称。

o　保留库归档文件中文件的日期。

s　若库归档文件中包含了对象模式，则可利用此参数建立库归档文件的符号表。

S　不产生符号表。

u　只将日期较新的文件插入库归档文件中。

v　程序执行时显示详细的信息。

(4) 使用实例

1）创建归档

```
ar rv   libmath.a   input.o    compute.o *.o
```

2）查看归档

```
ar tv     libmath.a
```

3）提取归档

```
ar xv     libmath.a compute.o
```

4）删除归档中的某个目标模块

```
ar dv     libmath.a input.o
```

当被 gcc 链接使用时，只将其作为普通的模块放置即可。

例如：

```
gcc  -o power main.c libmath.a  -lm
```

注意：加-lm 选项是因为在 libmath.a 中的 compute.o 中使用了 pow 函数，该函数是在系统标准库 libm.a 中实现的。

此外，系统标准库往往在/usr/lib 下，若库归档文件要发布，则要复制或移动至此目录下方可被第三方程序引用，以下是在 c 的源文件中包含的头文件：

```
#include <mymath.h>//该头文件必须置于/usr/include 目录下
```

2.5.2 目录相关命令

1. pwd 命令

(1) 作　用

pwd 命令的作用是显示当前所在目录。

(2) 常见用法

```
pwd
```

命令结果:显示当前所在目录。

命令执行结果如图 2-25 所示。

```
ubuntu-user@virtual-machine:/etc$ pwd
/etc
ubuntu-user@virtual-machine:/etc$
```

图 2-25　pwd 命令

2. cd 命令

(1) 作　用

cd 命令的作用是改变当前所在目录到指定目录。

(2) 常见用法

`cd` 或 `cd ~` 或 `cd -`

命令结果:返回用户的主目录。

```
cd dir1
```

或

```
cd ./dir1
```

命令结果:切换到当前目录下的 dir1 目录。

```
cd ..
```

命令结果:切换到当前目录下的父目录。

```
cd /etc
```

命令结果:根据绝对路径切换到/etc 目录。

命令执行结果如图 2-26 所示。

```
ubuntu-user@virtual-machine:/bin$ cd
ubuntu-user@virtual-machine:~$ cd dir1
ubuntu-user@virtual-machine:~/dir1$ cd ./dir1
ubuntu-user@virtual-machine:~/dir1/dir1$ cd ..
ubuntu-user@virtual-machine:~/dir1$ cd ~
ubuntu-user@virtual-machine:~$ cd /etc
ubuntu-user@virtual-machine:/etc$ cd -
/home/ubuntu-user
ubuntu-user@virtual-machine:~$
```

图 2-26　cd 命令

3. mkdir 命令

(1) 作　用

mkdir 命令的作用是创建一个目录。

(2) 常见用法

```
mkdir dir1
```

命令结果：在当前目录下建立 dir1 目录，若目录已存在，则会报错。

```
mkdir dir11/dir111
```

命令结果：在当前目录下的 dir11 目录下建立 dir111 目录。若当前目录下没有 dir11，则目录会报错。

命令执行结果如图 2-27 所示。

```
ubuntu-user@virtual-machine:~$ mkdir dir1
ubuntu-user@virtual-machine:~$ mkdir dir1
mkdir: 无法创建目录 "dir1": 文件已存在
ubuntu-user@virtual-machine:~$ mkdir dir11/dir111
mkdir: 无法创建目录 "dir11/dir111": 没有那个文件或目录
ubuntu-user@virtual-machine:~$ mkdir dir11
ubuntu-user@virtual-machine:~$ mkdir dir11/dir111
ubuntu-user@virtual-machine:~$ ls -R
.:
dir1  dir11

./dir1:

./dir11:
dir111

./dir11/dir111:
ubuntu-user@virtual-machine:~$ 
```

图 2-27　mkdir 命令

4. rmdir 命令

(1) 作　用

rmdir 命令的作用是删除指定的空目录，若目录不为空则报错。若需删除非空目录，则可使用 rm -r 命令。

(2) 常见用法

```
rmdir dir1
```

命令结果：在当前目录下建立 dir1 目录，若目录已存在则会报错。

```
rmdir dir11/dir111
```

命令结果：在当前目录下的 dir11 目录下建立 dir111 目录。若当前目录下没有

dir11,则目录会报错。

命令执行结果如图 2-28 所示。

```
ubuntu-user@virtual-machine:~$ rmdir dir1
ubuntu-user@virtual-machine:~$ rmdir dir11
rmdir: 删除 'dir11' 失败: 目录非空
ubuntu-user@virtual-machine:~$ rm -r dir11
ubuntu-user@virtual-machine:~$ 
```

图 2-28　rmdir 命令

2.6　项目实践

2.6.1　文件相关练习

1. 新建 filea 文件,将文件改名为 fileb。

2. 为 fileb 文件创建一个硬链接文件,一个软链接文件。

3. 使用 ls 命令查看硬链接文件及软链接文件的索引编号。

4. 删除 fileb 文件,用 cat 命令查看硬链接文件及软链接文件,如果有报错,那么思考报错原因。

2.6.2　目录新建、修改、删除练习

1. 当前目录为/home/ubuntu-user,在当前目录下新建 dira、dirb、dirc 目录,再在每个新建目录下新建 d1、d2、d3 三个目录。

2. 将 dirc 目录改名为 dird,将 dir 下的 dir2 目录改名为 dir22。

3. 删除 dird 目录,删除 dira 下的 dir3 目录。

2.6.3　切换目录练习

1. 当前目录为/home/ubuntu-user/dira/dir1,请使用多种方法(绝对路径、相对路径)切换到/home/ubuntu-user/dirb/dir3 目录。

2. 当前目录为/home/ubuntu-user/dira/dir1,请使用多种方法(绝对路径、相对路径)切换到/etc 目录。

3. 切换到用户主目录,切换到上层目录。

2.6.4　目录引用练习

要求:能省略的路径必须省略。

1. cd /etc 然后把 etc 目录下的 usb_modeswitch.conf 复制为家目录下的 b1.txt。

2. cd /dev 然后把 etc 目录下的 usb_modeswitch.conf 复制为家目录下的 b2.txt。

3. cd ～然后把 etc 目录下的 usb_modeswitch.conf 复制为家目录下的 b3.txt。

本章小结

本章主要讲解了 Linux 中文件和文件系统的概念。这些是 Linux 最基础最常见的概念，只有真正理解它们才能为进一步学习 Linux 打下良好的基础。本章要着重掌握 Linux 的文件分类、文件属性的表示方法，并且能够通过实际查看 Linux 目录结构来熟悉 Linux 中几个一级子目录的作用。本章还介绍了 Linux 文件与目录相关的基本命令，并结合具体实例加以讲解。

第 3 章

Linux 用户管理

学完本章内容以后，你将能够：

➢ 了解 Linux 用户；

➢ 了解 Linux 用户组；

➢ 具备 Linux 用户权限管理的能力。

3.1 Linux 用户和用户组

要登录 Linux 系统一定要有账号和密码，不同的使用者拥有不同的权限。Linux 系统可通过很多方式来限制使用者所能使用的系统资源。

3.1.1 用　户

Linux 系统是一个多用户多任务的分时操作系统，任何一个要使用系统资源的用户，都必须首先向系统管理员申请一个账号，然后以这个账号的身份进入系统。

用户的账号一方面可以帮助系统管理员对使用系统的用户进行跟踪，并控制他们对系统资源的访问；另一方面也可以帮助用户组织文件，并为用户提供安全性保护。

每个用户账号都拥有一个唯一的用户名和自己的口令。

用户在登录时输入正确的用户名和口令后，即可进入系统和自己的主目录。

与 Linux 用户相关的系统文件有两个：/etc/passwd 和/etc/shadow。

1. /etc/passwd 文件

Linux 系统中的每个用户都在/etc/passwd 文件中有一个对应的记录行，它记录了这个用户的一些基本属性。

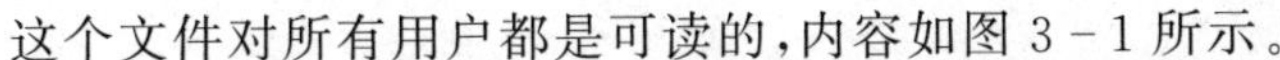

这个文件对所有用户都是可读的，内容如图 3－1 所示。

```
ubuntu-user@virtual-machine: $ cat /etc/passwd
root:x:0:0:root:/root:/bin/bash
daemon:x:1:1:daemon:/usr/sbin:/usr/sbin/nologin
bin:x:2:2:bin:/bin:/usr/sbin/nologin
sys:x:3:3:sys:/dev:/usr/sbin/nologin
sync:x:4:65534:sync:/bin:/bin/sync
games:x:5:60:games:/usr/games:/usr/sbin/nologin
man:x:6:12:man:/var/cache/man:/usr/sbin/nologin
lp:x:7:7:lp:/var/spool/lpd:/usr/sbin/nologin
mail:x:8:8:mail:/var/mail:/usr/sbin/nologin
news:x:9:9:news:/var/spool/news:/usr/sbin/nologin
uucp:x:10:10:uucp:/var/spool/uucp:/usr/sbin/nologin
proxy:x:13:13:proxy:/bin:/usr/sbin/nologin
www-data:x:33:33:www-data:/var/www:/usr/sbin/nologin
backup:x:34:34:backup:/var/backups:/usr/sbin/nologin
list:x:38:38:Mailing List Manager:/var/list:/usr/sbin/nologin
irc:x:39:39:ircd:/run/ircd:/usr/sbin/nologin
gnats:x:41:41:Gnats Bug-Reporting System (admin):/var/lib/gnats:/usr/sbin/nologin
nobody:x:65534:65534:nobody:/nonexistent:/usr/sbin/nologin
systemd-network:x:100:102:systemd Network Management,,,:/run/systemd:/usr/sbin/nologin
systemd-resolve:x:101:103:systemd Resolver,,,:/run/systemd:/usr/sbin/nologin
messagebus:x:102:105::/nonexistent:/usr/sbin/nologin
systemd-timesync:x:103:106:systemd Time Synchronization,,,:/run/systemd:/usr/sbin/nologin
syslog:x:104:111::/home/syslog:/usr/sbin/nologin
_apt:x:105:65534::/nonexistent:/usr/sbin/nologin
tss:x:106:112:TPM software stack,,,:/var/lib/tpm:/bin/false
uuidd:x:107:115::/run/uuidd:/usr/sbin/nologin
systemd-oom:x:108:116:systemd Userspace OOM Killer,,,:/run/systemd:/usr/sbin/nologin
tcpdump:x:109:117::/nonexistent:/usr/sbin/nologin
avahi-autoipd:x:110:119:Avahi autoip daemon,,,:/var/lib/avahi-autoipd:/usr/sbin/nologin
usbmux:x:111:46:usbmux daemon,,,:/var/lib/usbmux:/usr/sbin/nologin
dnsmasq:x:112:65534:dnsmasq,,,:/var/lib/misc:/usr/sbin/nologin
kernoops:x:113:65534:Kernel Oops Tracking Daemon,,,:/:/usr/sbin/nologin
avahi:x:114:121:Avahi mDNS daemon,,,:/run/avahi-daemon:/usr/sbin/nologin
cups-pk-helper:x:115:122:user for cups-pk-helper service,,,:/home/cups-pk-helper:/usr/sbin/nologin
rtkit:x:116:123:RealtimeKit,,,:/proc:/usr/sbin/nologin
whoopsie:x:117:124::/nonexistent:/bin/false
sssd:x:118:125:SSSD system user,,,:/var/lib/sss:/usr/sbin/nologin
speech-dispatcher:x:119:29:Speech Dispatcher,,,:/run/speech-dispatcher:/bin/false
nm-openvpn:x:120:126:NetworkManager OpenVPN,,,:/var/lib/openvpn/chroot:/usr/sbin/nologin
saned:x:121:128::/var/lib/saned:/usr/sbin/nologin
colord:x:122:129:colord colour management daemon,,,:/var/lib/colord:/usr/sbin/nologin
geoclue:x:123:130::/var/lib/geoclue:/usr/sbin/nologin
pulse:x:124:131:PulseAudio daemon,,,:/run/pulse:/usr/sbin/nologin
gnome-initial-setup:x:125:65534::/run/gnome-initial-setup/:/bin/false
hplip:x:126:7:HPLIP system user,,,:/run/hplip:/bin/false
gdm:x:127:133:Gnome Display Manager:/var/lib/gdm3:/bin/false
ubuntu-user:x:1000:1000:ubuntu-user,,,:/home/ubuntu-user:/bin/bash
ubuntu-user@virtual-machine: $
```

图 3－1　/etc/passwd 文件内容

从上面的例子可以看到，/etc/passwd 中一行记录对应着一个用户，每行记录又被冒号(:)分隔为 7 个字段，其格式和具体含义如下：

用户名:口令:用户标识号:组标识号:注释性描述:主目录:登录 Shell

(1) 用户名

用户名代表用户账号的字符串，通常长度不超过 8 个字符，并且由大小写字母和/或数字组成。用户名中不能有冒号(:)，因为冒号在这里是分隔符。

为了兼容起见，用户名中最好不要包含点字符(.)，并且不使用连字符(-)和加号(+)打头。

(2) 口　令

一些系统中，存放着加密后的用户口令字。

虽然这个字段存放的只是用户口令的加密串，不是明文，但是由于/etc/passwd 文件对所有用户都可读，所以这仍是一个安全隐患。因此，现在许多 Linux 系统(如 SVR4)都使用了 shadow 技术，把真正的加密后的用户口令字存放到/etc/shadow 文件中，而在/etc/passwd 文件的口令字段中只存放一个特殊的字符，例如"x"或者"*"。

(3) 用户标识号

用户标识号是一个整数，系统内部用它来标识用户。一般情况下它与用户名是一一对应的。如果几个用户名对应的用户标识号是一样的，则系统内部将把它们视为同一个用户，但是它们可以有不同的口令、不同的主目录以及不同的登录 Shell 等。

通常用户标识号的取值范围是 0～65 535。0 是超级用户 root 的标识号，1～99 由系统保留，作为管理账号，普通用户的标识号从 100 开始。在 Linux 系统中，这个界限是 500。

(4) 组标识号

组标识号字段记录的是用户所属的用户组。它对应着/etc/group 文件中的一条记录。

(5) 注释性描述

注释性描述字段记录着用户的一些个人情况。例如用户的真实姓名、电话、地址等，这个字段并没有什么实际的用途。在不同的 Linux 系统中，这个字段的格式并没有统一。在许多 Linux 系统中，这个字段存放的是一段任意的注释性描述文字，用做 finger 命令的输出。

(6) 主目录

主目录也就是用户的起始工作目录。它是用户在登录到系统之后所处的目录。在大多数系统中，各用户的主目录都被组织在同一个特定的目录下，而用户主目录的名称就是该用户的用户名。各用户对自己的主目录有读、写、执行(搜索)权限，其他用户对此目录的访问权限则根据具体情况设置。

(7) 登录 Shell

用户登录后，要启动一个进程，负责将用户的操作传给内核，这个进程是用户登录到系统后运行的命令解释器或某个特定的程序，即 Shell。

Shell 是用户与 Linux 系统之间的接口。Linux 的 Shell 有许多种，每种都有自己的特点。常用的有 sh（Bourne Shell）、csh（C Shell）、ksh（Korn Shell）、tcsh（TENEX/TOPS-20 type C Shell）、bash（Bourne Again Shell）等。

系统管理员可以根据系统情况和用户习惯为用户指定某个 Shell。如果不指定 Shell，那么系统使用 sh 为默认的登录 Shell，即这个字段的值为/bin/sh。

用户的登录 Shell 也可以指定为某个特定的程序（此程序不是一个命令解释器）。

利用这一特点，我们可以限制用户只能运行指定的应用程序，在该应用程序运行结束后，用户就自动退出了系统。有些 Linux 系统要求只有那些在系统中登记了的程序才能出现在这个字段中。

(8) 伪用户

系统中有一类用户称为伪用户（pseudo users）。这些用户在/etc/passwd 文件中也占有一条记录，但是不能登录，因为它们的登录 Shell 为空。它们的存在主要是方便系统管理，满足相应的系统进程对文件属主的要求。

由于/etc/passwd 文件是所有用户都可读的，如果用户的密码太简单或规律比较明显，那么一台普通的计算机就能很容易地将它破解，因此对安全性要求较高的 Linux 系统都把加密后的口令字分离出来，单独存放在一个文件中，这个文件是/etc/shadow 文件。只有超级用户才拥有该文件的读权限，这就保证了用户密码的安全性。

2. /etc/shadow 文件

/etc/shadow 文件只有 root 用户及 shadow 用户组下的用户才能访问，因此普通用户要查看它一般需使用 sudo 命令。/etc/shadow 文件的内容如图 3 - 2 所示。

/etc/shadow 文件的文件格式与/etc/passwd 类似，由若干个字段组成，字段之间用“:”隔开。这些字段是：

用户名:加密口令:最后一次修改时间:最小时间间隔:最大时间间隔:警告时间:不活动时间:失效时间:标志

“用户名”　与/etc/passwd 文件中的用户名相一致的用户账号。

“加密口令”　存放的是加密后的用户口令字，长度为 13 个字符。如果为空，则对应用户没有口令，登录时不需要口令；如果含有不属于集合{ .,/,0～9,A～Z,a～z }中的字符，则对应的用户不能登录。

“最后一次修改时间”　表示从某个时刻起到用户最后一次修改口令时的天数。时间起点对不同的系统可能不一样。例如在 SCO Linux 中，这个时间起点是 1970 年 1 月 1 日。

“最小时间间隔”　指两次修改口令之间所需的最小天数。

“最大时间间隔”　指口令保持有效的最大天数。

“警告时间”　表示从系统开始警告用户到用户密码正式失效之间的天数。

```
ubuntu-user@virtual-machine:~$ sudo cat /etc/shadow
root:$y$j9T$ht0eCwaCKeH2grk6RwPhe/$nYXSyKA5olSB9kjIzfk5mi
5hlyBU76H6IRvEuSlvx24:19174:0:99999:7:::
daemon:*:19101:0:99999:7:::
bin:*:19101:0:99999:7:::
sys:*:19101:0:99999:7:::
sync:*:19101:0:99999:7:::
games:*:19101:0:99999:7:::
man:*:19101:0:99999:7:::
lp:*:19101:0:99999:7:::
mail:*:19101:0:99999:7:::
news:*:19101:0:99999:7:::
uucp:*:19101:0:99999:7:::
proxy:*:19101:0:99999:7:::
www-data:*:19101:0:99999:7:::
backup:*:19101:0:99999:7:::
list:*:19101:0:99999:7:::
irc:*:19101:0:99999:7:::
gnats:*:19101:0:99999:7:::
nobody:*:19101:0:99999:7:::
systemd-network:*:19101:0:99999:7:::
systemd-resolve:*:19101:0:99999:7:::
messagebus:*:19101:0:99999:7:::
systemd-timesync:*:19101:0:99999:7:::
syslog:*:19101:0:99999:7:::
_apt:*:19101:0:99999:7:::
tss:*:19101:0:99999:7:::
uuidd:*:19101:0:99999:7:::
systemd-oom:*:19101:0:99999:7:::
tcpdump:*:19101:0:99999:7:::
avahi-autoipd:*:19101:0:99999:7:::
usbmux:*:19101:0:99999:7:::
dnsmasq:*:19101:0:99999:7:::
kernoops:*:19101:0:99999:7:::
avahi:*:19101:0:99999:7:::
cups-pk-helper:*:19101:0:99999:7:::
rtkit:*:19101:0:99999:7:::
whoopsie:*:19101:0:99999:7:::
sssd:*:19101:0:99999:7:::
speech-dispatcher:!:19101:0:99999:7:::
nm-openvpn:*:19101:0:99999:7:::
saned:*:19101:0:99999:7:::
colord:*:19101:0:99999:7:::
geoclue:*:19101:0:99999:7:::
pulse:*:19101:0:99999:7:::
gnome-initial-setup:*:19101:0:99999:7:::
hplip:*:19101:0:99999:7:::
gdm:*:19101:0:99999:7:::
upc:$y$j9T$AtcJ4Smj8v3uPl9zUgrU40$CEAuy9tLLUG0WVBnZlypVdH
uHoKYtCvZhp.HeKrPHTB:19156:0:99999:7:::
vboxadd:!:19170::::::
a:!:19170:0:99999:7:::
al:$y$j9T$qBufFQkMbh6Ha.G.pwpMpl$/GwTdxYoEmEC/FCENCm.cElp
tbrup2Rs7NwUyAd6C40:19170:0:99999:7:::
sshd:*:19187:0:99999:7:::
ubuntu-user:$y$j9T$Vjz7sJOXLowUcv9Yk4NDyl$lpzeVAvD0MYbX88
kVgswZhMslRaah7Kt8Gw54u5lnw.:19192:0:99999:7:::
ubuntu-user@virtual-machine:~$
```

图 3-2　/etc/shadow 文件内容

“不活动时间”　表示用户没有登录活动但账号仍能保持有效的最大天数。

“失效时间”　给出一个绝对的天数，如果使用了这个字段，那么就给出相应账号的生存期。期满后，该账号就不再是一个合法的账号，也就不能再用来登录了。

“标志”　该字段暂时未使用。

3.1.2　用户组

将用户分组是Linux系统中对用户进行管理及控制访问权限的一种手段。

每个用户都属于某个用户组;一个组中可以有多个用户,一个用户也可以属于不同的组。

当一个用户同时是多个组中的成员时,在/etc/passwd文件中记录的是用户所属的主组,也叫基本组,也就是登录时所属的默认组,而其他组就称为附加组。

用户要访问属于附加组的文件时,必须使自己成为所要访问的组中的成员。

与Linux用户组相关的系统文件有两个:/etc/group和/etc/gshadow。

1. /etc/group文件

用户组的所有信息都存放在/etc/group文件中。此文件的格式也类似于/etc/passwd文件,由冒号(:)隔开若干个字段,如图3-3所示。

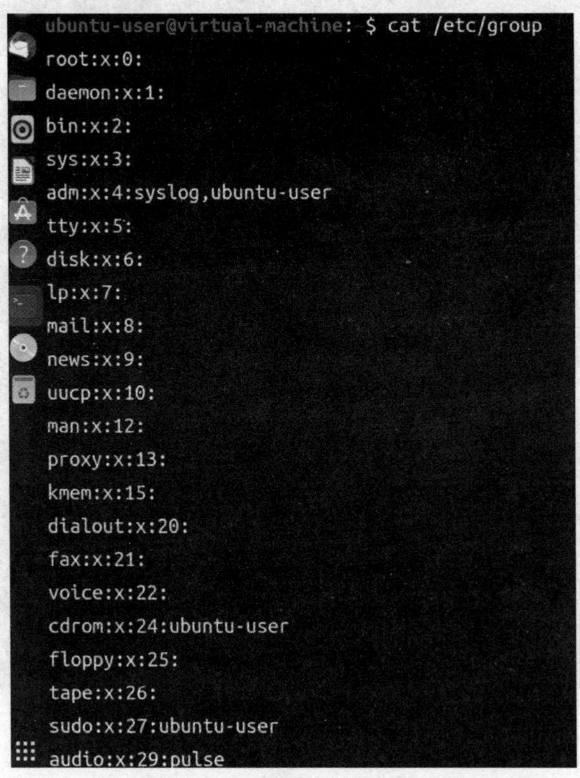

图3-3　/etc/group文件内容

组名:口令:组标识号:组内用户列表

“组名” 是用户组的名称,由字母或数字构成。与/etc/passwd中的用户名一样,组名不应重复。

“口令” 存放用户组加密后的口令字。一般 Linux 系统的用户组都没有口令，即这个字段一般为空，或者是“ * ”。

“组标识号” 与用户标识号类似，也是一个整数，被系统内部用来标识组。

“组内用户列表” 是属于这个组的所有用户的列表，不同用户之间用逗号(,)分隔。这个用户组可能是用户的主组，也可能是附加组。

2. /etc/gshadow 文件

/etc/passwd 文件存储用户基本信息，同时考虑到账户的安全性，将用户的密码信息存放在另一个文件/etc/shadow 中。/etc/gshadow 文件也是如此，组用户信息存储在/etc/group 文件中，而将组用户的密码信息存储在/etc/gshadow 文件中。

文件中，每行代表一个组用户的密码信息，各行信息用“:”作为分隔符分为 4 个字段，如图 3-4 所示。

```
ubuntu-user@virtual-machine:~$ cat /etc/gshadow
cat: /etc/gshadow: 权限不够
ubuntu-user@virtual-machine:~$ sudo cat /etc/gshadow
[sudo] ubuntu-user 的密码:
root:*::
daemon:*::
bin:*::
sys:*::
adm:*::syslog,ubuntu-user
tty:*::
disk:*::
lp:*::
mail:*::
news:*::
uucp:*::
man:*::
proxy:*::
kmem:*::
dialout:*::
fax:*::
voice:*::
cdrom:*::ubuntu-user
floppy:*::
```

图 3-4 /etc/gshadow 文件内容

组名:组密码:组管理员:组附加用户列表

“组名” 同/etc/group 文件中的组名相对应。

“组密码” 对于大多数用户来说，通常不设置组密码，因此该字段常为空，但有时为“!”，是指该群组没有组密码，也不设有群组管理员。

“组管理员” 从系统管理员的角度来说，该文件最大的功能就是创建群组管理

员。那么,什么是群组管理员呢?考虑到 Linux 系统中账号太多,而超级管理员 root 可能比较忙碌,因此当有用户想要加入某群组时,root 或许不能及时作出回应。在这种情况下,如果有群组管理员,那么他就能将用户加入自己管理的群组中,也就免去麻烦 root 了。不过,由于目前有 sudo 之类的工具,因此群组管理员的这个功能已经很少使用了。

“组附加用户列表” 显示这个用户组中有哪些附加用户,与/etc/group 文件中附加组显示内容相同。

3.2 Linux 用户和用户组管理命令

3.2.1 用户管理命令

1. useradd 命令

(1) 作 用

useradd 命令的作用是添加一个用户。

(2) 用 法

useradd [选项] 登录名

useradd -D

useradd -D [选项]

(3) 常用选项

-b, --base-dir BASE_DIR	新账户的主目录的基目录。
-d, --home-dir HOME_DIR	新账户的主目录。
-D, --defaults	显示或更改默认的 useradd 配置。
-e, --expiredate EXPIRE_DATE	新账户的过期日期。
-f, --inactive INACTIVE	新账户的密码不活动期。
-g, --gid GROUP	新账户主组的名称或 ID。
-G, --groups GROUPS	新账户的附加组列表。
-h, --help	显示帮助信息并退出。
-m, --create-home	创建用户的主目录。
-M, --no-create-home	不创建用户的主目录。
-N, --no-user-group	不创建同名的组。
-p, --password PASSWORD	加密后的新账户密码。
-r, --system	创建一个系统账户。
-s, --shell SHELL	新账户的登录 Shell。
-u, --uid UID	新账户的用户 ID。

-U，--user-group　　　　　　　创建与用户同名的组。

(4) 常见用法

```
useradd -D
```

命令结果:显示默认的 useradd 配置。

```
sudo useradduser1
```

命令结果:新建用户 user1。

命令执行结果如图 3-5 所示。

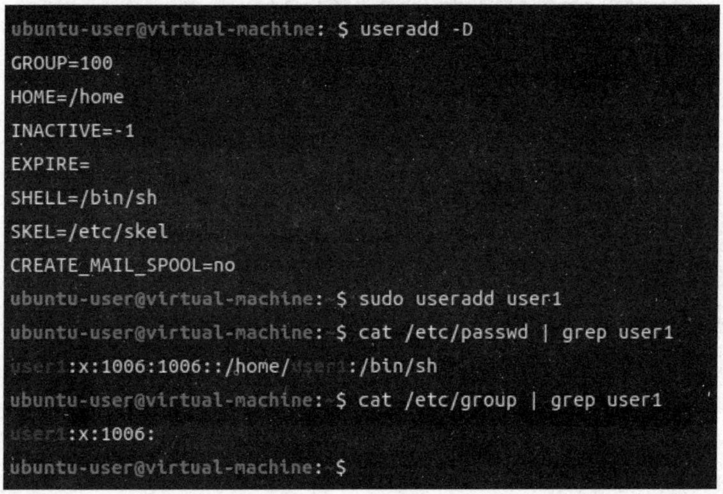

```
ubuntu-user@virtual-machine: $ useradd -D
GROUP=100
HOME=/home
INACTIVE=-1
EXPIRE=
SHELL=/bin/sh
SKEL=/etc/skel
CREATE_MAIL_SPOOL=no
ubuntu-user@virtual-machine: $ sudo useradd user1
ubuntu-user@virtual-machine: $ cat /etc/passwd | grep user1
user1:x:1006:1006::/home/user1:/bin/sh
ubuntu-user@virtual-machine: $ cat /etc/group | grep user1
user1:x:1006:
ubuntu-user@virtual-machine: $
```

图 3-5　useradd 命令

需要注意的是,新增用户需要管理员的权限,如果不是 root 用户,需要使用 sudo 命令。而如果没有使用-p 参数为用户设置密码,则此用户还需通过 passwd 命令修改密码才能使用;如果使用-p 参数,则设置的密码需要是加密后的密码,不是明文密码。因此,使用 useradd 命令并不方便,只有在添加用户时需要设定一些与默认值不同的参数的情况下才需要使用 useradd 命令,一般出于方便目的,建议使用 adduser 命令添加用户。

2. adduser 命令

adduser 命令的作用也是添加新用户,adduser 命令与 useradd 命令的不同之处在于它不是通过参数形式设置相关属性,而是通过交互的方式完成新用户的设置,因此使用起来更人性化,更方便。

命令执行结果如图 3-6 所示。

3. passwd 命令

(1) 作　用

passwd 命令的作用是为用户修改密码。

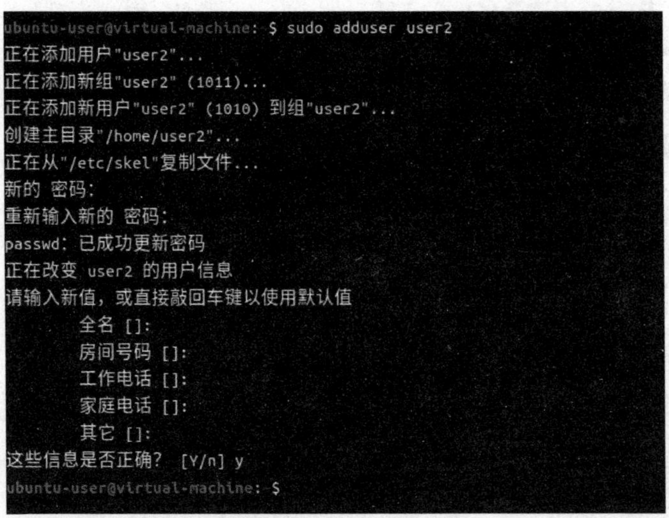

图 3-6　adduser 命令

在之前的章节中说过，系统超级管理员用户默认是锁定的，需要修改一次密码才能启用，修改密码需要用到 passwd 命令。而使用 useradd 命令添加用户时，使用-p 参数需要使用加密后的密码为用户设置密码，不能直接使用原始密码来设置，此时也需要使用 passwd 命令。

(2) 用　法

passwd［选项］［登录名］

(3) 常见用法

```
passwd user1
```

命令结果：为 user1 用户设置密码。

命令执行结果如图 3-7 所示。

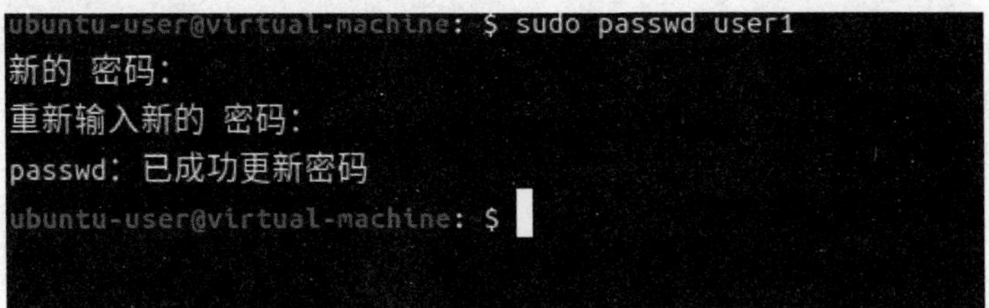

图 3-7　passwd 命令

4. userdel 命令

(1) 作　用

userdel 命令的作用是删除用户。

(2) 用　法

userdel [选项] 登录名

(3) 常用选项

-f, --force　　即使不属于此用户,也强制删除文件。

-h, --help　　显示帮助信息并退出。

-r, --remove　删除主目录和信件池。

(4) 常见用法

```
sudo userdel user1
```

命令结果:删除用户 user1。

```
sudo userdel -r user2
```

命令结果:新建用户 user2,并删除 user2 用户主目录。

命令执行结果如图 3-8 所示。

```
ubuntu-user@virtual-machine:~$ sudo userdel user1
ubuntu-user@virtual-machine:~$ ls /home/user1
ls: 无法打开目录 '/home/user1': 权限不够
ubuntu-user@virtual-machine:~$ sudo userdel -rf user2
userdel: user2 信件池 (/var/mail/user2) 未找到
ubuntu-user@virtual-machine:~$ ls /home/user2
ls: 无法访问 '/home/user2': 没有那个文件或目录
ubuntu-user@virtual-machine:~$
```

图 3-8　userdel 命令

5. id 命令

(1) 作　用

id 命令的作用是显示指定用户的用户和用户组信息,或(当没有指定用户信息时)默认使用当前用户信息。

(2) 用　法

id [选项]... [用户]...

(3) 常见用法

```
id user1
```

命令结果:显示用户 user1 的用户和用户组信息。

```
id
```

命令结果:显示当前用户的用户和用户组信息。

命令执行结果如图 3-9 所示。

```
ubuntu-user@virtual-machine:~$ id user1
用户id=1012(user1) 组id=1013(user1) 组=1013(user1)
ubuntu-user@virtual-machine:~$ id
用户id=1003(ubuntu-user) 组id=1003(ubuntu-user) 组=1003(ubuntu-user),27(sudo)
ubuntu-user@virtual-machine:~$
```

图 3-9　id 命令

显示信息第一部分为用户名及用户 id，第二部分为用户所属主组的组名及组 id，第三部分为用户所属所有组(包括主组和附属组的组名及组 id)。

6. groups 命令

(1) 作　用

groups 命令的作用是显示用户所在的全部组，如果没有指定用户名，则默认为当前进程用户(当用户组数据库发生变更时可能导致差异)。

(2) 用　法

groups [选项]... [用户名]...

(3) 常见用法

```
groups user1
```

命令结果：显示用户 user1 所在的全部组。

```
groups
```

命令结果：显示当前用户所在的全部组。

命令执行结果如图 3-10 所示。

```
ubuntu-user@virtual-machine:~$ groups user1
user1 : user1
ubuntu-user@virtual-machine:~$ groups
ubuntu-user sudo
ubuntu-user@virtual-machine:~$
```

图 3-10　groups 命令

7. usermod 命令

(1) 作　用

usermod 命令的作用是删除用户相关属性。

(2) 用　法

usermod [选项] 用户名

(3) 常用选项

-d, --home HOME_DIR　　　　设定用户的新主目录。

-e，--expiredate EXPIRE_DATE	设定账户过期的日期为 EXPIRE_DATE。
-f，--inactive INACTIVE	过期 INACTIVE 天数后，设定密码为失效状态。
-g，--gid GROUP	强制使用 GROUP 为新主组。
-G，--groups GROUPS	新的附加组列表 GROUPS。
-a，--append GROUP	将用户追加至上边-G 中提到的附加组中，并不从其他组中删除此用户。
-h，--help	显示帮助信息并退出。
-l，--login NEW_LOGIN	设定新的登录名称。
-L，--lock	锁定用户账号。
-m，--move-home	将家目录内容移至新位置(仅与-d 一起使用)。
-o，--non-unique	允许使用重复的(非唯一的)UID。
-p，--password PASSWORD	将加密过的密码(PASSWORD)设为新密码。
-s，--shell SHELL	设定用户账号的新登录 Shell。
-u，--uid UID	设定用户账号的新 UID。
-U，--unlock	解锁用户账号。

(4) 常见用法

```
sudo usermod user1 -g group1
```

命令结果:将用户 user1 的主组设定为 group1。

```
sudo usermod user1 -G group2,group3
```

命令结果:将用户 user1 的附加组列表设定为 group2,group3。

```
sudo usermod user1 -G -a group2,group3
```

命令结果:在用户 user1 的附加组列表中增加 group2,group3。

这里需要注意增加了-a 选项和没有增加-a 选项的区别。

```
sudo usermod user1 -d /tmp/user1
```

命令结果:将用户 user1 的家目录设定为/tmp/user1。

```
sudo usermod user1 -d -m /tmp/user1
```

命令结果:将用户 user1 的家目录设定为/tmp/user1,同时将原家目录下的文件都复制到新家目录下。

这里需要注意增加了-m 选项与没有增加-m 选项的区别。

```
sudo usermod user1 -L
```

命令结果:将用户 user1 锁定。

```
sudo usermod user1 -U
```

命令结果:将用户 user1 解锁。

```
sudo usermod user1 -s dash
```

命令结果：将用户 user1 的登录 Shell 设定为 dash。

需要注意的是，usermod 命令与 useradd 命令一样，使用-p 选项时指定的密码必须是加密后的密码，而不能直接使用明文密码。因此-p 选项并不方便使用，修改密码一般还是建议使用 passwd 命令。

命令执行结果如图 3-11 所示。

```
ubuntu-user@virtual-machine:~$ id user1
用户id=1012(user1) 组id=1013(user1) 组=1013(user1)
ubuntu-user@virtual-machine:~$ sudo usermod -g group1 user1
ubuntu-user@virtual-machine:~$ id user1
用户id=1012(user1) 组id=1018(group1) 组=1018(group1),1013(user1)
ubuntu-user@virtual-machine:~$ id user2
用户id=1013(user2) 组id=1014(user2) 组=1014(user2),1018(group1)
ubuntu-user@virtual-machine:~$ sudo usermod -G group2,group3 user2
ubuntu-user@virtual-machine:~$ id user2
用户id=1013(user2) 组id=1014(user2) 组=1014(user2),1019(group2),1020(group3)
ubuntu-user@virtual-machine:~$ sudo usermod -G group4,group5 -a user2
ubuntu-user@virtual-machine:~$ id user2
用户id=1013(user2) 组id=1014(user2) 组=1014(user2),1019(group2),1020(group3),
1021(group4),1022(group5)
ubuntu-user@virtual-machine:~$ 
```

图 3-11　usermod 命令

3.2.2　用户组管理命令

1. groupadd 命令

(1) 作　用

groupadd 命令的作用是添加一个用户组。

(2) 用　法

groupadd [选项] 组

(3) 常见用法

```
groupadd group1
```

命令结果：新建用户组 group1。

命令执行结果如图 3-12 所示。

2. groupdel 命令

(1) 作　用

groupdel 命令的作用是删除一个用户组。

(2) 用　法

groupdel [选项] 组

```
ubuntu-user@virtual-machine: ~
ubuntu-user@virtual-machine:~$ sudo groupadd group1
ubuntu-user@virtual-machine:~$ tail /etc/group
geoclue:x:130:
pulse:x:131:
pulse-access:x:132:
gdm:x:133:
lxd:x:134:upc
upc:x:1000:
sambashare:x:135:upc
vboxsf:x:999:
ubuntu-user:x:1003:
group1:x:1004:
ubuntu-user@virtual-machine:~$
```

图 3-12　groupadd 命令

(3) 常见用法

```
groupdel group1
```

命令结果:删除用户组 group1。

命令执行结果如图 3-13 所示。

图 3-13　groupdel 命令

3.2.3 权限管理命令

1. chmod 命令

(1) 作 用

chmod 命令的作用是将文件的权限模式变更至指定模式。

权限模式有两种表示方法:一种方法是用模式字符串表示,另一种方法是用八进制模式表示。

模式字符串分为三部分:用户类型、操作模式、访问权限。其中,用户类型分为 u(文件拥有者)、g(文件所属组用户)、o(其他用户);操作模式分为+(增加权限)、-(取消权限)、=(赋予权限);访问权限分为 r(可读)、w(可写)和 x(可执行)。

八进制模式,就是把三类用户的访问权限用一个八进制数字来表示,每类用户的权限为一位八进制数字,文件拥有者 u 的权限为这个数字的最高位,文件所属组用户 g 为这个数字的中间位,其他用户 o 为这个数字的最低位。每一位的八进制数字又可以表示为一个 3 位的二进制数字,其中可读权限 r 对应其中的最高位,可写权限 w 对应中间位,可执行权限 x 对应最低位,如果有这个权限,则计为 1,没有计为 0。

例如,文件权限为 rwxrw-r--,根据以上规则,转换为二进制权限表示即为 111110100,再转换为八进制模式即为 764。如果以上的规则难以理解,也可以用一个简单的理解方式,就是权限中“-”用 0 替换,其他的用 1 替换,即可快速得到八进制模式表示的权限。

(2) 用 法

chmod [选项]... 模式[,模式]... 文件...

或 chmod [选项]... 八进制模式 文件...

或 chmod [选项]... --reference=参考文件 文件...

(3) 常用选项

-c, --changes	类似 verbose 选项,但仅在做出修改时进行报告。
-f, --silent, --quiet	不显示大多数错误消息。
-v, --verbose	输出各个处理的文件的诊断信息。
--no-preserve-root	不特殊对待“/”(默认行为)。
--preserve-root	不允许在“/”上递归操作。
--reference= <参考文件>	使用 <参考文件> 的模式而非给定模式的值。
-R, --recursive	递归修改文件和目录。
--help	显示帮助信息并退出。
--version	显示版本信息并退出。

(3) 常见用法

```
chmod u-w file1
```

命令结果:取消 file1 文件的所有者的写权限。

```
chmod g + x file1
```

命令结果:增加 file1 文件所属用户组的用户的执行权限。

```
chmod o = rw file1
```

命令结果:将 file1 文件的非所有者且不属于其所属用户组的用户的权限设置为可读可写。

```
chmod 755 file1
```

命令结果:将 file1 文件的权限设置为 775。八进制 775 即为二进制的 111101101,再转换即为 rwxrwxr-x。

命令执行结果如图 3-14 所示。

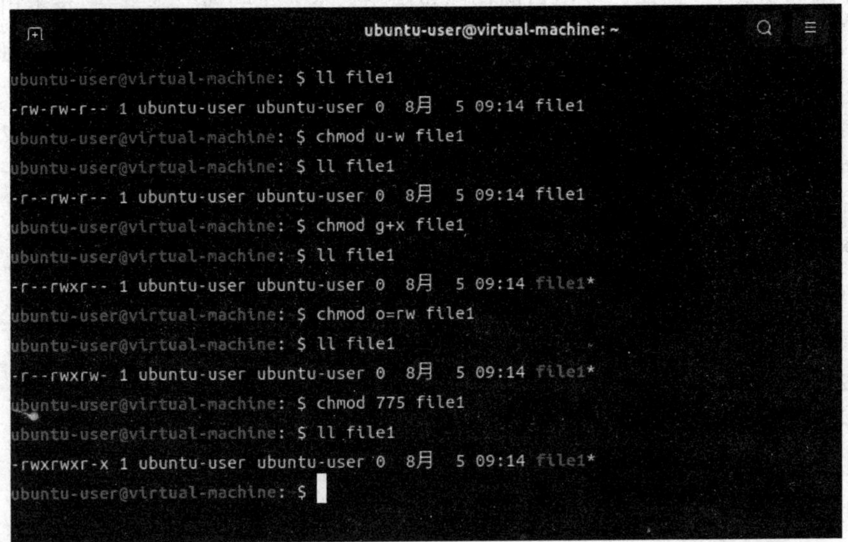

图 3-14 chmod 命令

2. chown 命令

(1) 作　用

chown 命令的作用是修改文件的所有者或所属组。

(2) 用　法

chown [选项]... [所有者][:[组]] 文件...

或:chown [选项]... --reference=参考文件 文件...

(3) 常用选项

-c, --changes	类似 verbose 选项,但仅在做出修改时进行报告。
-f, --silent, --quiet	不显示大多数错误消息。
-v, --verbose	输出各个处理的文件的诊断信息。

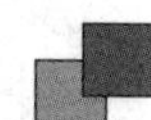

--no-preserve-root　　不特殊对待"/"(默认行为)。
--preserve-root　　不允许在"/"上递归操作。
--reference=<参考文件>　　使用指定<参考文件>的所有者和所属组信息，而非手工指定[所有者]:[组]的值。
-R，--recursive　　递归操作文件和目录。
--help　　显示帮助信息并退出。
--version　　显示版本信息并退出。

(4) 常见用法

```
sudo chown user1 file1
```

命令结果:将文件 file1 的所有者改为用户 user1。

```
sudo chown:group1 file1
```

命令结果:将文件 file1 的所属组改为组 group1。

```
sudo chown user2:group2 file1
```

命令结果:将文件 file1 的所有者改为用户 user2,同时将所属组改为组 group2。命令执行结果如图 3-15 所示。

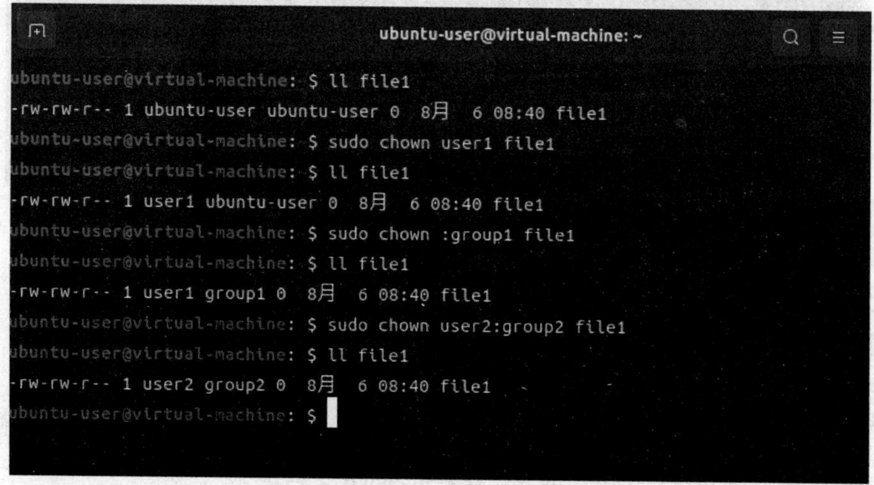

图 3-15　chown 命令

3. chgrp 命令

(1) 作 用

chgrp 命令的作用是修改文件的所属组。

(2) 用　法

chown [选项]... 所属组 文件...

或　chown [选项]... --reference=参考文件 文件...

(3) 常用选项

-c, --changes	类似 verbose 选项,但仅在做出修改时进行报告。
-f, --silent, --quiet	不显示大多数错误消息。
-v, --verbose	输出各个处理的文件的诊断信息。
--reference=<参考文件>	使用指定<参考文件>的所有者和所属组信息,而非手工指定[所有者]:[组]的值。
-R, --recursive	递归操作文件和目录。
--help	显示帮助信息并退出。
--version	显示版本信息并退出。

(4) 常见用法

```
sudochgrp group1 file1
```

命令结果:将文件 file1 的所属组改为组 group1。

命令执行结果如图 3-16 所示。

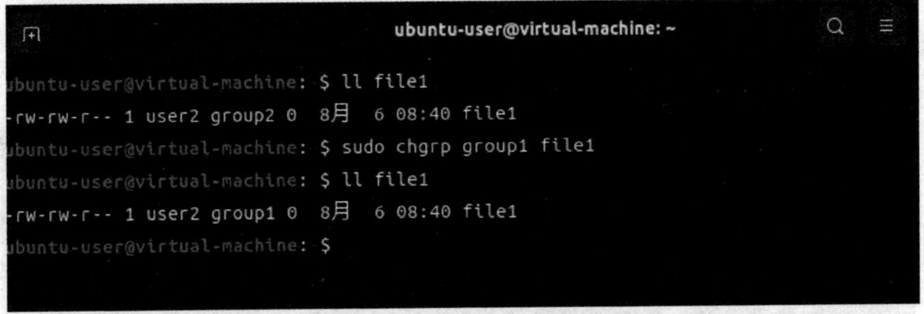

图 3-16 chgrp 命令

3.3 项目实践

3.3.1 用户管理练习

1. 增加用户 user1、user2、user3,查看 passwd 文件。
2. 修改 user1 用户的密码,将 user1 用户的主目录设置为/home/user1bak。
3. 删除 user1 用户

3.3.2 用户组管理练习

1. 增加组 group1、group2、group3,查看 group 文件。
2. 设置 user1 的主组为 group1,user2 的附加组为 group2,user3 的附加组为 group1、group2 和 group3。
3. 删除组 group1。

3.3.3 权限管理练习

1. 新建文件 file1、file2、file3，将其所有者分别设置为 user1、user2、user3，归属组分别设置为 group1、group2、group3。

2. 通过改变所有者的办法，使 user1 能访问 file2。

3. 通过改变所属组的办法，使 user1 能修改 file3。

4. 通过将用户加入组的办法，使 user3 能访问 file2。

本章小结

本章主要讲解了 Linux 用户管理。首先介绍了 Ubuntu Linux 系统中的用户、用户组、权限等概念；然后对相关命令 useradd、passwd、groupadd 等的用法进行了讲解，并给出各命令的详细用法。通过学习本章的内容，读者可以了解 Ubuntu Linux 系统用户管理功能及其作用，熟悉用户管理配置原理，并能根据实际需要独立完成用户、用户组、权限等配置管理。

第 4 章

Linux 系统管理

学完本章内容以后，你将能够：

- 了解 Linux 进程管理；
- 了解 Linux 计划任务。

4.1 Linux 进程管理

进程是指正在执行的程序。当用户执行一个可执行程序，就会产生进程。一个程序可以产生一个或多个进程。

4.1.1 进程查看命令

查看进程可以使用 ps、pstree、top 等命令。

1. ps 命令

ps 是 process status 的缩写。

基本语法为：

ps [options] [--help]

常用选项有：

无参数　查看当前 Shell 产生进程的简单信息。

-l　查看当前 Shell 产生进程的详细信息。

-ef　查看所有进程的简单信息。

-aux　查看所有进程的详细信息。

-w　显示加宽并且可以自动换行显示较多的信息。

ps 常见输出内容有：

USER　　进程用户。
PID　　进程编号。
%CPU　　占用的 CPU。
%MEM　　占用的内存。
TTY　　终端的编号。
START　　进程开始时间。
TIME　　执行的时间。
COMMAND　　所执行的指令。
PRI　　代表这个进程可被执行的优先级 priority 值，其值越小越早被执行。
NI　　代表这个进程的 nice 值，nice 值会影响 priority 值。
STAT　　进程的状态。常见状态有：

D　无法中断的休眠状态(通常 IO 的进程)。
R　正在执行中。
S　静止状态。
I　空闲状态。
<　高优先序的进程。
N　低优先序的进程。
s　该进程是控制进程。
l　该进程是多线程的。
+　该进程是前台进程。

2. pstree 命令

pstree 可以列出当前的进程，以及它们的树状结构。

常用选项有：

无参数　只显示进程的名字，且相同进程合并显示。
进程号　只显示进程号指定的进程及其子进程。
-a　显示进程并显示命令参数。
-c　只显示进程的名字，相同进程不合并显示。
-p　显示进程并显示 pid。
-u　显示进程并显示进程用户。

3. top 命令

top 能够实时显示系统资源各个进程占用状况，与 Windows 的任务管理器比较像。

常用选项有：

无参数　根据终端窗口大小及排序规则，显示排序在前的进程信息。进程信息更新时只保留最新信息。

-b　显示所有进程，进程信息更新时不删除原有信息。

-c　增加显示程序路径。

-d　设置刷新时间间隔，格式为 top -d num。num 为数字，单位为秒。

-h　显示版本信息及参数列表。

-H　设置线程模式。

-i　只显示活跃进程。

-n　格式为 top -n num。num 为数字，top 运行后更新 n 次自动退出。

-p　显示指定 PID 的进程。

-u　显示指定用户的进程。

-v　显示版本信息及参数列表。

4.1.2　进程管理命令

进程管理的命令有 kill、nice、renice 等。

1. kill 命令

kill 命令可以结束在用的进程。

命令格式为：

kill [-s 信号声明 | -n 信号编号 | -信号声明] 进程号　或 kill -l [信号声明]

其中“信号声明”及“信号编号”如下：

1) SIGHUP　2) SIGINT　3) SIGQUIT　4) SIGILL　5) SIGTRAP

6) SIGABRT　7) SIGBUS　8) SIGFPE　9) SIGKILL　10) SIGUSR1

11) SIGSEGV　12) SIGUSR2　13) SIGPIPE　14) SIGALRM

15) SIGTERM　16) SIGSTKFLT　17) SIGCHLD　18) SIGCONT

19) SIGSTOP　20) SIGTSTP　21) SIGTTIN　22) SIGTTOU

23) SIGURG　24) SIGXCPU　25) SIGXFSZ　26) SIGVTALRM

27) SIGPROF　28) SIGWINCH　29) SIGIO　30) SIGPWR　31) SIGSYS

34) SIGRTMIN　35) SIGRTMIN + 1　36) SIGRTMIN + 2

37) SIGRTMIN + 3　38) SIGRTMIN + 4　39) SIGRTMIN + 5

40) SIGRTMIN + 6　41) SIGRTMIN + 7　42) SIGRTMIN + 8

43) SIGRTMIN + 9　44) SIGRTMIN + 10　45) SIGRTMIN + 11

46) SIGRTMIN + 12　47) SIGRTMIN + 13　48) SIGRTMIN + 14

49) SIGRTMIN + 15　50) SIGRTMAX-14　51) SIGRTMAX-13

52) SIGRTMAX-12　53) SIGRTMAX-11　54) SIGRTMAX-10

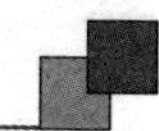

55) SIGRTMAX-9　56) SIGRTMAX-8　57) SIGRTMAX-7
58) SIGRTMAX-6　59) SIGRTMAX-5　60) SIGRTMAX-4
61) SIGRTMAX-3　62) SIGRTMAX-2　63) SIGRTMAX-1
64) SIGRTMAX

一般常用的信号是 SIGTERM(15),可将指定程序终止,以及 SIGKILL(9),可无条件退出程序。普通终止程序可用 SIGTERM(15),如果程序不能终止,可使用 SIGKILL(9)。

假设想通过 SIGTERM(15)终止进程号为 2088 的进程,有以下命令方式:

```
kill -s term 2088
kill -s 15 2088
kill -n term 2088
kill -n 15 2088
kill -term 2088
kill -15 2088
kill 2088
```

想通过 SIGKILL(9)无条件退出进程号为 2088 的进程,有以下命令方式:

```
kill -s kill 2088
kill -s 9 2088
kill -n kill 2088
kill -n 9 2088
kill -kill 2088
kill -9 2088
```

其中,需要注意的是,如果 kill 后面直接跟着进程号,则默认发送 SIGTERM(15)信号。

-l 的参数意义是列出相应的信号。如果-l 之后是信号编号,则会列出信号声明;如果-l 之后是信号声明,则会列出所有信号编号;如果-l 之后没有其他参数,则会列出所有信号的信息。

2. nice、renice 命令

进程的 priority 值决定了进程的优先级,priorty 值越小,优先值越高。Ubuntu 22.04 中的默认 priority 值为 80,而程序的实际 priority 值是默认 priority 值加上其 nice 值。

nice、renice 命令用于改变进程的 nice 值。其中 nice 命令是设置即将运行的进程的 nice 值,renice 命令用于在运行的进程的 nice 值。

nice 命令用法如下:

nice [选项] [命令 [参数]...]

选项为 -n N 或--adjustment=N,这两种用法是等效的。

当正常运行一个程序时,其进程 nice 值为系统当前 nice 值。当前 nice 值,可以通过直接运行 nice 命令不加参数可以查询得到。而通过 nice -n N 命令运行程序,其进程 nice 值为系统当前 nice 值加上 N。

例如:先通过运行 nice,查询到当前 nice 值为 0,再运行 nice -n 5 vi 或 nice --adjustment=5 vi,效果是以 5 的 nice 值运行 vi,此时 vi 进程的 priorty 值即为 80+5=85。

renice 命令用法如下:

renice [-n] <nice 值>[-p|--pid] <进程号>

根据进程号改变进程的 nice 值。

renice [-n] <nice 值> -g|--pgrp <pgid >

根据进程组号改变进程的 nice 值。

renice [-n] <nice 值> -u|--user <用户>...

根据进程的用户改变进程的 nice 值。

例如:运行 renice -n 8 -p 2088,将进程号 2088 的进程 nice 值修改为 8。此时 priorty 值即为 80+8=88。

需要注意的是,运行 renice 命令时,会直接修改进程的 nice 值,与当前 nice 值无关。而运行 nice 命令时,设置即将运行的进程的 nice 值,需要再加上当前 nice 值。

4.2 Linux 计划任务

Linux 系统中,可以通过 at 和 crontab 两个命令实现计划任务。计划任务的作用是指定系统自动做一些周期性的任务。

4.2.1 单次执行的计划任务

单次执行的计划任务可以通过 at 命令实现。

默认情况下,Ubuntu 22.04 中并未包含 at 命令,因此使用前需通过命令 sudo apt install at 来安装 at 软件包。

at 命令格式为:

at [选项] [时间]

如果不指定选项,执行 at [时间]命令,例如 at now + 1min 则会进入 at >界面。这里的 now + 1min 表示当前时间加 1 分钟,也可以输入具体的时间,如 11:50 等。在 at >界面,输入希望在指定时间执行的命令,例如:ls >/home/ubuntu-user/1. txt。需要注意的是,命令里尽量使用绝对路径,避免出现执行错误。回车可以输入多条命令。输入完成使用 CTRL+D 快捷键保存任务,此时系统会显示生成的任务编号 jobid。保存后,任务就会在指定的时间自动执行。如以上的例子,1 分钟后,指定目

录将会生成 1. txt 文件，其中内容为 ls 命令的结果。

如果使用选项，则常用选项如下：

-c <job id > 根据 jobid 显示任务的实际内容。

-d <job id > 根据 jobid 删除任务。

-f <脚本文件> 在指定时间执行提交的脚本文件。

-l 列出当前所有等待运行的工作。

at 命令还有 3 个配套命令：atq、atrm、batch。其中：atq 命令等效于 at -l 命令；atrm 命令等效于 at -d 命令；而 batch 命令用于从当前时间开始，当系统不繁忙时执行任务，用法类似 at，但是 batch 命令不接受任何参数。

4.2.2 重复执行的计划任务

Linux 操作系统安装完成后，就会启动 crontab 每分钟定期检查是否有要执行的任务，如果有则会自动执行。

编辑计划任务的命令是 crontab -e。第一次执行此命令，系统会提示选择编辑计划任务使用的编辑器，一般建议使用第一项 nano，因为 nano 相对简单易用。选择编辑器后，如果之后想更换可以使用 select-editor 命令。

选择编辑器后，实际上系统是打开了当前用户计划任务的配置文件，文件以＃开头的内容为注释的内容，原始文件中这部分内容为使用说明。需要执行的计划任务，需按照 m h dom mon dow command 的格式，写入此文件。其中各部分内容意义如表 4－1 所列。

表 4－1 crontab 指令参数意义

参 数	字 段	意 义
m	minute	任务执行的时间：分钟
h	hour	任务执行的时间：小时
dom	day of month	任务执行的时间：日期
mon	month	任务执行的时间：月份
dow	day of week	任务执行的时间：星期几。其中星期日为 0
command	command	需要执行的命令

整行指令的效果，即为在星期 dow，同时又是 mon 月 dom 日的 h 时 m 分执行 command 命令。例如 10 10 1 1 1 ls >a. txt 表示 1 月 1 日这天如果也是星期一，则 10:10 执行 ls >a. txt 这个命令。

如果想指定多个时间点，可以通过使用“＊”“,”“-”“/”等符号实现。

①“＊”意义为 any，即此参数可以是任何值。

例如 10 * 1 1 * ls >a. txt 中 dow 及 h 为 *，以上指令效果即变为：无论星期几，1 月 1 日每个小时的 10 分(1:10、2:10、…)都执行 ls >a. txt 这个命令。

② 使用 ”,” 可以分隔多个不同的时间点。

例如 10 1,4,6 * * * ls >a. txt 表示每天 1:10、4:10、6:10 都执行 ls >a. txt 这个命令。

③ 使用 ”-” 可以指定连续的时间点。

例如 10 4-6 * * * ls >a. txt 表示每天 4:10、5:10、6:10 都执行 ls >a. txt 这个命令。

④ 使用 ”/” 可以指定固定间隔的时间点。

例如 10 1-7/2 * * * ls >a. txt 表示每天的 1～12 点，每两个小时的 10 分，即 2:10、4:10、6:10 都执行 ls >a. txt 这个命令。

编辑完毕后，按 Ctrl＋O 键可保存任务计划文件，再按 Ctrl＋X 键可退出编辑器。

查看当前用户的计划任务的命令为：crontab -l。

删除当前用户的计划任务的命令为：crontab -r。

4.3 Linux 服务管理

4.3.1 什么是服务

服务，是一种比较特殊的程序。一般的程序，有些是运行后直接返回结果，有些属于交互式进程，需要用户与程序进行交互。重要的是，这些进程基本上是与终端相关的，如果进程所在的终端关闭，那么这些进程也就自动终止了。而服务是与终端无关的，首先，服务不一定是由终端运行起来的；其次，从终端运行的服务，在终端关闭之后，仍然可以在系统后台自动运行。

Linux 系统中服务名称的最后一般都带有字母 d，如 vsfipd，httpd、sshd 等，d 是英文单词 daemon 的缩写，表示这是一种守护进程。

按照所服务的对象不同，Linux 系统中的服务分为对内和对外两种类型。对内的服务面向本地计算机，主要作用是维持本地计算机的正常运行；对外的服务面向网络上的用户，主要作用是为网络中的用户提供各种功能。

通常情况下，运行了某种对外的服务后，都会在系统中开放相应的端口，如运行了 httpd 服务后会开放 TCP80 端口，运行了 FTP 服务后会开放 TCP21 端口等。

4.3.2 关于 systemd

systemd 可以看作是 Linux 系统下的服务管理者，已被应用到很多主流的 Linux 发行版中(如 Ubuntu、Debian、Fedora 等)用于系统管理。如在 Ubuntu 上用命令行

关机，可直接使用如下 systemd 提供的命令：

```
sudo systemctl poweroff
```

4.3.3 服务的启动与关闭

systemctl 是 systemd 系统下的服务管理命令，它使用“单元(Unit)”监控管理系统，单元文件是 ini 风格的纯文本文件。封装了有关下列对象的信息：服务(service)、套接字(socket)、设备(device)、挂载点(mount)、自动挂载点(automount)、启动目标(target)、交换分区或交换文件(swap)、被监视的路径(path)、任务计划(timer)、资源控制组(slice)、一组外部创建的进程(scope)。

能用 systemctl 管理的服务需要有一个.service 文件，在 Ubuntu 中，该文件位于/etc/systemd/system 文件夹下。

systemctl 常用的选项如下：

systemctl status　　　　　# 显示系统状态

systemctl start [Unit]　　# 开启服务

systemctl stop [Unit]　　# 停止服务

systemctl restart [Unit]　　# 重启服务

systemctl enable [Unit]　　# 服务设置为开机启动

systemctl disable [Unit]　　# 服务设置为开机不启动

以下以 sshd 服务为例，介绍服务的开启与停止。

安装了 sshd 服务后，服务默认是开启的，如图 4-1 所示，服务状态为 active (running)。

```
ubuntu-user@virtual-machine:~$ systemctl status sshd
● ssh.service - OpenBSD Secure Shell server
     Loaded: loaded (/lib/systemd/system/ssh.service; enabled; vendor preset: e
     Active: active (running) since Wed 2022-11-23 11:44:50 CST; 1min 4s ago
       Docs: man:sshd(8)
             man:sshd_config(5)
    Process: 4751 ExecStartPre=/usr/sbin/sshd -t (code=exited, status=0/SUCCESS
   Main PID: 4752 (sshd)
      Tasks: 1 (limit: 3370)
     Memory: 1.7M
        CPU: 22ms
     CGroup: /system.slice/ssh.service
             └─4752 "sshd: /usr/sbin/sshd -D [listener] 0 of 10-100 startups"
lines 1-12/12 (END)
```

图 4-1 sshd 服务

需要注意的是，使用 systemctl status sshd 命令查看服务状态后，要按 q 键才能退出。此时使用 systemctl stop sshd 命令可以停止 sshd 服务。如图 4-2 所示，服务状态变为 inactive (dead)。

停止服务后，再通过 putty 或 xshell 工具，已经不能连接到 Ubuntu 计算机。在停用服务之前已经连接的终端不受影响，可以继续使用，但是如果断开后就不能再次连接。

运行 systemctl start sshd 命令可以启动 sshd 服务，服务启动后，远程工具可以正常连接，如图 4－3、图 4－4 所示。

```
ubuntu-user@virtual-machine:~$ sudo systemctl stop sshd
[sudo] ubuntu-user 的密码:
ubuntu-user@virtual-machine:~$ systemctl status sshd
o ssh.service - OpenBSD Secure Shell server
     Loaded: loaded (/lib/systemd/system/ssh.service; enable
     Active: inactive (dead) since Wed 2022-11-23 11:54:16 C
       Docs: man:sshd(8)
             man:sshd_config(5)
    Process: 4751 ExecStartPre=/usr/sbin/sshd -t (code=exite
    Process: 4752 ExecStart=/usr/sbin/sshd -D $SSHD_OPTS (co
   Main PID: 4752 (code=exited, status=0/SUCCESS)
        CPU: 23ms
lines 1-9/9 (END)
```

图 4－2　停止 sshd 服务

```
ubuntu-user@virtual-machine:~$ sudo systemctl start sshd
ubuntu-user@virtual-machine:~$ systemctl status sshd
● ssh.service - OpenBSD Secure Shell server
     Loaded: loaded (/lib/systemd/system/ssh.service; enable
     Active: active (running) since Wed 2022-11-23 12:04:50
       Docs: man:sshd(8)
             man:sshd_config(5)
    Process: 4888 ExecStartPre=/usr/sbin/sshd -t (code=exite
   Main PID: 4889 (sshd)
      Tasks: 1 (limit: 3370)
     Memory: 2.3M
        CPU: 28ms
     CGroup: /system.slice/ssh.service
             └─4889 "sshd: /usr/sbin/sshd -D [listener] 0 of
lines 1-12/12 (END)
```

图 4－3　开启 sshd 服务

图 4－4　开启 sshd 服务后 putty 可正常连接

4.4 项目实践

4.4.1 查看进程、管理进程练习

1. 执行 adduser 命令，在交互时，另开一个终端通过多种方法查看 adduser 命令的 pid 是多少。

2. 根据刚才查到的 pid，使用 kill 指令的不同参数结束进程。

4.4.2 新建任务计划练习

1. 使用 at 命令，将 3 min 后当前用户家目录下的文件列表保存到 ls.txt 文件。

2. 使用“/”可以指定固定间隔的时间点，例如 */2 * * * * command 表示每 2 min 执行一次 command 命令。试设计一个计划任务，测试出是第 1、3、5 min 执行命令，还是第 2、4、6 min 执行命令。

4.4.3 管理服务练习

1. 查看 sshd 服务状态。

2. 停止 sshd 服务并查看状态。

3. 打开 sshd 服务并查看状态。

本章小结

本章主要讲解了 Linux 进程、计划任务以及服务。首先介绍了 Ubuntu Linux 系统下进程、计划任务的管理、服务的管理；然后介绍了相关命令 top、ps、at、crontab、systemctl 等的用法，并给出各命令的详细用法。通过学习本章的内容，读者可以了解 Ubuntu Linux 进程管理、计划任务、服务管理等功能及其作用，熟悉进程管理、计划任务配置、服务管理原理，并能根据实际需要独立完成进程管理、计划任务、服务管理等配置管理。

第 5 章

Linux 网络管理

学完本章内容以后，你将能够：

- 了解 Ubuntu 下网络配置图形界面设置方法；
- 了解 Ubuntu 下网络配置相关命令。

5.1 查看及修改网络设置

Linux 系统中的网络信息包括网络接口信息、路由信息、主机名、网络连接状态等。

5.1.1 图形界面查看和修改网络设置

1. 使用图形界面查看网络接口地址及参数

在 Ubuntu 桌面顶部控制栏中，单击网络接口信息图标 ⇅，选择 Edit Connection (编辑连接)选项，在弹出的网络连接窗口中双击“有线连接 1”选项，打开如图 5-1 所示界面。

2. 使用图形界面来修改网络接口地址及参数

打开图 5-1 所示界面，选择“IPv4 设置”选项卡，“方法”选择栏改为“手动”，如图 5-2 所示，此时下方的“添加”和“删除”按钮变为可用状态。单击“添加”按钮，弹出编辑网络连接窗口，可以设置 IP 地址、子网掩码、网关、DNS 服务器地址等信息，可以单击“保存”按钮确认更改配置，如图 5-3 所示。

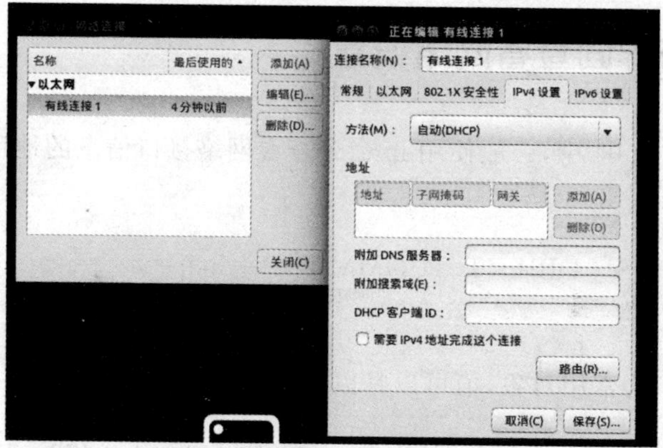

图 5－1　网络设置图形界面

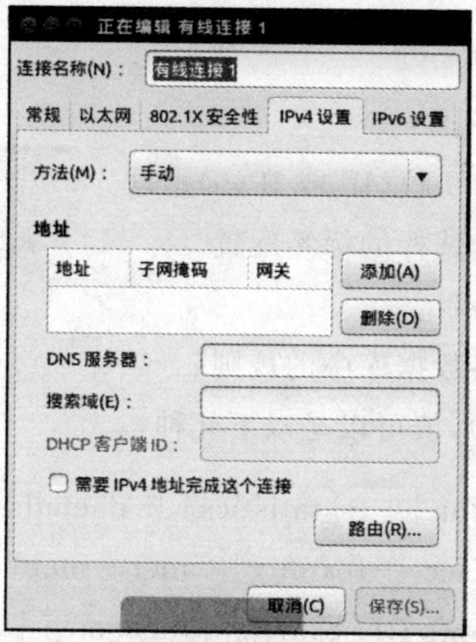

图 5－2　网络设置修改图形界面

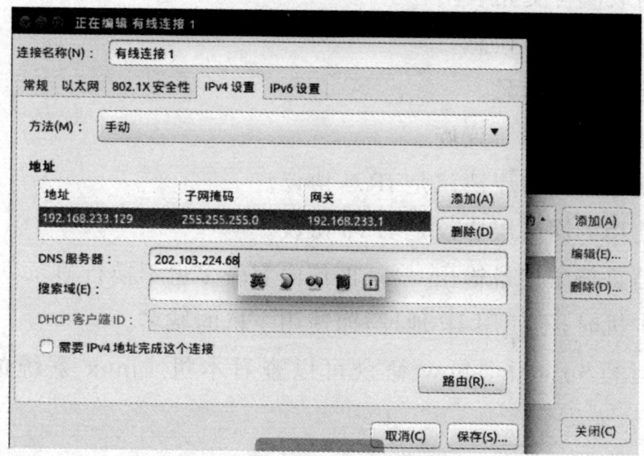

图 5－3　编辑网络连接窗口

5.1.2 字符界面查看网络设置

在 Ubuntu 22.04 中,一般使用 ip 命令查看网络接口信息的地址和参数,命令格式为:

ip [OPTIONS] OBJECT { COMMAND | help }

说明如下:

① OBJECT 为常用对象,值可以是以下几种:

OBJECT={ link | addr | addrlabel | route | rule | neigh | ntable | tunnel | maddr | mroute | mrule | monitor | xfrm | token }

几种常用取值含义如下:

link　　网络设备。
address　　设备上的协议(IP 或 IPv6)地址。
addrlabel　　协议地址选择的标签配置。
route　　路由表条目。
rule　　路由策略数据库中的规则。

② options 为常用选项,值可以是以下几种:

OPTIONS={ -V[ersion] | -s[tatistics] | -d[etails] | -r[esolve] | -h[uman-readable] | -iec | -f[amily] { inet | inet6 | ipx | dnet | link } | -o[neline] | -t[imestamp] | -b[atch] [filename] | -rc[vbuf] [size] }

常用选项的取值含义如下:

-V　显示命令的版本信息。
-s　输出更详细的信息。
-f　强制使用指定的协议族。
-4　指定使用的网络层协议是 IPv4 协议。
-6　指定使用的网络层协议是 IPv6 协议。
-0　输出信息每条记录输出一行,即使内容较多也不换行显示。
-r　显示主机时,不使用 IP 地址,而使用主机的域名。

不带参数运行 ip addr show 命令可以查看本机 Linux 系统的网络状况,如图 5-4 所示。

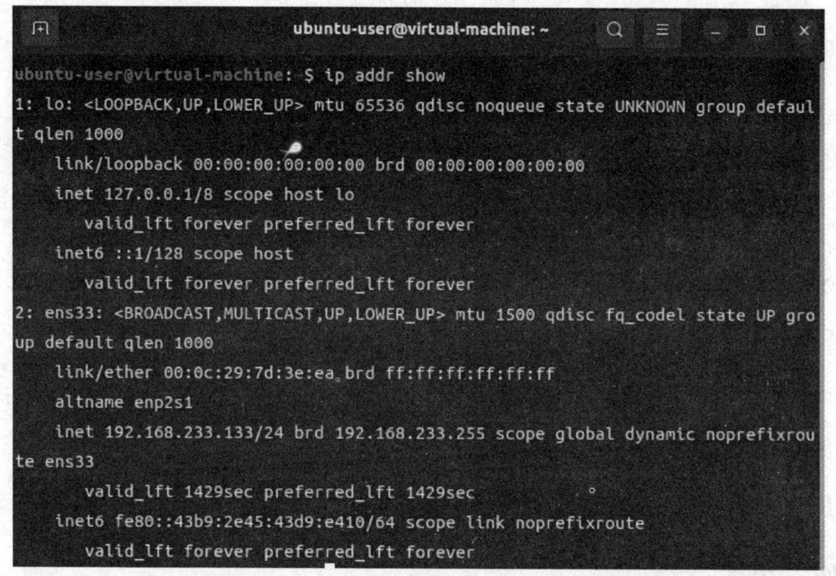

图 5－4　显示当前系统中 eth0 接口的参数

5.2　网络配置文件

在 Linux 字符界面，使用命令修改 IP 的地址，在重启后都会失效。如果要永久修改网络地址，需要修改网络配置文件。对于 Ubuntu 22.04 来说，使用的网络配置工具是 Netplan，其配置文件为/etc/netplan 目录下的 01-network-manager-all.yaml 文件。

Netplan 是一个用于配置 Linux 网络的简单工具。Netplan 用一个 YAML 文件描述系统底层的网络管理工具及每个网络接口的配置，根据配置描述，会生成所有需要的配置。Netplan 支持底层的网络管理工具包括 NetworkManager 和 Systemd-networkd。在 Ubuntu 22.04 桌面版中，默认的网络管理工具是 NetworkManager；而 Ubuntu 22.04 服务器版中，默认的网络管理工具是 Systemd-networkd。不管使用何种网络管理工具，对于 Netplan 配置除了指定具体的网络管理工具外，其他的配置都一致，实现了与底层无关，即在更换底层网络管理工具时，配置文件无须改动。

配置文件的基本格式如下：

```
network:
  version: 2
  renderer:NetworkManager
  ethernets:
    enp0s9:
```

```
dhcp4: no
addresses: [192.168.0.101/24]
  gateway4: 192.168.0.1
      nameservers:
          addresses: [8.8.8.8,8.8.4.4]
```

其中,renderer 字段的内容是指定底层的网络管理工具。例子中的 enp0s9 为网卡的名称,实际配置时需要根据实际网卡的名称修改。addresses 为设置的 ip 地址,gateway4 为网关,nameservers 为 DNS 服务器。如果需要通过 DHCP 自动获取 ip,将 dhcp4 的内容改为 true 即可。

5.3 网络相关命令

5.3.1 ping 命令

1. 作 用

ping 命令的作用是测试主机网络是否畅通,所有用户都拥有使用权限,是使用最频繁的网络命令之一。它可以单独使用,也可以带选项和参数使用。常用的选项是-c,它用来控制执行的次数。ping 命令单独使用时,使用 Ctrl+C 组合键结束命令执行。

2. 用 法

ping [选项] 主机名或 IP 地址

3. 常用选项

-d 使用 Socket 的 SO_DEBUG 功能。

-c 设置完成要求回应的次数。

-f 极限检测。

-i 指定收发信息的间隔时间。

-I 使用指定的网络接口送出数据包。

-l 设置在送出要求信息之前,先行发出的数据包。

-n 只输出数值。

-p 设置填满数据包的范本样式。

-q 不显示指令执行过程,开头和结尾的相关信息除外。

-r 忽略普通的 Routing。

-R 记录路由过程。

4. 常见用法

① ping 命令单独使用,查看本机的网络状况。执行结果如图 5-5 所示。

```
guat@guat-virtual-machine: ~
guat@guat-virtual-machine:~$ ping 127.0.0.1
PING 127.0.0.1 (127.0.0.1) 56(84) bytes of data.
64 bytes from 127.0.0.1: icmp_seq=1 ttl=64 time=0.064 ms
64 bytes from 127.0.0.1: icmp_seq=2 ttl=64 time=0.058 ms
64 bytes from 127.0.0.1: icmp_seq=3 ttl=64 time=0.031 ms
64 bytes from 127.0.0.1: icmp_seq=4 ttl=64 time=0.037 ms
64 bytes from 127.0.0.1: icmp_seq=5 ttl=64 time=0.033 ms
64 bytes from 127.0.0.1: icmp_seq=6 ttl=64 time=0.038 ms
64 bytes from 127.0.0.1: icmp_seq=7 ttl=64 time=0.046 ms
64 bytes from 127.0.0.1: icmp_seq=8 ttl=64 time=0.032 ms
64 bytes from 127.0.0.1: icmp_seq=9 ttl=64 time=0.030 ms
^C
--- 127.0.0.1 ping statistics ---
9 packets transmitted, 9 received, 0% packet loss, time 8000ms
rtt min/avg/max/mdev = 0.030/0.041/0.064/0.011 ms
guat@guat-virtual-machine:~$
```

图 5 - 5　ping 命令单独使用

② 使用 ping 命令查看本机的网络状况，5 次后自动停止。执行结果如图 5 - 6 所示。

```
guat@guat-virtual-machine:~$ ping -c8 127.0.0.1
PING 127.0.0.1 (127.0.0.1) 56(84) bytes of data.
64 bytes from 127.0.0.1: icmp_seq=1 ttl=64 time=0.026 ms
64 bytes from 127.0.0.1: icmp_seq=2 ttl=64 time=0.044 ms
64 bytes from 127.0.0.1: icmp_seq=3 ttl=64 time=0.047 ms
64 bytes from 127.0.0.1: icmp_seq=4 ttl=64 time=0.032 ms
64 bytes from 127.0.0.1: icmp_seq=5 ttl=64 time=0.058 ms
64 bytes from 127.0.0.1: icmp_seq=6 ttl=64 time=0.034 ms
64 bytes from 127.0.0.1: icmp_seq=7 ttl=64 time=0.033 ms
64 bytes from 127.0.0.1: icmp_seq=8 ttl=64 time=0.047 ms

--- 127.0.0.1 ping statistics ---
8 packets transmitted, 8 received, 0% packet loss, time 6998ms
rtt min/avg/max/mdev = 0.026/0.040/0.058/0.010 ms
guat@guat-virtual-machine:~$
```

图 5 - 6　使用带选项的 ping 命令

5.3.2　ifconfig 命令

1. 作　用

Ubuntu 22.04 中默认没有安装 ifconfig 命令，需要安装 net-tool 工具箱才能使用。但在 Ubuntu 早期版本及其他 Linux 发行版本中，都默认安装了 ifconfig 命令，使用 ifconfig 命令可以查看网络接口信息的地址和参数。而在 ip 命令之前，Linux 系统一般都使用 ifconfig 命令管理和配置网络，因此有必要对 ifconfig 命令进行了解。

2. 用　法

ifconfig　interface　[options]　address

3. 常用选项

interface　网络接口名，如 eth0 和 eth1。

options　选项，分别有如下选项：

up——激活指定的网络接口卡；

down——关闭指定的网络接口；

broadcast address——设置接口的广播地址；

pointtopoint——启用点对点方式；

netmask address——设置接口的子网掩码。

address　设置指定接口设备的 IP 地址。

4. 常见用法

不带选项运行 ifconfig 命令可以查看本机 Linux 系统的网络状况，如图 5－7 所示。

```
guat@guat-virtual-machine: ~
guat@guat-virtual-machine:~$ ifconfig
eth0      Link encap:以太网  硬件地址 00:0c:29:62:c1:98
          inet 地址:192.168.233.129  广播:192.168.233.255  掩码:255.255.255.0
          inet6 地址: fe80::20c:29ff:fe62:c198/64 Scope:Link
          UP BROADCAST RUNNING MULTICAST  MTU:1500  跃点数:1
          接收数据包:1008 错误:0 丢弃:0 过载:0 帧数:0
          发送数据包:422 错误:0 丢弃:0 过载:0 载波:0
          碰撞:0 发送队列长度:1000
          接收字节:116912 (116.9 KB)  发送字节:68903 (68.9 KB)

lo        Link encap:本地环回
          inet 地址:127.0.0.1  掩码:255.0.0.0
          inet6 地址: ::1/128 Scope:Host
          UP LOOPBACK RUNNING  MTU:65536  跃点数:1
          接收数据包:236 错误:0 丢弃:0 过载:0 帧数:0
          发送数据包:236 错误:0 丢弃:0 过载:0 载波:0
          碰撞:0 发送队列长度:1
          接收字节:18452 (18.4 KB)  发送字节:18452 (18.4 KB)
```

图 5－7　显示当前系统中 eth0 接口的参数

ifconfig 命令可更改网络接口的地址和参数，包括 IP 地址、网络掩码、广播地址，仅超级用户拥有使用权限。

示例如下：

① ifconfig 命令可以不带任何选项单独使用。该命令将显示计算机所有激活接口的信息。带-a 选项时，则显示所有接口的信息，包括未激活的接口。

② ifconfig 命令还可以用于设置网络设备的 IP 地址，可以作为设置和配置网卡的命令行工具。使用该命令可以高效地手工配置网络，而且无须重启计算机。

将网络设备 eth0 的 IP 地址设置成 192.168.233.127，并且马上激活它。命令如下：

```
sudo  ifconfig  eth0  192.168.233.127  netmask 255.255.255.0
```

运行结果如图 5－8 所示。

```
guat@guat-virtual-machine: ~
         接收字节:18793 (18.7 KB)  发送字节:18793 (18.7 KB)

guat@guat-virtual-machine:~$ ifconfig
eth0      Link encap:以太网  硬件地址 00:0c:29:62:c1:98
          inet 地址:192.168.233.129  广播:192.168.233.255  掩码:255.255.255.0
          inet6 地址: fe80::20c:29ff:fe62:c198/64 Scope:Link
          UP BROADCAST RUNNING MULTICAST  MTU:1500  跃点数:1
          接收数据包:2923 错误:0 丢弃:0 过载:0 帧数:0
          发送数据包:797 错误:0 丢弃:0 过载:0 载波:0
          碰撞:0 发送队列长度:1000
          接收字节:257952 (257.9 KB)  发送字节:133614 (133.6 KB)

lo        Link encap:本地环回
          inet 地址:127.0.0.1  掩码:255.0.0.0
          inet6 地址: ::1/128 Scope:Host
          UP LOOPBACK RUNNING  MTU:65536  跃点数:1
          接收数据包:267 错误:0 丢弃:0 过载:0 帧数:0
          发送数据包:267 错误:0 丢弃:0 过载:0 载波:0
          碰撞:0 发送队列长度:1
          接收字节:21175 (21.1 KB)  发送字节:21175 (21.1 KB)

guat@guat-virtual-machine:~$ sudo ifconfig  eth0  192.168.233.127  netmask 255.2
55.255.0
guat@guat-virtual-machine:~$
```

图 5－8　网络设置修改字符界面

该命令的作用是设置 eth0 的 IP 地址和子网掩码。

如果要暂停某个网络接口的工作，可以使用 down 选项。命令如下：

```
sudo  ifconfig  eth0down
```

需要注意的是，使用 ifconfig 命令与 ip 命令一样，对网络的设置是临时性的，系统重启后无法保留该设置。需要永久性地修改网络配置，只能通过修改配置文件实现。

5.3.3　netstat 命令

1. 作　用

netstat 命令的作用是检测网络端口的连接情况，是监测 TCP/IP 网络的有效工具。

2. 用　法

netstat　[选项]

3. 常用选项

-a　显示所有有效的连接信息(已建立连接和正在监听连接)。

-r　显示路由信息。

-i　显示网络接口信息的内容。

-n　使用网络 IP 地址代替名称，显示网络连接情况。

-o　显示计时器。

-h　在线帮助。

-c　持续列出网络状态。

-t　显示 TCP 的连接情况。

-u　显示 UDP 的连接情况。

-v　显示指令执行过程。

-w　显示 RAW 传输协议的连接情况。

4. 常见用法

① 单独使用 netstat 命令检查网络端口连接情况。输入命令：

```
netstat
```

② 带选项使用 netstat 命令。例如，输入命令显示所有有效的 TCP 连接：

```
netstat  -at
```

显示如下结果：

激活 Internet 连接（服务器和已建立连接的）

```
Proto  Recv-Q  Send-Q  Local Address              Foreign Address    State
tcp    0       0       localhost:mysql            *:*                LISTEN
tcp    0       0       *:netbios-ssn              *:*                LISTEN
tcp    0       0       *:40012                    *:*                LISTEN
tcp    0       0       *:sunrpc                   *:*                LISTEN
tcp    0       0       guat-virtual-mac:domain    *:*                LISTEN
tcp    0       0       localhost:ipp              *:*                LISTEN
tcp    0       0       *:55609                    *:*                LISTEN
tcp    0       0       *:microsoft-ds             *:*                LISTEN
tcp    0       0       *:35230                    *:*                LISTEN
tcp    0       0       *:46751                    *:*                LISTEN
tcp    0       0       *:nfs                      *:*                LISTEN
tcp    0       0       *:58408                    *:*                LISTEN
tcp6   0       0       [::]:netbios-ssn           [::]:*             LISTEN
tcp6   0       0       [::]:54190                 [::]:*             LISTEN
tcp6   0       0       [::]:sunrpc                [::]:*             LISTEN
tcp6   0       0       [::]:http                  [::]:*             LISTEN
tcp6   0       0       [::]:39444                 [::]:*             LISTEN
tcp6   0       0       ip6-localhost:ipp          [::]:*             LISTEN
tcp6   0       0       [::]:44602                 [::]:*             LISTEN
tcp6   0       0       [::]:52091                 [::]:*             LISTEN
```

```
tcp6    0    0    [::]:microsoft-ds      [::]:*               LISTEN
tcp6    0    0    [::]:nfs               [::]:*               LISTEN
tcp6    0    0    [::]:47138             [::]:*               LISTEN
tcp6    1    0    ip6-localhost:55506    ip6-localhost:ipp    CLOSE_WAIT
```

5.3.4 route 命令

1. 作　用

route 命令的作用是手工产生、修改和查看路由表。

2. 用　法

route [add|del] [-net|-host] 目的主机 [netmask 子网掩码] [gw 网关] [dev 接口]

3. 常用选项

add	增加一条路由。
del	删除一条路由。
-net	路由到达的是一个网络。
-host	路由到达的是一个主机。
目的主机	目的网络或主机。
netmask	子网掩码，指定路由的子网掩码。
gw 网关	指定路由的网关。
dev 接口	为路由指定的网络接口。

route 命令用来查看和设置 Linux 系统的路由信息，以实现与其他网络的通信。要实现两个网络之间的通信，需要一台连接两个网络的路由器或同时位于两个网络中的网关来实现。

4. 常见用法

在 Linux 系统中，设置路由通常是解决以下问题：该 Linux 系统在一个局域网中，该局域网中有一个网关，能够让计算机访问 Internet，那么就需要将这个网关的 IP 地址设置为 Linux 计算机的默认路由。使用下面命令可以增加一个默认路由(假设默认路由 IP 地址为 192.168.116.1)：

```
route add default gw 192.168.116.1
```

然后，可以通过单独使用 route 命令或 route -n 命令查看 Linux 系统的路由信息。

5.3.5 ss 命令

1. 作 用

ss 是 Socket Statistics 的缩写，ss 命令可以用来获取 socket 统计信息，它显示的内容和 netstat 类似。ss 的优势在于它能够显示更多更详细的有关 TCP 和连接状态的信息，而且比 netstat 更快。当服务器的 socket 连接数量变得非常大时，无论是使用 netstat 命令还是直接 cat/proc/net/tcp，执行速度都会很慢。ss 命令利用了 TCP 协议栈中的 tcp_diag，tcp_diag 是一个用于分析统计的模块，可以获得 Linux 内核中最新信息，因此 ss 命令的性能好很多。

2. 用 法

ss [参数]

或 ss [参数] [过滤]

3. 常用选项

-h，--help	帮助信息。
-V，--version	程序版本信息。
-n，--numeric	不解析服务名称。
-r，--resolve	解析主机名。
-a，--all	显示所有套接字(sockets)。
-l，--listening	显示监听状态的套接字(sockets)。
-o，--options	显示计时器信息。
-e，--extended	显示详细的套接字(sockets)信息。
-m，--memory	显示套接字(socket)的内存使用情况。
-p，--processes	显示使用套接字(socket)的进程。
-i，--info	显示 TCP 内部信息。
-s，--summary	显示套接字(socket)使用概况。
-4，--ipv4	仅显示 IPv4 的套接字(sockets)。
-6，--ipv6	仅显示 IPv6 的套接字(sockets)。
-0，--packet	显示 PACKET 套接字(socket)。
-t，--tcp	仅显示 TCP 套接字(sockets)。
-u，--udp	仅显示 UCP 套接字(sockets)。
-d，--dccp	仅显示 DCCP 套接字(sockets)。
-w，--raw	仅显示 RAW 套接字(sockets)。
-x，--unix	仅显示 Unix 套接字(sockets)。
-f，--family=FAMILY	显示 FAMILY 类型的套接字(sockets)，FAMILY 可

选，支持 unix，inet，inet6，link，netlink。

-A，--query=QUERY，--socket=QUERY

QUERY={all|inet|tcp|udp|raw|unix|packet|netlink}[,QUERY]。

-D，--diag=FILE　　将原始 TCP 套接字(sockets)信息转储到文件。

-F，--filter=FILE　　从文件中读取过滤器信息。

4. 常见用法

① 查看主机监听的端口：$ ss -tnl。结果如图 5-9 所示。

```
ubuntu-user@virtual-machine: $ ss -tnl
State    Recv-Q   Send-Q    Local Address:Port       Peer Address:Port  Process
LISTEN   0        4096      127.0.0.53%lo:53              0.0.0.0:*
LISTEN   0        128          127.0.0.1:631              0.0.0.0:*
LISTEN   0        128              [::1]:631                 [::]:*
```

图 5-9　查看主机监听的端口

② 通过 -r 选项解析 IP 和端口号：$ ss -tlr。结果如图 5-10 所示。

```
ubuntu-user@virtual-machine: $ ss -tlr
State   Recv-Q  Send-Q    Local Address:Port        Peer Address:Port  Process
LISTEN  0       4096       localhost%lo:domain          0.0.0.0:*
LISTEN  0       128           localhost:ipp             0.0.0.0:*
LISTEN  0       128        ip6-localhost:ipp               [::]:*
```

图 5-10　解析 IP 和端口号

③ 使用 -p 选项查看监听端口的程序名称：$ Sudo ss -tlp。结果如图 5-11 所示。

```
ubuntu-user@virtual-machine: $ sudo ss -tlp
State    Recv-Q   Send-Q     Local Address:Port       Peer Address:Port   Process
LISTEN   0        4096       127.0.0.53%lo:domain          0.0.0.0:*       users:(("systemd-resolve",pid=567,fd=14))
LISTEN   0        128            127.0.0.1:ipp             0.0.0.0:*       users:(("cupsd",pid=887,fd=7))
LISTEN   0        128                [::1]:ipp                [::]:*       users:(("cupsd",pid=887,fd=6))
```

图 5-11　查看监听端口的程序名称

④ ss 命令还可以采用管道技术(见第 8 章)通过 grep 继续过滤：$ sudo ss -tlp | grep ss。结果如图 5-12 所示。

```
ubuntu-user@virtual-machine: $ sudo ss -tlp | grep cupsd
LISTEN 0     128       127.0.0.1:ipp        0.0.0.0:*     users:(("     ",pid=887,fd=7))
LISTEN 0     128           [::1]:ipp           [::]:*     users:(("     ",pid=887,fd=6))
```

图 5-12　通过 grep 继续过滤

⑤ 查看建立的 TCP 连接，-a -all 对 TCP 协议来说，既包含监听的端口，也包含建立的连接：$ ss -tna。结果如图 5-13 所示。

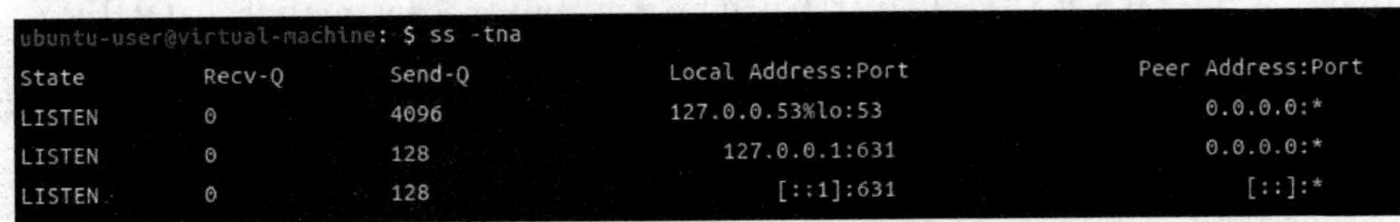

```
ubuntu-user@virtual-machine: $ ss -tna
State     Recv-Q     Send-Q     Local Address:Port          Peer Address:Port
LISTEN    0          4096       127.0.0.53%lo:53            0.0.0.0:*
LISTEN    0          128        127.0.0.1:631               0.0.0.0:*
LISTEN    0          128        [::1]:631                   [::]:*
```

图 5-13　查看建立的 TCP 连接

5.4　项目实践

5.4.1　IP 设置、修改练习

1. 使用 ip 命令查看当前网卡命令。

2. 使用 ip 命令修改 eth0 的 IP 地址为 192.168.0.108，子网掩码为 255.255.255.0。

5.4.2　网络相关指令练习

1. 使用 ping 命令完成以下任务：监测本机网络功能是否正常，完成 5 次回应即可，两次间隔为 10 s。

2. 使用 ss 命令查看所有的 UDP 连接情况。

本章小结

本章主要讲解了 Linux 网络管理。首先介绍了 Ubuntu 下网络配置图形界面设置方法；然后对 Ubuntu 下网络配置命令 ip、ss、ifconfig、ping、netstat、route 命令的用法进行了讲解，并给出各命令的详细用法。通过学习本章的内容，读者可以了解 Ubuntu 网络管理功能及其作用，熟悉 Ubuntu 网络管理配置原理，并能根据实际需要独立完成 Ubuntu 环境网络配置管理。

第 6 章

Linux 硬件管理

 学完本章内容以后，你将能够：

- 掌握在 Ubuntu 下硬盘存储管理步骤；
- 掌握在 Ubuntu 下内存管理步骤。

6.1 存储管理

硬盘接口分为 IDE、SATA、SCSI 和光纤通道 4 种。IDE 接口硬盘多用于家用产品中，也有部分应用于服务器；SCSI 接口的硬盘则主要应用于服务器市场；而光纤通道只用于高端服务器上，价格相对较高；SATA 是目前比较流行的硬盘接口类型。

6.1.1 磁盘分区

1. 硬盘命名

Linux 系统中，每一个设备都映射到一个系统文件上，包括硬盘、光驱 IDE-SCSI 设备。在 Linux 下对 IDE 的设备是以 hd 命名的，一般主板上有两个 IDE 接口，一共可以安装 4 个 IDE 设备。主 IDE 上的主从两个设备分别为 had 和 hdb，第 2 个 IDE 口上的两个设备分别为 hdc 和 hdd。SCSI 接口设备是用 sd 命名的，第 1 个设备是 sda，第 2 个是 sdb，以此类推。

2. 分区的命名

分区是用设备名称加数字命名，如 IDE 接口的命名为 hda1、hda2，SCSI 接口的命名为 sda1、sda2 等。

3. 主分区、扩展分区、逻辑分区

一个硬盘最多可以分 4 个主分区，因此硬盘可以分为 1～3 个主分区加一个扩展分区或者仅有 1～4 个主分区。对于扩展分区，可以继续划分，分成若干个逻辑分区，因此扩展分区实际上是逻辑分区的“容器”。主分区的名称可以分别是 hda1、hda2、hda3 和 hda4，其中扩展分区也占用一个主分区的名称。逻辑分区的名称一定是从 hda5 开始，每增加一个分区，分区名称的数字就加 1，如 hda6 代表第 2 个逻辑分区等，SCSI 接口的硬盘与此类似。

4. 硬盘的分区

可以直接对硬盘分区，并可在虚拟机下添加硬盘并分区。

(1) 添加硬盘

打开虚拟机，选中需要添加硬盘的虚拟机，单击“编辑虚拟机设置”选项，在弹出的虚拟机设置对话框中单击“添加”按钮，将弹出“添加硬件向导”对话框，如图 6-1 所示。

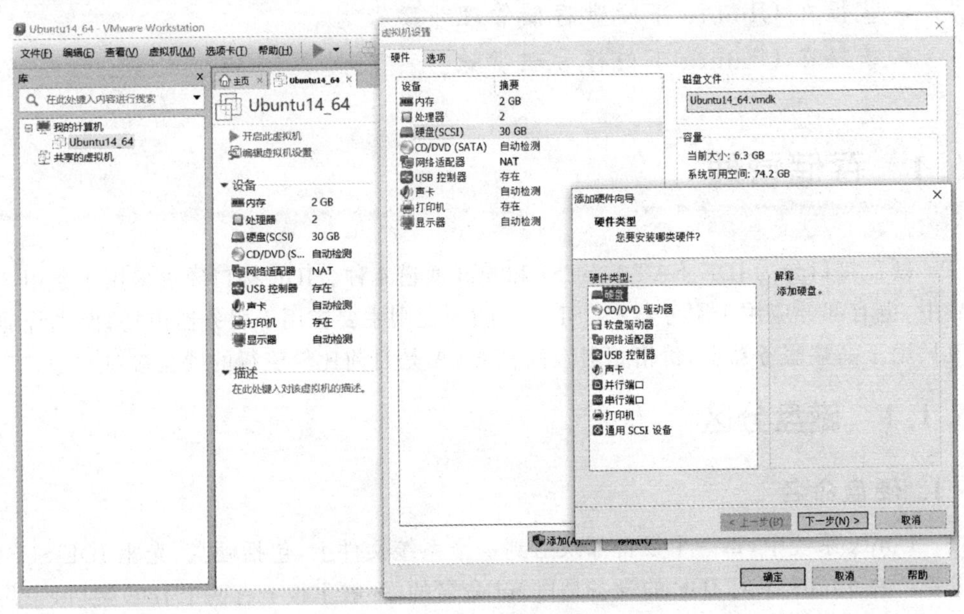

图 6-1　添加硬盘

在“添加硬件向导”对话框中选择“硬盘”选项，单击“下一步”按钮，如图 6-2 所示。

选择 SCSI 单选项，单击“下一步”按钮，如图 6-3 所示。

选择“创建新虚拟磁盘”，单击“下一步”按钮，如图 6-4 所示。

输入最大磁盘大小，单击“下一步”按钮，如图 6-5 所示。

选择磁盘文件存储位置，最后单击“完成”按钮。

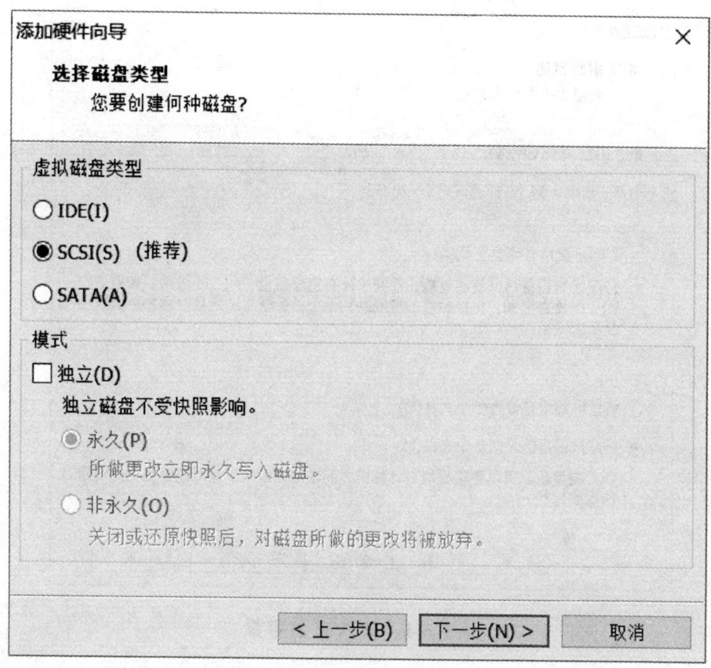

图 6-2　选择磁盘类型

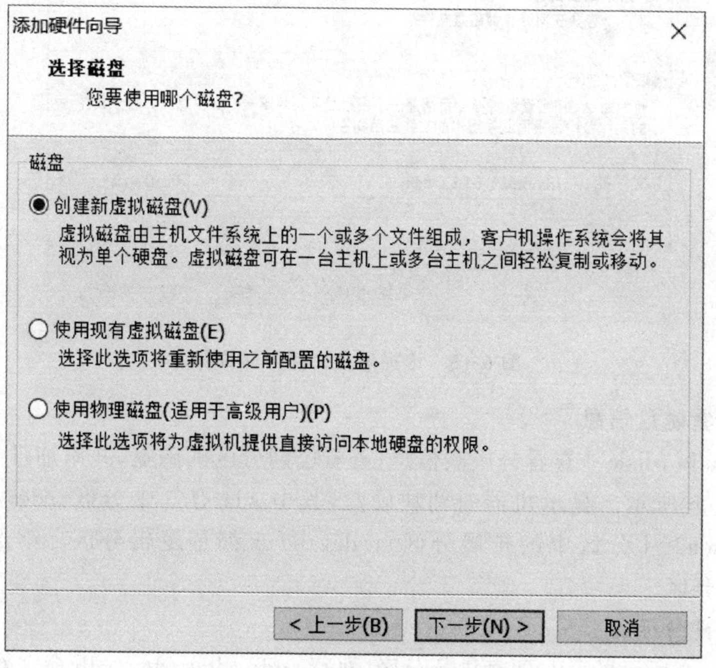

图 6-3　选择“创建虚拟磁盘”

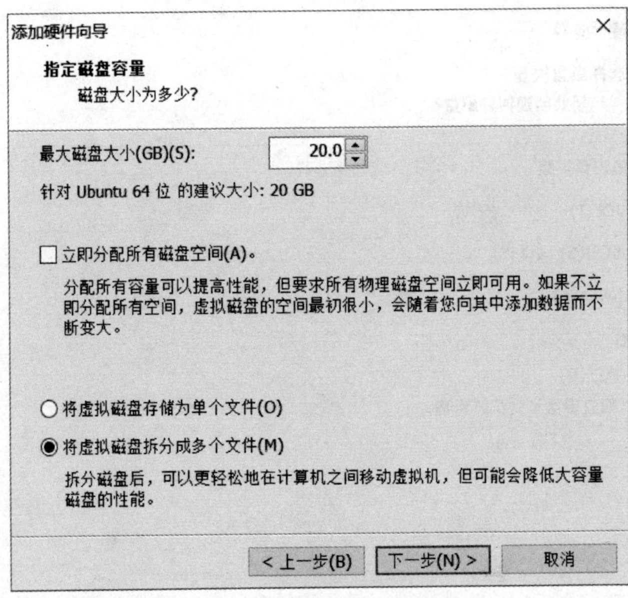

图 6-4　输入磁盘容量

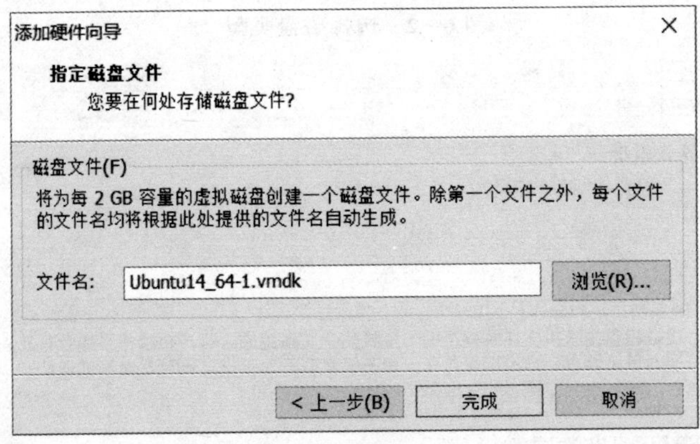

图 6-5　选择磁盘文件存储位置

(2) 查看磁盘信息

使用 sudo fdisk -l 查看分区表信息，查看已经分区的磁盘，并添加没有分区的磁盘，如图 6-6 所示。显示机器有两块硬盘，其中 sda 有 5 个分区：/dev/sda1（主分区）、/dev/sda2（主分区中的扩展分区），/dev/sda5 都是逻辑分区。第 2 块硬盘为 sdb 还没有分区。

(3) 创建分区

对图 6-6 所示的 sdb 硬盘进行分区，执行 sudo fdisk/dev/sdb 命令对 sdb 分区，输入 m，显示所有命令，如图 6-7 所示。

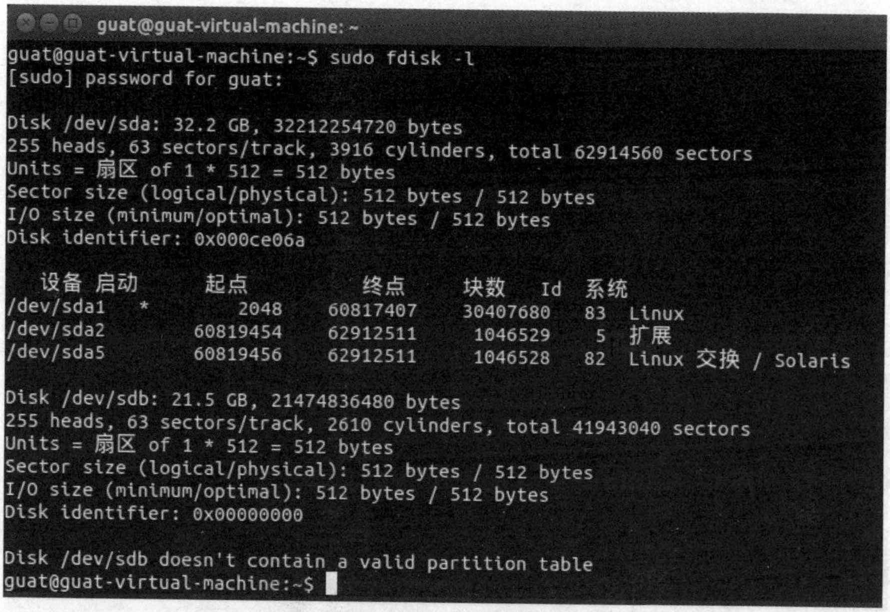

```
guat@guat-virtual-machine:~
guat@guat-virtual-machine:~$ sudo fdisk -l
[sudo] password for guat:

Disk /dev/sda: 32.2 GB, 32212254720 bytes
255 heads, 63 sectors/track, 3916 cylinders, total 62914560 sectors
Units = 扇区 of 1 * 512 = 512 bytes
Sector size (logical/physical): 512 bytes / 512 bytes
I/O size (minimum/optimal): 512 bytes / 512 bytes
Disk identifier: 0x000ce06a

   设备 启动      起点          终点        块数   Id  系统
/dev/sda1   *        2048    60817407    30407680   83  Linux
/dev/sda2        60819454    62912511     1046529    5  扩展
/dev/sda5        60819456    62912511     1046528   82  Linux 交换 / Solaris

Disk /dev/sdb: 21.5 GB, 21474836480 bytes
255 heads, 63 sectors/track, 2610 cylinders, total 41943040 sectors
Units = 扇区 of 1 * 512 = 512 bytes
Sector size (logical/physical): 512 bytes / 512 bytes
I/O size (minimum/optimal): 512 bytes / 512 bytes
Disk identifier: 0x00000000

Disk /dev/sdb doesn't contain a valid partition table
guat@guat-virtual-machine:~$
```

图 6-6 查看硬盘信息

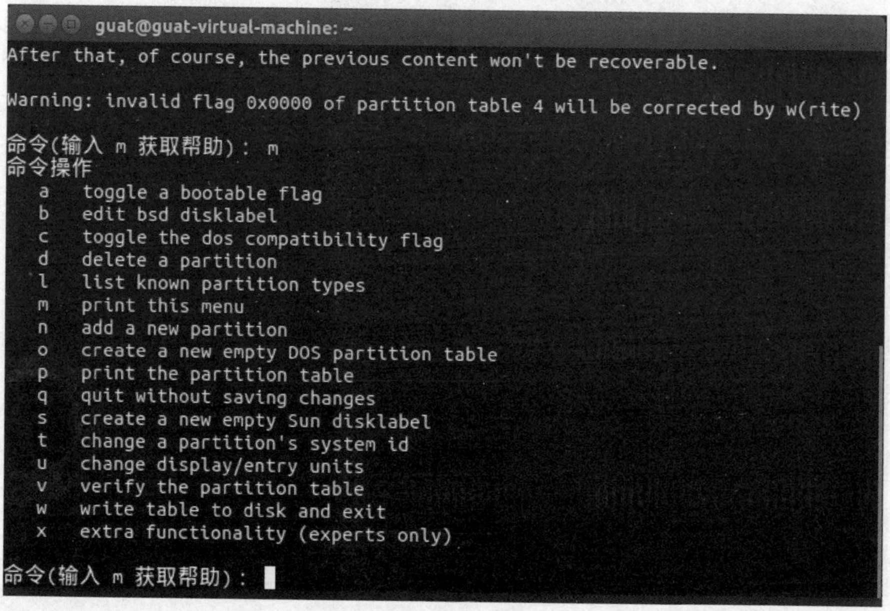

```
guat@guat-virtual-machine:~
After that, of course, the previous content won't be recoverable.

Warning: invalid flag 0x0000 of partition table 4 will be corrected by w(rite)

命令(输入 m 获取帮助)： m
命令操作
   a   toggle a bootable flag
   b   edit bsd disklabel
   c   toggle the dos compatibility flag
   d   delete a partition
   l   list known partition types
   m   print this menu
   n   add a new partition
   o   create a new empty DOS partition table
   p   print the partition table
   q   quit without saving changes
   s   create a new empty Sun disklabel
   t   change a partition's system id
   u   change display/entry units
   v   verify the partition table
   w   write table to disk and exit
   x   extra functionality (experts only)

命令(输入 m 获取帮助)：
```

图 6-7 创建分区

输入 n 创建分区，输入 p 创建主分区大小为 2 GB，如图 6-8 所示。

再次输入 n 创建分区，输入 e 创建扩展分区，剩余的 8 GB 全部分为扩展分区，如图 6-9 所示。

```
guat@guat-virtual-machine: ~
  l   list known partition types
  m   print this menu
  n   add a new partition
  o   create a new empty DOS partition table
  p   print the partition table
  q   quit without saving changes
  s   create a new empty Sun disklabel
  t   change a partition's system id
  u   change display/entry units
  v   verify the partition table
  w   write table to disk and exit
  x   extra functionality (experts only)

命令(输入 m 获取帮助): n
Partition type:
   p   primary (0 primary, 0 extended, 4 free)
   e   extended
Select (default p): p
分区号 (1-4，默认为 1): 1
起始 sector (2048-41943039，默认为 2048):
将使用默认值 2048
Last sector, +扇区 or +size{K,M,G} (2048-41943039，默认为 41943039): 20000000

命令(输入 m 获取帮助):
```

图 6-8　创建主分区

```
guat@guat-virtual-machine: ~

命令(输入 m 获取帮助): n
Partition type:
   p   primary (0 primary, 0 extended, 4 free)
   e   extended
Select (default p): p
分区号 (1-4，默认为 1): 1
起始 sector (2048-41943039，默认为 2048):
将使用默认值 2048
Last sector, +扇区 or +size{K,M,G} (2048-41943039，默认为 41943039): 20000000

命令(输入 m 获取帮助): n
Partition type:
   p   primary (1 primary, 0 extended, 3 free)
   e   extended
Select (default p): e
分区号 (1-4，默认为 2):
将使用默认值 2
起始 sector (20000001-41943039，默认为 20000001):
将使用默认值 20000001
Last sector, +扇区 or +size{K,M,G} (20000001-41943039，默认为 41943039):
将使用默认值 41943039

命令(输入 m 获取帮助):
```

图 6-9　创建扩展分区

再输入 n 创建分区，输入 l 创建逻辑分区，输入分区号 5，指定逻辑分区大小，如图 6-10 所示。

依次完成其余逻辑分区的分配，如图 6-11 所示，最后输入 w 保存分区设置。

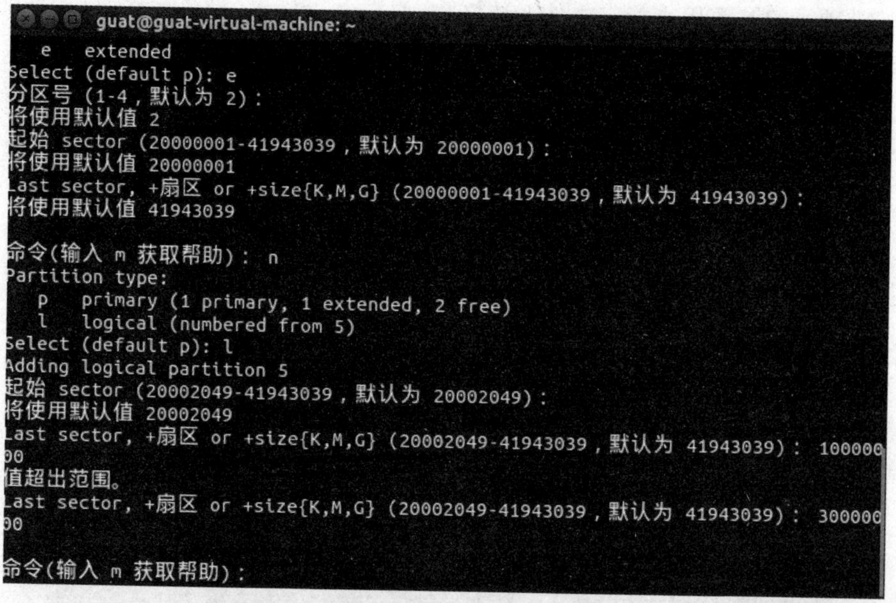

```
guat@guat-virtual-machine: ~
   e   extended
Select (default p): e
分区号 (1-4，默认为 2)：
将使用默认值 2
起始 sector (20000001-41943039，默认为 20000001)：
将使用默认值 20000001
Last sector, +扇区 or +size{K,M,G} (20000001-41943039，默认为 41943039)：
将使用默认值 41943039

命令(输入 m 获取帮助)： n
Partition type:
   p   primary (1 primary, 1 extended, 2 free)
   l   logical (numbered from 5)
Select (default p): l
Adding logical partition 5
起始 sector (20002049-41943039，默认为 20002049)：
将使用默认值 20002049
Last sector, +扇区 or +size{K,M,G} (20002049-41943039，默认为 41943039)： 100000
00
值超出范围。
Last sector, +扇区 or +size{K,M,G} (20002049-41943039，默认为 41943039)： 300000
00

命令(输入 m 获取帮助)：
```

图 6-10　指定逻辑分区的大小

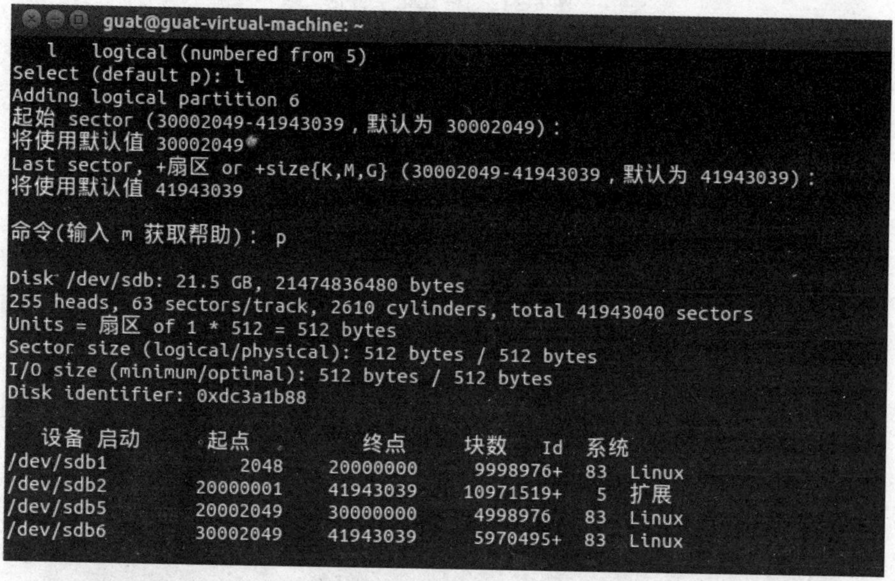

```
guat@guat-virtual-machine: ~
   l   logical (numbered from 5)
Select (default p): l
Adding logical partition 6
起始 sector (30002049-41943039，默认为 30002049)：
将使用默认值 30002049
Last sector, +扇区 or +size{K,M,G} (30002049-41943039，默认为 41943039)：
将使用默认值 41943039

命令(输入 m 获取帮助)： p

Disk /dev/sdb: 21.5 GB, 21474836480 bytes
255 heads, 63 sectors/track, 2610 cylinders, total 41943040 sectors
Units = 扇区 of 1 * 512 = 512 bytes
Sector size (logical/physical): 512 bytes / 512 bytes
I/O size (minimum/optimal): 512 bytes / 512 bytes
Disk identifier: 0xdc3a1b88

   设备 启动      起点          终点       块数    Id  系统
/dev/sdb1           2048     20000000     9998976+  83  Linux
/dev/sdb2       20000001     41943039    10971519+   5  扩展
/dev/sdb5       20002049     30000000     4998976   83  Linux
/dev/sdb6       30002049     41943039     5970495+  83  Linux
```

图 6-11　完成分区

(4) 格式化

分区完成后，需要对分区格式化、创建文件系统，才能正常使用。格式化分区的主要命令是 mkfs，格式为：

mkfs　-t　[文件系统格式] 设备名

其中：选项-t 的参数用来指定文件系统格式，如 ext3、nfs 等，设备名称如/dev/sdb1，/dev/sdb2 等。对/dev/sdb1 进行格式化，如图 6－12 所示。

```
guat@guat-virtual-machine: ~
guat@guat-virtual-machine:~$ sudo mkfs -t ext3 /dev/sdb1
[sudo] password for guat:
mke2fs 1.42.9 (4-Feb-2014)
文件系统标签=
OS type: Linux
块大小=4096 (log=2)
分块大小=4096 (log=2)
Stride=0 blocks, Stripe width=0 blocks
625856 inodes, 2499744 blocks
124987 blocks (5.00%) reserved for the super user
第一个数据块=0
Maximum filesystem blocks=2562719744
77 block groups
32768 blocks per group, 32768 fragments per group
8128 inodes per group
Superblock backups stored on blocks:
        32768, 98304, 163840, 229376, 294912, 819200, 884736, 1605632

Allocating group tables: 完成
正在写入inode表: 完成
Creating journal (32768 blocks): 完成
Writing superblocks and filesystem accounting information: 完成
```

图 6－12　格式化主分区

依次对/dev/sdb5、/dev/sdb6 进行格式化，如图 6－13 所示。

```
guat@guat-virtual-machine: ~
guat@guat-virtual-machine:~$ sudo mkfs -t ext3 /dev/sdb5
mke2fs 1.42.9 (4-Feb-2014)
文件系统标签=
OS type: Linux
块大小=4096 (log=2)
分块大小=4096 (log=2)
Stride=0 blocks, Stripe width=0 blocks
312624 inodes, 1249744 blocks
62487 blocks (5.00%) reserved for the super user
第一个数据块=0
Maximum filesystem blocks=1283457024
39 block groups
32768 blocks per group, 32768 fragments per group
8016 inodes per group
Superblock backups stored on blocks:
        32768, 98304, 163840, 229376, 294912, 819200, 884736

Allocating group tables: 完成
正在写入inode表: 完成
Creating journal (32768 blocks): 完成
Writing superblocks and filesystem accounting information: 完成
```

图 6－13　格式化逻辑分区

说明：不能对扩展分区进行格式化，错误结果如图 6－14 所示。

```
guat@guat-virtual-machine:~$ sudo mkfs -t ext3 /dev/sdb2
mke2fs 1.42.9 (4-Feb-2014)
mkfs.ext3: inode_size (128) * inodes_count (0) too big for a
        filesystem with 0 blocks, specify higher inode_ratio (-i)
        or lower inode count (-N).
```

图 6－14　不能格式化扩展分区

在使用分区前，需要挂载该分区，在挂载分区前，需要新建挂载点，在/mnt 目录下新建/mnt/sdb1、/mnt/sdb2、/mnt/sdb3 目录，作为分区的挂载点，如图 6－15 所示。

```
guat@guat-virtual-machine: ~
guat@guat-virtual-machine:~$ sudo mkdir /mnt/sdb1
guat@guat-virtual-machine:~$ sudo mount -t ext3 /dev/sdb1 /mnt/sdb1
```

图 6－15　挂载分区(1)

注意：不能挂载扩展分区。

(5) 卸　载

卸载磁盘的命令为 umount，格式为：

umount　设备名称或挂载点

可以直接卸载设备，命令如下：

```
$ sudo umount /dev/sdb1
```

也可以通过卸载挂载点卸载设备，命令如下：

```
$ sudo umount /mnt/sdb1
```

(6) 自动挂载

与很多 Linux 命令一样，使用 mount 命令挂载的分区，在重启计算机之后，就会失效。虽然分区中的数据不会丢失，但如果不重新挂载，数据就不能访问了。如果需要每次启动计算机都自动挂载分区，则需要修改配置文件/etc/fstab。fstab 文件内容如图 6－16 所示。

```
ubuntu-user@virtual-machine:~$ cat /etc/fstab
# /etc/fstab: static file system information.
#
# Use 'blkid' to print the universally unique identifier for a
# device; this may be used with UUID= as a more robust way to name devices
# that works even if disks are added and removed. See fstab(5).
#
# <file system> <mount point>   <type>  <options>       <dump>  <pass>
# / was on /dev/sda3 during installation
UUID=5391d95d-9d74-4a98-9cd1-2296017172d0 /               ext4    errors=remount
-ro 0       1
# /boot/efi was on /dev/sda2 during installation
UUID=0A9C-95DD  /boot/efi       vfat    umask=0077      0       1
/swapfile                                 none            swap    sw
 0       0
```

图 6－16　挂载分区(2)

可见当前有两个分区会在开机时挂载，其中一个挂载为根目录，另一个挂载为/boot/efi 目录。假设需要将/dev/sdb1 分区开机挂载为/mnt/sdb1 目录，则需在 fstab 文件新增以下一行：

```
/dev/sdb1 /mnt/sdb1 ext4 defaults 0 0
```

其中共分 6 个字段，每个字段说明如下：

第 1 个字段：file system，分区名。

第 2 个字段：mount point，分区挂载的目录，需要注意的是此目录必须已建立。

第 3 个字段：type，分区格式，在 Ubuntu 22 中一般为 ext4。

第 4 个字段：options，挂载参数，如果没有特殊要求则为 defaults。

第 5 个字段：dump，是否记录 dump 信息，0 为不要。

第 6 个字段：pass，开机检查顺序，0 为不是可启动分区。

6.1.2 使用光盘、U 盘

挂载和卸载使用光盘和 U 盘的命令也是 mount 和 umount 命令。

① 确认是否为 Linux 可以识别的文件系统，Linux 可识别的文件系统只有以下几种：

- Windows95/98 常用的 FAT32 文件系统：vfat。
- WinNT/2000 的文件系统：ntfs。
- OS/2 用的文件系统：hpfs。
- Linux 用的文件系统：ext2、ext3、ext4、nfs。
- CD-ROM 光盘用的文件系统：ISO-9660。

② 确定设备的名称，确定设备名称可通过使用 fdisk -l 命令查看。

③ 查找挂接点。必须确定挂载点已经存在，也就是要挂载的相应子目录已经存在，一般建议在/mnt 下新建几个如/mnt/windows、/mnt/usb 的子目录，现在有些新版本的 Linux（如红旗 Linux、中软 Linux、Mandrake Linux）都可自动挂载文件系统，Ubuntu 也可自动挂载。光驱和 U 盘，自动挂载的装载目录在/media 下面。

④ 挂载文件系统如下所示：

```
[root@localhost mnt]$ mount -t vfat /dev/hda1 /mnt/c
[root@localhost mnt]$ cd /mnt/c
24.s03e01.pdtv.xvid-sfm.rmvb Documents and Settings Program Files
24.s03e02.pdtv.xvid-sfm.rmvb Downloads Recycled
...
```

C 盘是原先 Windows 系统的启动盘。在挂载了 C 盘之后，可直接访问 Windows 下的 C 盘的内容。

在 Linux 下如何使用 U 盘呢？

一般 U 盘为 SCSI 格式的硬盘，其格式为 vfat 格式，其设备号可通过 fdisk -l 命

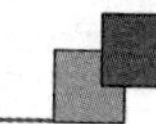

令进行查看，假若设备名为“/dev/sdb1”，则可用如下命令就可将其挂载：

```
mount -t vfat /dev/sdb1 /mnt/usb
```

若想设置在开机时自动挂载，可在文件“/etc/fstab”中加入相应的设置行即可。

⑤ 卸载。在上述的示例中，使用完其设备文件后可使用 umount 命令将其卸载。

```
[root@localhost mnt]$ umount /mnt/c
[root@localhost mnt]$ cd /mnt/c
[root@localhost c]$ ls
```

可见，此时目录/mnt/c 下为空，Windows 下的 C 盘被成功卸载。

6.1.3　磁盘配额

磁盘配额就是在计算机中对指定磁盘进行储存限制，限定某个用户或某个用户组使用某个分区存储的容量、文件个数，这样就能有效避免个别用户有意或无意占用太多空间，导致磁盘空间耗尽，使程序运行异常，甚至整个系统崩溃。

在 Linux 中使用 quota 工具来对用户进行磁盘配额管理，在 Ubuntu 22 中默认已经安装了 quota 工具，磁盘配额需要以下步骤。

1. 设置磁盘配额支持

Linux 中磁盘配额的设置单位是分区，只能对分区进行磁盘配额，不能对整个磁盘进行配额。在对分区进行磁盘配额前，需要在挂载分区时将分区设置为支持配额。如果将/dev/sdb1 分区挂载到/mnt/sdb1 目录，则挂载命令为：

```
mount -o defaults,usrquota,grpquota /dev/sdb1 /mnt/sdb1
```

如果在之前分区已经挂载了，则使用以下命令重新挂载：

```
mount -o defaults,usrquota,grpquota,remount /dev/sdb1
```

或

```
mount -o defaults,usrquota,grpquota,remount /mnt/sdb1
```

其中，设定支持配载的参数是 usrquota、grpquota。usrquota 为支持用户磁盘配额，grpquota 为支持用户组磁盘配额，如果只需其中一项，则可以将另一项删除。

由于 mount 命令挂载分区后重启计算机会失效，因此，如果希望长期有效，则需要修改配置文件/etc/fstab，在文件最后增加一行：

```
/dev/sdb1 /mnt/sdb1 ext4 defaults,usrquota,grpquota 0 0
```

2. 创建磁盘配额的配置文件

quotacheck 命令的作用是检查磁盘的使用空间与限制，同时会在分区的文件系统根目录下产生 quota.user 和 quota.group 文件，设置用户和群组的磁盘空间限制。

quotacheck 命令的常用选项如下：

-a　　检查所有在/etc/mtab 文件中启用了 quota 支持的分区。如果没有使用-a 选项，则需要在参数中指定要检查的分区或分区的挂载目录。

-v　　显示命令执行过程的信息。

-u 用户名　　扫描用户磁盘配额情况，若没有 quota. user 文件，则新增。

-g 用户组名　　扫描用户组磁盘配额情况，若没有 quota. group 文件，则新增。

命令的常见用法有：

```
quotacheck -avug
```

命令结果：检查所有在/etc/mtab 文件中启用了 quota 支持的分区的磁盘配额，若分区的文件系统根目录下没有 quota. user 或 quota. group 文件，则新增。

```
quotacheck -vug /dev/sdb1
```

命令结果：检查/dev/sdb1 分区的磁盘配额，若分区的文件系统根目录下没有 quota. user 或 quota. group 文件，则新增。

```
quotacheck -vug /mnt/sdb1
```

命令结果：检查挂载在/mnt/sdb1 目录的分区的磁盘配额，若分区的文件系统根目录下没有 quota. user 或 quota. group 文件，则新增。

命令执行结果如图 6-17 所示。

```
ubuntu-user@virtual-machine:~$ cat /etc/mtab | grep quota
/dev/sdb1 /mnt/sdb1 ext4 rw,relatime,quota,usrquota,grpquota 0 0
ubuntu-user@virtual-machine:~$ sudo quotacheck -avug
quotacheck: Your kernel probably supports ext4 quota feature but you are using e
xternal quota files. Please switch your filesystem to use ext4 quota feature as
external quota files on ext4 are deprecated.
quotacheck: 正在扫描 /dev/sdb1 [/mnt/sdb1] 完成
quotacheck: Cannot stat old user quota file /mnt/sdb1/aquota.user: 没有那个文件
或目录. Usage will not be subtracted.
quotacheck: Cannot stat old group quota file /mnt/sdb1/aquota.group: 没有那个文
件或目录. Usage will not be subtracted.
quotacheck: Cannot stat old user quota file /mnt/sdb1/aquota.user: 没有那个文件
或目录. Usage will not be subtracted.
quotacheck: Cannot stat old group quota file /mnt/sdb1/aquota.group: 没有那个文
件或目录. Usage will not be subtracted.
quotacheck: 已检查 3 个目录和 10 个文件
quotacheck: 找不到旧文件。
quotacheck: 找不到旧文件。
ubuntu-user@virtual-machine:~$ ll /mnt/sdb1
总用量 72
drwxr-xr-x 3 user2 user2  4096 11月 30 17:07 ./
drwxr-xr-x 4 root  root   4096 11月 30 10:49 ../
-rw-rw-r-- 1 user1 user1     0 11月 29 17:14 a
-rw------- 1 root  root   7168 11月 30 17:07 aquota.group
-rw------- 1 root  root   7168 11月 30 17:07 aquota.user
```

图 6-17　quotacheck 命令

3. 开启及关闭磁盘配额限制

开启磁盘配额限制的命令是 quotaon，关闭磁盘配额限制的命令是 quotaoff。其常用选项如下：

-a　　　　　开启或关闭/etc/mtab 文件中启用了 quota 支持的分区的磁盘配额。如果没有使用-a 选项，则需要在参数中指定分区或分区的挂载目录，注意这里可以指定多个分区。

-v　　　　　显示命令执行过程的信息。

-u 用户名　　开启或关闭用户磁盘配额。

-g 用户组名　开启或关闭用户组磁盘配额。

命令的常见用法有：

```
quotaon -avug
```

命令结果：开启/etc/mtab 文件中启用了 quota 支持的分区的磁盘配额。

```
quotaoff -avug
```

命令结果：关闭/etc/mtab 文件中启用了 quota 支持的分区的磁盘配额。

```
quotaon -vug /dev/sdb1
```

命令结果：开启/dev/sdb1 分区的磁盘配额。

```
quotaon -vug /mnt/sdb1
```

命令结果：开启挂载在/mnt/sdb1 目录的分区的磁盘配额。

```
quotaoff -vug /dev/sdb1
```

命令结果：关闭/dev/sdb1 分区的磁盘配额。

```
quotaoff -vug /mnt/sdb1
```

命令结果：关闭挂载在/mnt/sdb1 目录的分区的磁盘配额。

命令执行结果如图 6－18 所示。

```
ubuntu-user@virtual-machine:~$ sudo quotaon -avug
quotaon: Your kernel probably supports ext4 quota feature but you are using exte
rnal quota files. Please switch your filesystem to use ext4 quota feature as ext
ernal quota files on ext4 are deprecated.
/dev/sdb1 [/mnt/sdb1]: group 配额已开启

/dev/sdb1 [/mnt/sdb1]: user 配额已开启

ubuntu-user@virtual-machine:~$ sudo quotaoff -vug /dev/sdb1
quotaoff: Your kernel probably supports ext4 quota feature but you are using ext
ernal quota files. Please switch your filesystem to use ext4 quota feature as ex
ternal quota files on ext4 are deprecated.
/dev/sdb1 [/mnt/sdb1]: group 配额已关闭

/dev/sdb1 [/mnt/sdb1]: user 配额已关闭
```

图 6－18　quotaon 和 quotaoff 命令

4. 配置磁盘限额

配置磁盘限额的命令有 edquota 和 setquota。

edquota 命令常用选项有：

-u 用户名　进入配额的编辑界面，修改针对用户的配置值。如果 -u 和 -g 选项都没有指定，则默认为编辑用户的配置值。

-g 用户组名　进入配额的编辑界面，修改针对用户组的配置值。当针对用户组设置时，分配的容量及文件数量为组中所有用户共享，先到先得。某个用户或某几个用户占用完毕后，其他用户将不能使用。

-t　修改配额参数中的宽限时间。

-p　将源用户（或群组）的磁盘配额设置，复制给其他用户（或群组）。

edquota 命令编辑配额会自动使用 editor 命令，editor 命令实际是一个链接文件，会链接到实际使用的编辑器软件。不同的系统中，editor 文件链接的编辑器也不同，Ubuntu 22 中链接的编辑器是 nano，其他 Linux 系统有些链接的编辑器是 vi。如果想改变 edquota 命令默认使用的编辑器，则需要修改环境变量 EDITOR 的值。

edquota user1 命令界面如图 6－19 所示。

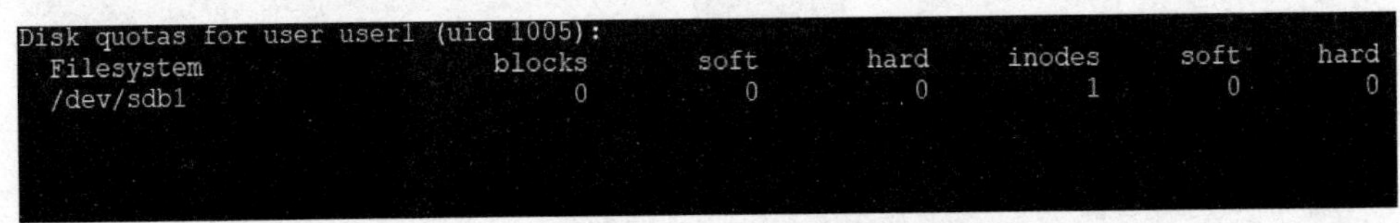

图 6－19　edquota 命令

由于没有使用-u 也没有使用-g 选项，所以编辑的是 user1 用户的磁盘配额，这从图 6－19 中的第 1 行可以看出。如果使用了-g 选项，则编辑的将是 user1 用户组的磁盘配额，第 1 行的 user user1 将会变成 group user1。第 2 行为要修改的内容的列名，因此无需修改。第 3 行开始为需要设置的内容，具体如下：

第 1 列为 Filesystem，需要设置配额的分区。

第 2 列为 blocks，目前用户或用户组已使用的磁盘容量，单位为 KB，此列内容为 quato 计算出来的，无需修改。

第 3 列为 soft，用户或用户组可使用磁盘容量的软限制，单位为 KB。

第 4 列为 hard，用户或用户组可使用磁盘容量的硬限制，单位为 KB。

第 5 列为 inodes，目前用户或用户组的文件数量，此列内容也是 quato 计算出来的，无需修改。

第 6 列为 soft，用户或用户组的文件数量的软限制。

第 7 列为 hard，用户或用户组的文件数量的硬限制。

当用户使用的容量或文件数量达到软限制时会提示用户，但仍允许用户在宽限时间内继续使用。宽限时间默认为 7 天，也可自定义修改，超出软限制且达到宽限时间后，系统将不再允许用户使用更多的容量。而当达到硬限制时会提示用户，且强制终止用户的操作。

修改宽限期的命令为 edquota -t，如图 6－20 所示。

```
Grace period before enforcing soft limits for users:
Time units may be: days, hours, minutes, or seconds
  Filesystem             Block grace period     Inode grace period
  /dev/sdb1                    7天                      7天
```

图 6－20　修改宽限期

由图 6－20 可见，/dev/sdb1 分区的容量宽限期是 7 天，文件数量宽限期也是 7 天。直接修改即可改变磁盘配额的宽限期。

修改磁盘配额设置的另一个命令是 setquota。使用 edquota 命令时需要进入编辑器界面，用户需在编辑器界面输入内容才能改变磁盘配额设置，那么在需要使用脚本修改设置时，edquota 命令就不合适了。而 setquota 命令直接通过命令行修改设置，可以用于脚本。

setquota 命令常用选项有：

-a　　　　修改/etc/mtab 文件中启用了 quota 支持的分区的磁盘配额。

-u 用户名　修改针对用户的配置值。

-g　　　　用户组名修改针对用户组的配置值。

-t　　　　修改配额参数中的宽限时间。

-p　　　　将源用户（或群组）的磁盘配额设置，复制给其他用户（或群组）。

setquota 命令常见用法：

```
setquota -a user1 100 200 10 20
```

命令结果：将用户 user1 对/etc/mtab 文件中启用了 quota 支持的分区的磁盘配额设置为容量软限制 100 KB，硬限制 200 KB；文件数量软限制 10 个，硬限制 20 个。

```
setquota -g user1 100 200 10 20 /dev/sdb1
```

命令结果：将用户组 user1 对/dev/sdb1 分区的磁盘配额设置为容量软限制 100 KB，硬限制 200 KB；文件数量软限制 10 个，硬限制 20 个。

```
setquota -t 3600 3600 /dev/sdb1
```

命令结果：将 /dev/sdb1 分区的容量宽限期及文件数量宽限期设置为 3 600 s，即 1 h。

```
setquota-p user1 user2 /dev/sdb1
```

命令结果：将用户 user1 在/dev/sdb1 分区的磁盘配额配置复制给用户 user2。

对于磁盘配额需要注意的是，配置都是针对分区的，如果将分区挂载到设置时不同的目录，配置仍然是生效的。例如，如果将分区 1 挂载到目录 1，然后设置了磁盘配额，而分区 2 没有设置磁盘配额，之后将分区 1 挂载到目录 2，分区 2 挂载到目录 1，那么分区 1、目录 2 仍然有磁盘配额限制，而分区 2、目录 1 将没有限制。

6.2 内存管理

直接从物理内存读/写数据要比从硬盘读/写数据快得多，因此，我们希望所有数据的读取和写入都在内存完成，而内存是有限的，这样就有了物理内存和虚拟内存。

物理内存就是系统硬件提供的内存，是真正的内存。相对于物理内存，在 Linux 下还有一个虚拟内存，虚拟内存是为了弥补物理内存不足而提出的，它是利用磁盘空间虚拟出的一块逻辑内存，用作虚拟内存的磁盘空间被称为交换空间(swap space)。

作为物理内存的扩展，Linux 会在物理内存不足时，使用交换分区的虚拟内存，内核会将暂时不用的内存块信息写到交换空间，这样，物理内存就得到了释放，这块内存就可以用于其他目的了，当需要用到原始的信息时，这些信息会被重新从交换空间读入物理内存。

Linux 内存管理采取的是分页存取机制，为了保证物理内存能得到充分的利用，内核会在适当的时候将物理内存中不经常使用的数据块自动交换到虚拟内存中，而将经常使用的信息保存到物理内存中。

首先，Linux 系统会不时地进行页面交换操作，以保持尽可能多的空闲物理内存，即使并没有什么事情需要内存，Linux 也会交换出暂时不用的内存页面。这样，可以减少等待交换所需的时间。

其次，Linux 进行页面交换是有条件的，不是所有页面在不用时都交换到虚拟内存，Linux 内核根据“最近最经常使用”算法，仅仅将一些不经常使用的页面文件交换到虚拟内存中。有时会存在这样的现象：Linux 物理内存还有很多，而交换空间也使用了很多。

最后，交换空间的页面在使用时会先被交换到物理内存中，如果此时没有足够的物理内存，这些内容会被马上交换出去，如此一来，虚拟内存中可能没有足够的空间来存储这些页面，最终会导致 Linux 出现假死机、服务异常等问题。Linux 虽然可以在一段时间内自行恢复，但恢复后的系统已经基本不可用了。因此，合理规划和设计 Linux 内存的使用，是非常重要的。

swap 是 Linux 下虚拟内存分区，它的作用是在物理内存使用完后，将磁盘空间(也就是 swap 分区)作为虚拟内存来使用。虽然这个 swap 分区能够作为“虚拟”的内存，但访问速度比物理内存慢，因此，如果需要更快速度，swap 分区不能满足需求，最好的解决方法是加大物理内存。swap 分区只是临时的解决方法。交换分区(swap)的合理值一般是物理内存的 2 倍左右，可以适当增加，具体还是以实际应用为准。

Linux 下可以创建两种类型的交换空间：一种是 swap 分区，另一种是 swap 文件。前者适合有空闲的分区使用，后者适合没有空闲硬盘分区使用的情况，下面分别介绍两种方法。

6.2.1 交换分区

1. 指定交换分区

mkswap 命令用于指定交换分区，指定/dev/sdb5 为交换分区，如图 6－21 所示。

```
guat@guat-virtual-machine: ~
guat@guat-virtual-machine:~$ sudo mkswap /dev/sdb5
[sudo] password for guat:
正在设置交换空间版本 1，大小 = 4998972 KiB
无标签， UUID=5d7cf6a1-0446-4876-8f40-2d742f1dee13
guat@guat-virtual-machine:~$ free
             total       used       free     shared    buffers     cached
Mem:       2029948    1097360     932588      18356      58356     444984
-/+ buffers/cache:     594020    1435928
Swap:      1046524          0    1046524
```

图 6－21 指定交换分区

2. 激活分区

swapon 激活/dev/sdb5 交换分区，如图 6－22 所示。

```
guat@guat-virtual-machine:~$ sudo swapon /dev/sdb5
guat@guat-virtual-machine:~$ free
             total       used       free     shared    buffers     cached
Mem:       2029948    1098428     931520      18356      58368     445000
-/+ buffers/cache:     595060    1434888
Swap:      6045496          0    6045496
```

图 6－22 激活交换分区

说明：激活后分区大小为 6 045 496－激活前的分区大小 1 046 524＝4.7 GB，说明整个/dev/sdb5 都作为交换分区。

3. 显示交换分区

swap 分区由两个分区构成，刚建立的/dev/sda5、系统的/dev/sdb5 建立的分区，如图 6－23 所示。

```
guat@guat-virtual-machine:~$ cat /proc/swaps
Filename                                Type            Size    Used    Priority
/dev/sda5                               partition       1046524 0       -1
/dev/sdb5                               partition       4998972 0       -2
```

图 6－23 显示交换分区

4. 自动挂载分区

如果让机器一启动就启用交换分区，则编辑/etc/fstab，使用 vi 命令编辑，把/swapfile 改为/dev/sdb5。

6.2.2 交换文件

1. 创建交换文件

创建交换文件通过 dd 命令来完成，同时这个文件必须位于本地硬盘上，不能在网络文件系统（NFS）上创建 swap 交换文件。

dd 命令的参数如下：

if	输入文件或设备名称。
of	输出文件或者设备名称。
ibs=bytes	表示一次读入 bytes 个字节。
obs=bytes	表示一次写出 bytes 个字节。
bs=bytes	同时设置读/写块的大小，以 bytes 为单位，此参数可替代 ibs 和 obs。
count=blocks	仅复制 blocks 个块。
skip=blocks	表示从输入文件开头跳过 blocks 个块后开始复制。
seek=blocks	表示从输出文件开头跳过 blocks 个块后开始复制。

图 6-24 所示的命令的作用：在根目录下创建一个 6.7 MB 的交换文件，文件名为/swap_file，输入设备/dev/zero，读/写块 1 024 B。

```
ubuntu-user@virtual-machine: $ sudo dd if=/dev/zero of=/swap_file bs=1024 count=
6553
记录了6553+0 的读入
记录了6553+0 的写出
6710272字节 (6.7 MB, 6.4 MiB) 已复制, 0.0115546 s, 581 MB/s
```

图 6-24　dd 创建交换文件

说明：count=1 024×6.5=6 656 块。

2. 指定交换文件

交换文件在使用前需要激活，激活前需要通过 mkswap 命令指定作为交换分区的设备或文件。mkswap 命令的格式如下：

mkswap　[参数]　[设备名称或文件]　[交换区大小]

-c	建立交换区前，先检查是否有损坏的区块。
-v0	建立旧式交换区，此为预设值。
-v1	建立新式交换区。

指定/swap_file 作为交换文件，如图 6-25 所示。

用 free 命令查看当前内存的使用，新建的交换文件还没有被使用，如图 6-26 所示。

```
ubuntu-user@virtual-machine:~$ sudo mkswap /swap_file
[sudo] ubuntu-user 的密码:
mkswap: /swap_file: insecure permissions 0644, fix with: chmod 0600 /swap_file
正在设置交换空间版本 1，大小 = 6.4 MiB (6705152  个字节)
无标签， UUID=45aefde7-a2b3-4801-b955-c81fd89c0e1c
```

图 6－25　指定交换文件

```
ubuntu-user@virtual-machine:~$ sudo mkswap /swap_file
[sudo] ubuntu-user 的密码:
mkswap: /swap_file: insecure permissions 0644, fix with: chmod 0600 /swap_file
正在设置交换空间版本 1，大小 = 6.4 MiB (6705152  个字节)
无标签， UUID=45aefde7-a2b3-4801-b955-c81fd89c0e1c
ubuntu-user@virtual-machine:~$ free
              total        used        free      shared  buff/cache   available
内存:       3984920     1373768     1187980       38352     1423172     2304912
交换:       1435216           0     1435216
```

图 6－26　新建的交换文件未使用

3. 激活 swap 文件

指定交换文件后，使用 swapon 命令激活交换分区，再用 free 命令查看内存的使用状态，如图 6－27 所示。

```
ubuntu-user@virtual-machine:~$ sudo swapon /swap_file
swapon: /swap_file: 不安全的权限 0644，建议使用 0600。
ubuntu-user@virtual-machine:~$ free
              total        used        free      shared  buff/cache   available
内存:       3984920     1373544     1187980       38352     1423396     2305112
交换:       1441764           0     1441764
```

图 6－27　激活交换文件

重启系统后，也使新增的 swap 分区可用，需要编辑/etc/fstab 文件，在/etc/fstab 文件中添加如下代码，系统重启后可以自动挂载 swap 分区。

4. 删除 swap 文件

删除 swap 文件时使用 swapoff 命令，如图 6－28 所示。

```
ubuntu-user@virtual-machine:~$ sudo swapoff /swap_file
ubuntu-user@virtual-machine:~$ free
              total        used        free      shared  buff/cache   available
内存:       3984920     1372332     1188636       38356     1423952     2306340
交换:       1435216           0     1435216
```

图 6－28　删除 swap 文件

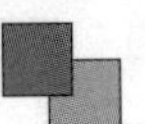

6.3 项目实践

6.3.1 硬盘管理练习

1. 在虚拟机下添加 10 GB 的硬盘,分为 3 个分区,主分区为 4 GB,第 1 逻辑分区为 4 GB,第 2 逻辑分区为 6 GB,并格式化。

2. 配置/dev/sdb5 分区磁盘配额,编辑当前用户的文档限制数量软限制为 2 个,硬限制为 4 个,宽限期为 7 h。

6.3.2 内存管理练习

1. 在根目录下创建一个 6.2 MB 的交换文件,文件名为/swap_file。

2. 指定/dev/sdb6 为交换分区。

本章小结

本章主要讲解了 Linux 硬件管理。首先介绍了 Linux 存储管理中磁盘分区和磁盘配额等内容;然后对 Ubuntu 下内存管理中交换分区和交换文件这两种设置虚拟内存的方法进行了讲解,并给出各命令的详细用法。通过学习本章的内容,读者可以了解 Ubuntu 硬件管理功能及其作用,熟悉 Ubuntu 磁盘管理和内存管理配置原理,并能根据实际需要独立完成 Ubuntu 环境磁盘管理和内存管理。

第7章 Linux 软件管理

学完本章内容以后，你将能够：

- 掌握在 Ubuntu 下软件管理步骤。
- 掌握在 Ubuntu 下常用软件安装步骤。

7.1 软件更新源

由于 Ubuntu 系统自带的更新源服务器在国外，因此软件应用下载速度一般很慢，可以更换国内源来解决这个问题。

/etc/apt/sources.list 文件是登记软件更新源地址的文件，首先打开终端，输入命令备份 sources.list 文件：

```
cp /etc/apt/sources.list  /etc/apt/sources.list.bak
```

然后通过 vi 命令编辑 sources.list 文件，文件内容如图 7－1 所示。

图 7－1 中，以 http://mirro 开头的网络地址为软件源的地址，在文件末尾添加新的软件源地址，常用的国内源地址如下：

- 华为源地址；
- 中科大源地址；
- 163 源地址；
- 清华源地址，等等。

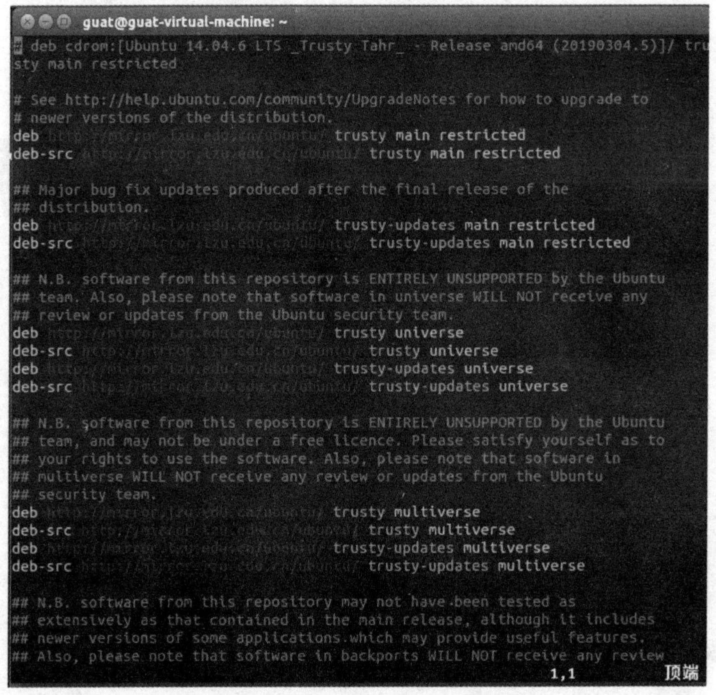

图 7-1 sources. list 内容

7.2 软件安装

7.2.1 dpkg 管理系统

Linux 系统最初只有 . tar. gz 的打包文件，用户必须编译每个他想在 GNU/Linux 上运行的软件才能使用，非常不方便。当 Debian 诞生时，dpkg 应运而生，dpkg 是"Debian Packager"的简写，是为"Debian" 专门开发的套件管理系统，方便软件的安装、更新及移除。Ubuntu 是基于 Debian 的 Linux 系统，因此 Ubuntu 也使用 dpkg 来管理软件。

可以输入 dpkg -l 来查看软件的状态，输入 dpkg -P 来卸载软件。因为 dpkg --remove 只是删除安装的文件，但不删除配置文件。而 dpkg --purge 则安装文件和配置文件都删除。

常用的 dpkg 命令如下：

dpkg -i package. deb　　　　＃安装一个 Debian 软件包，如手动下载的文件。

dpkg -c package. deb　　　　＃列出 package. deb 的内容。

dpkg -I package. deb　　　　＃从 package. deb 中提取包信息。

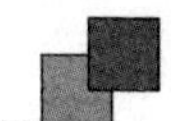

dpkg -r package　　　　　　#移除一个已安装的包。

dpkg -P package　　　　　　#完全清除一个已安装的包。与 remove 不同的是，remove 只是删掉数据和可执行文件，purge 另外还删除所有的配制文件。

dpkg -L package　　　　　　#列出 package 安装的所有文件清单。

dpkg -s package　　　　　　#显示已安装包的信息。

dpkg -reconfigure package　#重新配制一个已经安装的包，如果它使用的是 debconf(debconf 为包安装提供了一个统一的配置界面)。

dpkg -S package　　　　　　#查看软件在哪个包里。

7.2.2　APT 管理器

虽然在使用 dpkg 时，已经解决了软件安装过程中的大量问题，但是当依赖关系不满足时，仍然需要手动解决，而 APT 这个工具解决了这样的问题。APT 是 Linux 系统的一个通用的软件包管理器，全称是 Advanced Packaging Tool(APT)。APT 是基于 dpkg 的，也可以把 APT 看作 dpkg 的前端。

APT 在服务器上先复制所有 DEB 包(DEB 是 Debian 软件包格式的文件扩展名)，然后用 APT 的分析工具(genbasedir)根据每个 DEB 包的包头(Header)信息对所有的 DEB 包进行分析，并将该分析结果记录在一个文件中，这个文件称为 DEB 索引清单，APT 服务器的 DEB 索引清单置于 base 文件夹内。一旦 APT 服务器内的 DEB 有所变动，一定要使用 genbasedir 产生新的 DEB 索引清单。客户端在进行安装或升级时先要查询 DEB 索引清单，从而可以获知所有具有依赖关系的软件包，并一同下载到客户端以便安装。

当客户端需要安装、升级或删除某个软件包时，客户端计算机取得 DEB 索引清单压缩文件后，会将其解压置放于/var/state/apt/lists/，而客户端使用相应的工具时，就会将这个文件夹内的数据和客户端计算机内的 DEB 数据库比对，知道哪些 DEB 已安装、哪些未安装或可以升级。

有各种工具可与 APT 进行交互，以方便用户安装、删除和管理的软件包。

1. apt-get 命令集

apt-get 便是其中一款广受欢迎的命令行工具。

常用的 apt-get 命令集合有：

sudo apt-get install　　　　　# package 安装包。

sudo apt-get reinstall　　　　# package --reinstall 重新安装包。

sudo apt-get remove　　　　　# package 删除包。

sudo apt-get remove --purge　# package 删除包，包括删除配置文件等。

```
sudo apt-get update          # 更新源。
sudo apt-get upgrade         # 更新已安装的包。
sudo apt-get dist-upgrade    # 升级系统。
apt-cache search             #在软件仓库中搜索某一软件包。
apt-cache show               #查看软件包具体信息。
```

2. apt 命令

在 apt-get 命令系列里，除了 apt-get、apt-cache 之外，还有涉及配置的 apt-config，命令比较分散。在 2014 年，出现了更精简的 apt 命令，Ubuntu 从 16.04 版本开始引入了 apt。apt 命令包括了 apt-get、apt-cache 等命令中最常用的功能，摒弃了一些很少使用的功能，因此，也可以把 apt 命令看作 apt-get 命令集的一个子集，它的好处是，不需要再在 apt-get、apt-cache 等命令之间切换了。apt 替换 apt-get 命令集的命令如表 7－1 所列

表 7－1　apt 替换的命令

apt 命令	apt 替换的命令	命令的功能
apt install	apt-get install	安装包
apt remove	apt-get remove	删除包
apt purge	apt-get 清除	使用配置删除包
apt update	apt-get 更新	刷新存储库索引
apt upgrade	apt-get upgrade	升级所有可升级的软件包
apt autoremove	apt-get autoremove	删除不需要的包
apt full-upgrade	apt-get dist-upgrade	通过自动处理依赖项升级包
apt search	apt-cache search	搜索程序
apt show	apt-cache show	显示包详细信息

apt 也有一些自己的命令，如表 7－2 所列。

表 7－2　apt 新增的命令

新的 apt 命令	命令的功能
aptlist	列出带有条件(已安装、可升级等)的软件包
apt edit	编辑源列表

一般情况下，我们使用 apt install 即可安装软件，但为了确保安装的软件是最新版本，建议在安装之前使用 apt updte 将软件源中软件列表更新到本地，检查软件的最新版本，如图 7－2、图 7－3 所示。

```
ubuntu-user@virtual-machine:~$ sudo apt update
命中:1 http://mirrors.aliyun.com/ubuntu jammy InRelease
命中:2 http://mirrors.aliyun.com/ubuntu jammy-updates InReleas
e
命中:3 http://mirrors.aliyun.com/ubuntu jammy-backports InRele
ase
命中:4 http://mirrors.aliyun.com/ubuntu jammy-security InRelea
se
正在读取软件包列表... 完成
正在分析软件包的依赖关系树... 完成
正在读取状态信息... 完成
有 313 个软件包可以升级。请执行 'apt list --upgradable' 来查看
它们。
```

图 7-2 apt update

```
ubuntu-user@virtual-machine:~$ sudo apt install emacs
正在读取软件包列表... 完成
正在分析软件包的依赖关系树... 完成
正在读取状态信息... 完成
将会同时安装下列软件:
  emacs-bin-common emacs-common emacs-el emacs-gtk
  libm17n-0 libotf1 m17n-db
建议安装:
  mailutils emacs-common-non-dfsg m17n-docs gawk
下列【新】软件包将被安装:
  emacs emacs-bin-common emacs-common emacs-el emacs-gtk
  libm17n-0 libotf1 m17n-db
升级了 0 个软件包，新安装了 8 个软件包，要卸载 0 个软件包，
有 313 个软件包未被升级。
需要下载 36.4 MB 的归档。
解压缩后会消耗 117 MB 的额外空间。
您希望继续执行吗？ [Y/n] y
获取:1 http://mirrors.aliyun.com/ubuntu jammy/universe amd6
4 emacs-common all 1:27.1+1-3ubuntu5 [14.6 MB]
9% [1 emacs-common 4,073 kB/14.6 MB 28%]
```

图 7-3 apt install

apt 与 apt-get 相比的另一个优点是引入了进度条，通过进度条，可以更直观地观察安装的进度，如图 7-4 所示。

```
正在解压 libprotobuf-lite23:amd64 (3.12.4-1ubuntu7) ...
正在选中未选择的软件包 mysql-server-core-8.0。
准备解压 .../8-mysql-server-core-8.0_8.0.31-0ubuntu0.22.04
1_amd64.deb  ...
正在解压 mysql-server-core-8.0 (8.0.31-0ubuntu0.22.04.1) .
.

进度: [ 21%] [########...................................]
```

图 7-4 apt install 安装进度

7.3 常用软件

7.3.1 编辑器

在 Linux 系统中有很多文本编辑器，如 VI、Emacs 和 NANO 等命令行文本编辑器，以及图形界面编辑器 gedit、Komode Edit 和 UltraEdit 等。

以下介绍 Linux 系统中最常用的编辑器——VI 和 Emacs。

1. VI 编辑器

VI 编辑器是所有 Unix 及 Linux 系统下标准的编辑器,它的强大毫不逊色于任何其他的文本编辑器,这里只简单介绍基本用法。由于对 Unix 和 Linux 系统的任何版本,VI 编辑器是完全相同的,VI 也是 Linux 中最基本的文本编辑器,学会它后,你将可以在 Linux 世界中畅通无阻。

在 Ubuntu 22.04 中,使用 vi 命令,实际上运行的是 Vi IMproved,即 VIM,如图 7-5 所示。

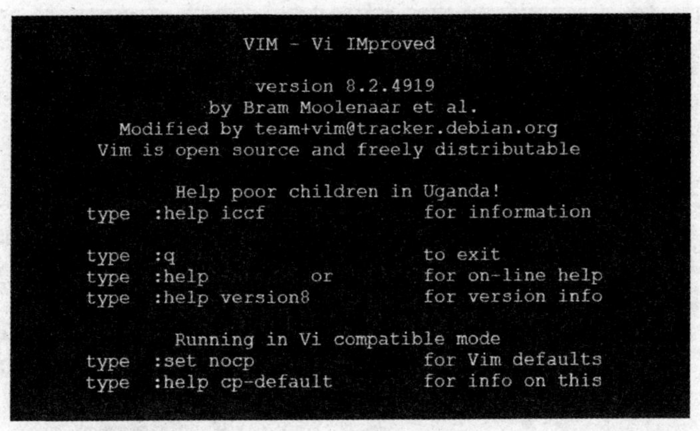

图 7-5 VIM

VIM 是从 VI 发展出来的一个文本编辑器,与 VI 完全兼容。VIM 是一个高度可配置的文本编辑器,其目的是高效地创建和修改文本文件。VIM 的设计理念是命令的组合。用户学习了各种各样的文本间移动/跳转的命令和其他的普通模式的编辑命令,并且能够灵活组合使用,能够比那些没有模式的编辑器更加高效地进行文本编辑。同时,VIM 与很多快捷键设置和正则表达式类似,可以辅助记忆,并且 VIM 针对程序员做了优化。其特点包括:

- 多级撤销树。
- 广泛的插件系统。
- 支持数百种编程语言和文件格式。
- 强大的搜索和替换功能。
- 与许多工具集成。

(1) 安装及进入

Ubuntu 22.04 中默认安装的 VIM 是精简版本。其中很多功能不全,还有很多设置并不符合普通用户平常的操作习惯。例如在输入模式下,使用方向键即“上”“下”“左”“右”键,会识别为“回车”键加 ABCD,“删除”键也不能正常删除,如图 7-6 所示。

```
ubuntu-user@virtual-machine:~/vi$ vi --version | more
VIM - Vi IMproved 8.2 (2019 Dec 12, compiled Sep 13 2022 09:
35:02)
Included patches: 1-3995, 4563, 4646, 4774, 4895, 4899, 4901
, 4919
Modified by team+vim@tracker.debian.org
Compiled by team+vim@tracker.debian.org
Small version without GUI.  Features included (+) or not (-)
```

图 7-6 VIM small version

因此,需要输入如下命令完成 VIM 完整版的安装:apt install vim。安装后版本如图 7-7 所示。

```
ubuntu-user@virtual-machine:~/vi$ vi --version | more
VIM - Vi IMproved 8.2 (2019 Dec 12, compiled Sep 13 2022 09:
35:02)
包含补丁: 1-3995, 4563, 4646, 4774, 4895, 4899, 4901, 4919
修改者 team+vim@tracker.debian.org
编译者 team+vim@tracker.debian.org
巨型版本 无图形界面。  可使用(+)与不可使用(-)的功能:
```

图 7-7 VIM huge version(完整版)

Linux 启动 VI 的方法为:

$ vi [文件名]

若不指定文件名,则打开一个空文件。

(2) VI 工作模式

VI 基本上可以分为 3 种状态,分别是命令模式(Command Mode)、输入模式(Insert Mode)和末行模式(Last Line Mode)。

1) 命令模式

该模式是进入 VI 编辑器后的默认模式。任何时候,不管用户处于何种模式,按下 Esc 键即可进入命令模式。在该模式下,用户可以输入 VI 内部命令,管理自己的文档。此时,从键盘上输入的任何字符都被当做编辑命令来解释。若输入的字符是合法的 vi 命令,则 VI 在接受用户命令之后完成相应的动作。但是需要注意的是,所输入的命令并不回显在屏幕上。若输入的字符不是 vi 命令,VI 会响铃报警。命令模式截图如图 7-8 所示。

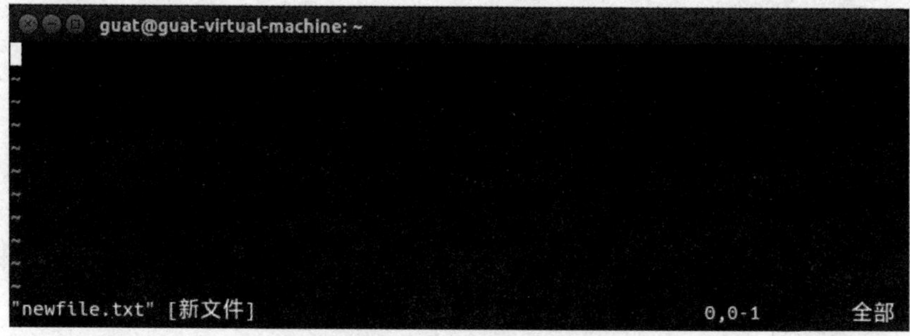

图 7-8 vi 命令模式

命令模式主要的作用是进行文档的定位、复制、粘贴等。

在 VIM 完整版中，可以使用方向键、翻页键浏览文件，也可以通过查找功能定位文件。查找功能的命令是“/”，输入“/”以及想查找的内容并按“回车”键，若文档中有此内容，VIM 即会立即跳转到内容所在位置，此时输入 n 即跳转到下一匹配内容，输入 N 跳转到上一匹配内容，如图 7－9 所示。

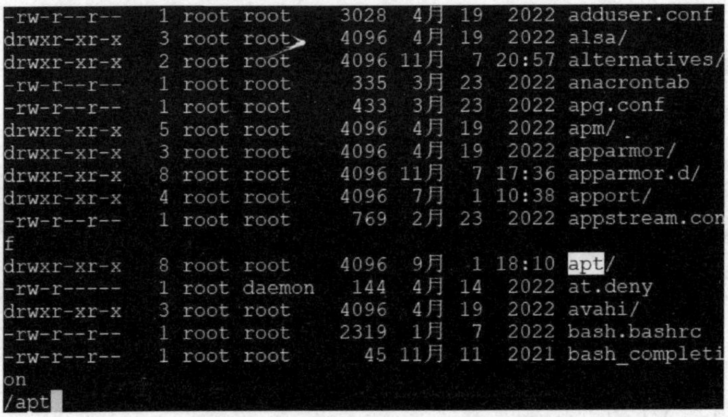

```
-rw-r--r--   1 root root     3028  4月 19  2022 adduser.conf
drwxr-xr-x   3 root root     4096  4月 19  2022 alsa/
drwxr-xr-x   2 root root     4096 11月  7 20:57 alternatives/
-rw-r--r--   1 root root      335  3月 23  2022 anacrontab
-rw-r--r--   1 root root      433  3月 23  2022 apg.conf
drwxr-xr-x   5 root root     4096  4月 19  2022 apm/
drwxr-xr-x   3 root root     4096  4月 19  2022 apparmor/
drwxr-xr-x   8 root root     4096 11月  7 17:36 apparmor.d/
drwxr-xr-x   4 root root     4096  7月  1 10:38 apport/
-rw-r--r--   1 root root      769  2月 23  2022 appstream.con
f
drwxr-xr-x   8 root root     4096  9月  1 18:10 apt/
-rw-r-----   1 root daemon    144  4月 14  2022 at.deny
drwxr-xr-x   3 root root     4096  4月 19  2022 avahi/
-rw-r--r--   1 root root     2319  1月  7  2022 bash.bashrc
-rw-r--r--   1 root root       45 11月 11  2021 bash_completi
on
/apt
```

图 7－9　命令模式下的查找

命令模式下还可以通过命令对文件直接进行定位，相关命令如表 7－3 所列。

表 7－3　定位命令

命　令	功能描述
gg	跳转到第一行
G	跳转到最后一行
ngg 或 nG	跳转到指定的行，例如 10 GB 即为跳转到第 10 行
^	跳转到当前行行首
$	跳转到当前行行末
n＋“上”方向键	向上跳转 n 行
n＋“下”方向键	向下跳转 n 行

命令模式的复制、粘贴命令如表 7－4 所列。

表 7－4　复制、粘贴命令

命　令	功能描述
yy	复制当前行
nyy	从当前行开始，复制 n 行
x	剪切当前字符
dd	剪切当前行
ndd	从当前行开始，剪切 n 行
p	粘贴

其中，剪贴的命令也可以当作删除命令使用。

在命令模式下，输入 u 可撤销之前一步的操作，VI 以进入输入模式并退出作为一步操作。

2）输入模式

要输入文本，需要切换到输入模式。切换到输入模式的快捷命令如下：

输入 a：从光标所在位置后面开始新增资料，光标后的资料随新增资料向后移动。

输入 A：从光标所在行最后列开始新增资料。

输入 i：从光标所在位置前面开始插入资料，光标后的资料随新增资料向后移动。

输入 I：从光标所在行的第一个非空白字符前面开始插入资料。

输入 o：在光标所在行另起一行并进入输入模式。

输入 O：在光标所在行上方新增一行并进入输入模式。

输入 r：进入输入模式，取代光标所在字符一次。

输入 R：进入输入模式，一直取代光标所在字符，直到退出输入模式。

在该模式下，用户输入的任何字符都被 VI 当作文件内容保存起来，并将其显示在屏幕上。在文本输入过程中，若想回到命令行模式，按 ESC 键即可。文本输入模式如图 7－10 所示。

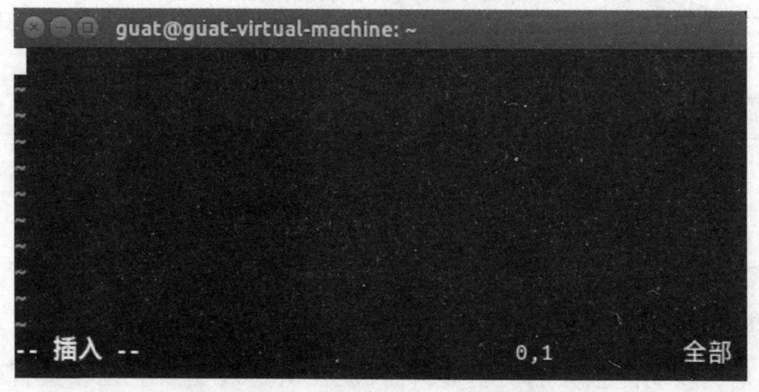

图 7－10　VI 文本输入模式

3）末行模式

末行模式也称为 ex 转义模式。在命令模式下，用户按"："键即可进入末行模式，此时 VI 会在显示窗口的最后一行（通常也是屏幕的最后一行）左边显示一个"："作为末行模式的说明符，等待用户输入命令。多数文件管理命令都是在此模式下执行的（如保存文件、退出等）。末行命令在执行完后，VI 自动回到命令模式。

需要注意的是，输入模式与末行模式是不能直接互相切换的，都需要先切换为命令模式再切换到另一模式。末行模式如图 7－11 所示。

要保存文件或退出 VI 编辑文件，必须在末行模式下，输入相应命令进行相应操

图 7-11　VI 末行模式

作。末行模式还可以进行一些相关设置，以及完成查找、替换等功能。末行模式指令如表 7-5 所列。

表 7-5　末行模式指令

命　令	功能描述
q	结束编辑(quit)
q!	不保存编辑过的文件，强行退出
w	保存文件
wq	保存文件并退出
set nu	在每行之前显示行号
set nonu	不显示行号
n1，n2s/搜索内容/替换内容	在 n1 到 n2 行范围内查找搜索内容替换为替换内容。可用 $ 表示最后一行，或用 % 表示所有行

2. Emacs 编辑器

Emacs 是一款功能强大的文本编辑器，被公认为最受专业程序员喜爱的代码编辑器之一。EMACS，即 Editor MACroS（编辑器宏）的缩写，最初由 Richard Stallman（理查德·马修·斯托曼）于 1975 年在 MIT 协同 Guy Steele 共同完成。

Emacs 追求大的哲学，希望在一个编辑器中实现所有功能，希望用户只需借助快捷键与无处不在的宏，就可以完成任何事情，也正因为如此，Emacs 常常被戏称为“被误以为编辑器的操作系统”，而不是一个编辑器。

Ubuntu 22.04 默认是没有安装 Emacs 的，需要使用 apt install emacs 来安装。Emacs 包含有多个分支，此时安装的是 GNU Emacs。

在文本界面使用 emacs 命令即可运行 Emacs，界面如图 7-12 所示。

Emacs 的主要思路是大量依赖组合快捷键实现高效编辑，这直接导致了想要流畅使用 Emacs 必须要记忆 Emacs 的大量快捷键，需要相当一段时间熟悉。Emacs

```
File Edit Options Buffers Tools Help
Welcome to GNU Emacs, one component of the GNU/Linux operat\
ing system.

Get help            C-h  (Hold down CTRL and press h)
                    C-h r                         C-h i
                    C-h t        Undo changes     C-x u
                    C-h RET      Exit Emacs       C-x C-c
                    M-`
('C-' means use the CTRL key.  'M-' means use the Meta \
(or Alt) key.
If you have no Meta key, you may instead type ESC followed \
by the character.)
Useful tasks:




GNU Emacs 27.1 (build 1, x86_64-pc-linux-gnu, GTK+ Version \
3.24.30, cairo version 1.16.0)
 of 2022-01-25, modified by Debian
Copyright (C) 2020 Free Software Foundation, Inc.

GNU Emacs comes with ABSOLUTELY NO WARRANTY; type C-h C-w f\
or
Emacs is Free Software--Free as in Freedom--so you can redi\
stribute copies
-UUU:%%--F1  *GNU Emacs*    Top L1     (Fundamental) -------
```

图 7-12　Emacs 界面

将快捷键使用到极致,凡事都尽可能使用快捷键来解决。这样,程序员需要记忆繁多的快捷键,但一旦形成了肌肉记忆,将能得到极高的效率。

而 Emacs 中的每一个快捷键其实都对应着 Emacs 中的一条命令,例如快捷键 Ctrl+A 的功能是光标移至行首,其对应的 Emacs 命令是 move-beginning-of-line,在输入命令界面直接输入这条命令,也能收到同样的效果。

常用的快捷键如表 7-6 所列。

表 7-6　Emacs 常用快捷键

操作描述	快捷键	命令名
进入输入命令界面	Alt+X	execute-extended-command
退出程序	先 Ctrl+X 后 Ctrl+C	save-buffers-kill-terminal
放弃当前输入	Ctrl+G	keyboard-quit
光标向上一行(方向键"上")	Ctrl+P	previous-line
光标向下一行(方向键"下")	Ctrl+N	next-line
光标向左一个字符(方向键"左")	Ctrl+B	backward-char
光标向右一个字符(方向键"右")	Ctrl+F	forward-char
光标向左移动一个词	Alt+B	backward-word
光标向右移动一个词	Alt+F	forward-word
光标移至行首	Ctrl+A	move-beginning-of-line

续表 7－6

操作描述	快捷键	命令名
光标移至行尾	Ctrl＋E	move-end-of-line
光标移动到一行缩进的开头	Alt＋M	back-to-indentation
光标移至句首	Alt＋A	backward-sentence
光标移至句尾	Alt＋E	forward-sentence
光标移至文件开头	Alt＋<	beginning-of-buffer
光标移至文件结尾	Alt＋>	end-of-buffer
光标移动至窗口的中间、最上、最下	Alt＋R	move-to-window-line-top-bottom
删除光标右侧字符	Ctrl＋D	delete-char
移除光标右侧词	Alt＋D	kill-word
移除光标左侧词	Alt＋	backward-kill-word
移除右侧直到句子结尾	Alt＋K	kill-sentence
移除右侧直到行尾	Ctrl＋K	kill-line
设置标记以选择区域	Ctrl＋SPC	set-mark-command
复制区域	Alt＋W	kill-region-save
移除区域	Ctrl＋W	kill-region
插入已移除文本	Ctrl＋Y	yank
插入历史移除文本	Alt＋Y	yank-pop
撤回	Ctrl＋/或 Ctrl＋_或 先 Ctrl＋X 后 U	undo
跳转到上一标记	先 Ctrl＋X 后 Ctrl＋SPC 或 先 Ctrl＋U 后 Ctrl＋SPC	pop-global-mark
跳转到行号	先 Alt＋G 后 G	goto-line
重复	Ctrl＋U	universal-argument
向下一页	Ctrl＋V	scroll-up-command
向上一页	Alt＋V	scroll-down-command
移动页面使得光标在中央/最上方/最下方	Ctrl＋L	recenter-top-bottom
向后搜索	Ctrl＋S	isearch-forward
向前搜索	Ctrl＋R	isearch-backward
交换前后字符	Ctrl＋T	transpose-chars
交换前后词	Alt＋T	transpose-words

续表 7-6

操作描述	快捷键	命令名
交换前后两行	先 Ctrl+X 后 Ctrl+T	transpose-lines
在下方新建一行	Ctrl+O	open-line
删除连续空行为一个空行	先 Ctrl+X 后 Ctrl+O	delete-blank-lines
将后面的词变为小写	Alt+L	downcase-word
将后面的词变为大写	Alt+U	upcase-word
将后面的词变为首字母大写	Alt+C	capitalize-word
简要描述快捷键功能	先 Ctrl+H 后 C	describe-key-briefly
描述快捷键功能	先 Ctrl+H 后 K	describe-key
描述函数功能	先 Ctrl+H 后 F	describe-function
描述变量	先 Ctrl+H 后 V	describe-variable
列出含某一关键词的命令	先 Ctrl+H 后 A	apropos-command
列出含某一关键词的符号的文档	先 Ctrl+H 后 D	apropos-documentation
帮助的帮助	先 Ctrl+H 后?	help-for-help

7.3.2　FTP 服务

一般来讲，人们将计算机联网的首要目的就是获取资料，而文件传输是一种非常重要的获取资料的方式。今天的互联网是由几千万台个人计算机、工作站、服务器、小型机、大型机、巨型机等具有不同型号、不同架构的物理设备共同组成的，而且即便是个人计算机，也可能会装有 Windows、Linux、UNIX、Mac 等不同的操作系统。为了能够在如此复杂多样的设备之间解决文件传输问题，文件传输协议(FTP)应运而生。

FTP 是一种在互联网中进行文件传输的协议，基于客户端/服务器模式，默认使用 20、21 号端口，其中端口 20(数据端口)用于进行数据传输，端口 21(命令端口)用于接受客户端发出的相关 FTP 命令与参数。FTP 服务器普遍部署于内网中，具有容易搭建、方便管理的特点。而且有些 FTP 客户端工具还可以支持文件的多点下载以及断点续传技术，因此 FTP 服务得到了广大用户的青睐。

FTP 服务器是按照 FTP 协议在互联网上提供文件存储和访问服务的主机，FTP 客户端则是向服务器发送连接请求，以建立数据传输链路的主机。FTP 协议有下面两种工作模式。

主动模式：FTP 服务器主动向客户端发起连接请求。

被动模式：FTP 服务器等待客户端发起连接请求(FTP 的默认工作模式)。

vsftpd(very secure ftp daemon，非常安全的 FTP 守护进程)是一款运行在 Linux 操作系统上的 FTP 服务程序，不仅完全开源而且免费。此外，还具有很高的安全性、传输速度,以及支持虚拟用户验证等其他 FTP 服务程序不具备的特点。

可以通过 sudo apt-get install vsftpd 命令下载安装 vsftpd 程序,如图 7-13 所示。

```
ubuntu-user@virtual-machine: $ sudo apt-get install vsftpd
[sudo] ubuntu-user 的密码:
正在读取软件包列表... 完成
正在分析软件包的依赖关系树... 完成
正在读取状态信息... 完成
下列【新】软件包将被安装:
  vsftpd
升级了 0 个软件包,新安装了 1 个软件包,要卸载 0 个软件包,有 107 个软件包未被升
级。
需要下载 123 kB 的归档。
解压缩后会消耗 326 kB 的额外空间。
获取:1 http://mirrors.tuna.tsinghua.edu.cn/ubuntu jammy/main amd64 vsftpd amd64
3.0.5-0ubuntu1 [123 kB]
已下载 123 kB, 耗时 3秒 (39.0 kB/s)
正在预设定软件包 ...
正在选中未选择的软件包 vsftpd。
(正在读取数据库 ... 系统当前共安装有 181692 个文件和目录。)
准备解压 .../vsftpd_3.0.5-0ubuntu1_amd64.deb  ...
正在解压 vsftpd (3.0.5-0ubuntu1) ...
正在设置 vsftpd (3.0.5-0ubuntu1) ...
Created symlink /etc/systemd/system/multi-user.target.wants/vsftpd.service →/li
b/systemd/system/vsftpd.service.
正在处理用于 man-db (2.10.2-1) 的触发器 ...
```

图 7-13　vsftpd 安装

7.3.3　搭建 LAMP

LAMP 是基于 Linux、Apache、MySQL 和 PHP 的开放资源网络开发平台。Linux 是开放系统,Apache 是最通用的网络服务器软件,MySQL 是带有基于网络管理工具的关系型数据库,PHP 是流行的对象脚本语言。它们共同组成了一个强大的 Web 应用程序平台。

1. Apache 服务器

Apache HTTP Server(简称 Apache)是 Apache 软件基金会的一个开放源码的网页服务器,是世界使用排名第一的 Web 服务器软件。它可以运行在几乎所有广泛使用的计算机平台上,由于其跨平台和安全性而被广泛使用,是最流行的 Web 服务器端软件之一。它快速、可靠并且可通过简单的 API 扩充,将 Perl/Python 等解释器编译到服务器中。同时,Apache 音译为阿帕奇,是北美印第安人的一个部落,叫阿帕奇族,在美国的西南部;也是一个基金会和一种武装直升机的名称等。

Apache HTTP 服务器是一个模块化的服务器,源于 NCSAhttpd 服务器,经过多次修改,成为世界使用排名第一的 Web 服务器软件。Apache 取自"a patchy server"的读音,意思是充满补丁的服务器,因为它是自由软件,所以不断有人来为它开发新的功能、新的特性,修改原来的缺陷。Apache 的特点是简单、速度快、性能稳定,并可做代理服务器来使用。

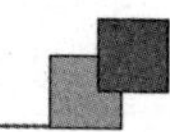

本来它只用于小型或试验 Internet 网络，后来逐步扩充到各种 Unix 系统中，尤其对 Linux 的支持相当完美。Apache 有多种产品，可以支持 SSL 技术，支持多个虚拟主机。Apache 是以进程为基础的结构，进程要比线程消耗更多的系统开支，不太适合于多处理器环境，因此，在一个 Apache Web 站点扩容时，通常是增加服务器或扩充群集节点而不是增加处理器。

Apache 的安装步骤如下：

首先，对系统进行更新：

```
$ sudo apt-get update
```

然后，使用如下命令安装 Apache2：

```
$ sudo apt-get install apache2
```

Apache 安装完成后，默认的网站根目录是/var/www/html，如图 7－14 所示。

```
ubuntu-user@virtual-machine: $ ls /var/www/html
index.html
```

图 7－14　查看默认的网站根目录

在网站根目录下有 index. html 文件，在浏览器中输入 127. 0. 0. 1 后按“回车”键，即可打开如图 7－15 所示的页面。

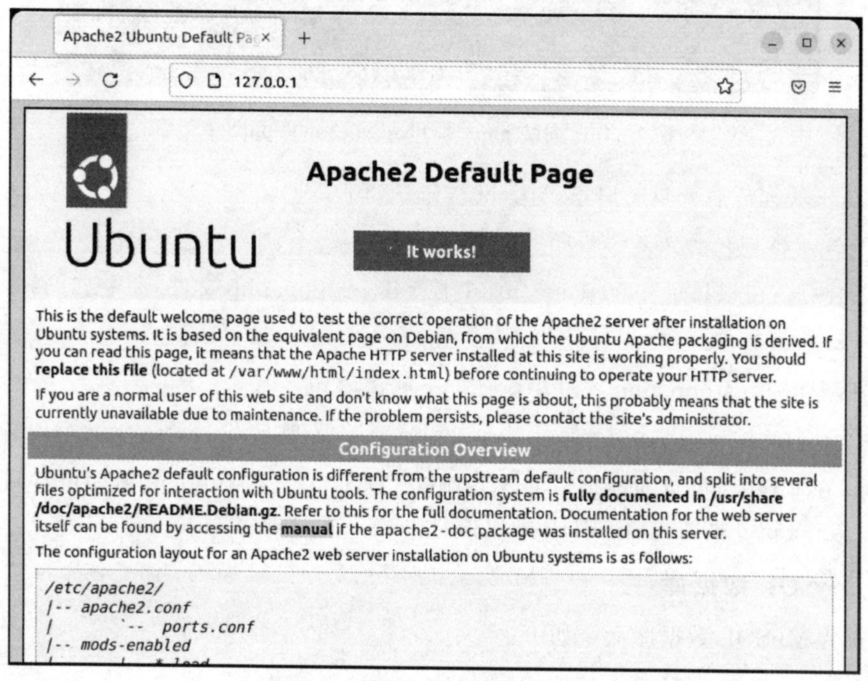

图 7－15　Web 页面

2. PHP 脚本语言

PHP 是 Hypertext Preprocessor 的缩写，即“超文本预处理器”，是一种功能强大且简单易用的脚本语言。

① 安装 PHP8 模块，安装命令如下：

```
$ apt-get install php
$ apt-get install libapache2-mod-php8.0
```

安装界面如图 7-16 所示。

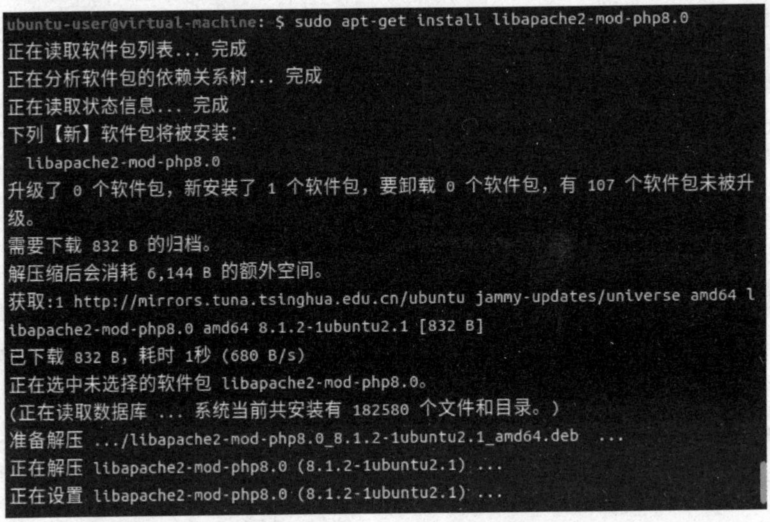

```
ubuntu-user@virtual-machine:~$ sudo apt-get install libapache2-mod-php8.0
正在读取软件包列表... 完成
正在分析软件包的依赖关系树... 完成
正在读取状态信息... 完成
下列【新】软件包将被安装：
  libapache2-mod-php8.0
升级了 0 个软件包，新安装了 1 个软件包，要卸载 0 个软件包，有 107 个软件包未被升
级。
需要下载 832 B 的归档。
解压缩后会消耗 6,144 B 的额外空间。
获取:1 http://mirrors.tuna.tsinghua.edu.cn/ubuntu jammy-updates/universe amd64 l
ibapache2-mod-php8.0 amd64 8.1.2-1ubuntu2.1 [832 B]
已下载 832 B，耗时 1秒 (680 B/s)
正在选中未选择的软件包 libapache2-mod-php8.0。
(正在读取数据库 ... 系统当前共安装有 182580 个文件和目录。)
准备解压 .../libapache2-mod-php8.0_8.1.2-1ubuntu2.1_amd64.deb  ...
正在解压 libapache2-mod-php8.0 (8.1.2-1ubuntu2.1) ...
正在设置 libapache2-mod-php8.0 (8.1.2-1ubuntu2.1) ...
```

图 7-16 安装 php8 和 libapache2-mod-php8.0

② 安装完成后要重新启动 Apache2，命令如下：

```
$ /etc/init.d/apache2 restart
```

③ 测试：在根目录/var/www/html 下新建 testphp.php 文件，命令如下：

```
$ vi testphp.php
```

在新建的 testphp.php 文件中添加如下测试语句：

```
<? php phpinfo(); ? >
```

④ 在 Firefox 浏览器地址栏输入 http://127.0.0.1/testphp.php，即可看到刚才建立的 info.php 页面，显示 PHP 配置信息，如图 7-17 所示。

3. MySQL 数据库

安装 MySQL 数据库命令如下：

```
$ sudo apt-get install mysql-server php8.1-mysql
```

安装过程如图 7-18 所示。

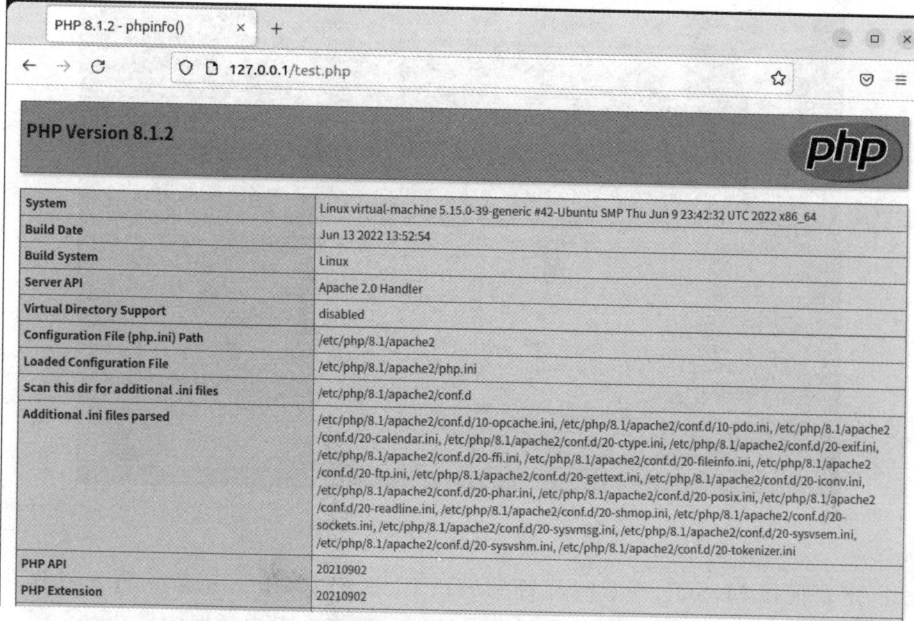

图 7 - 17　test. php 页面

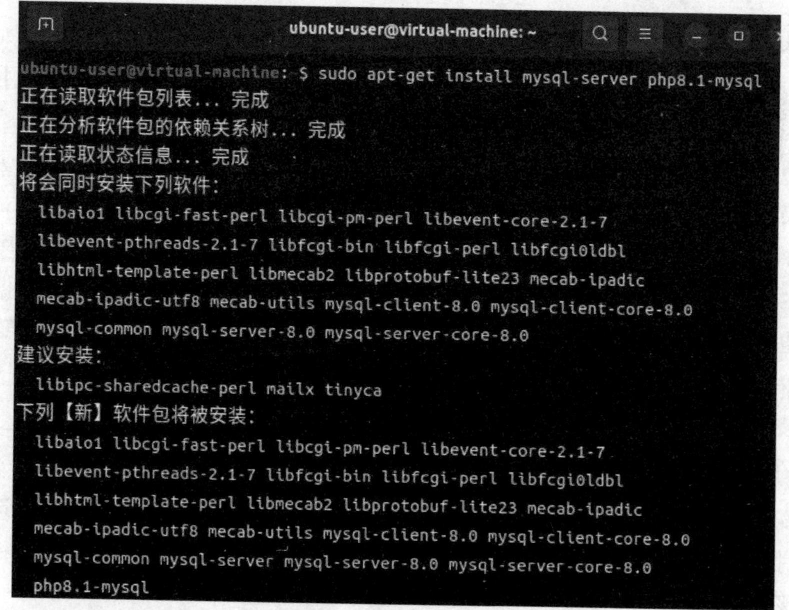

图 7 - 18　安装 MySQL

安装完成后，输入 sudo mysql_secure_installation 命令设置 mysqlroot 用户密码，如图 7 - 19 所示。

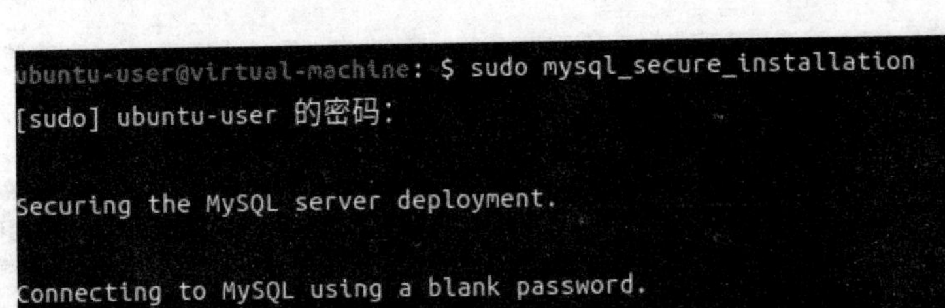

图 7－19　设置 MySQL 密码

一定要记住 MySQL 安装时设置的 root 用户密码，Ubuntu 系统的 root 用户和 MySQL 中的 root 用户不是同一个用户。使用如下命令重启数据库：

```
$ /ect/init.d/mysql restart
```

4. phpMyAdmin

phpMyAdmin 是一个以 PHP 为基础，以 Web-Base 方式架构在网站主机上的 MySQL 的数据库管理工具，让管理者可用 Web 接口管理 MySQL 数据库。此 Web 接口可以成为一个以简易方式输入繁杂 SQL 语法的较佳途径，尤其要处理大量资料的汇入及汇出时更为方便。其中一个更大的优势在于，由于 phpMyAdmin 与其他 PHP 程序一样在网页服务器上执行，但是您可以在任何地方使用这些程序产生的 HTML 页面，也就是远端管理 MySQL 数据库，方便地建立、修改、删除数据库及资料表。也可借 phpMyAdmin 建立常用的 PHP 语法，方便编写网页时所需要的 SQL 语法正确性。

安装命令如下：

```
$ apt-get install phpMyAdmin
```

在安装过程中要选择服务器软件，这里选择 apache2，单击 OK 按钮。选择配置数据库时，选择 No。phpMyAdmin 的默认安装路径是/usr/share/，在安装完成后，需要将该目录连接到/var/www/html 中，命令如下：

```
$ ln -s /usr/share/phpMyAdmin  /var/www/html
```

接下来设置 PHP 与 MySQL 协同工作，编辑/etc/php/7.0/apache2/php.ini 文件，修改文件内容命令：

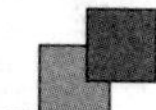

```
$ vi /etc//php/7.0/apache2/php.ini
display_errors = On(显示错误日志,出现两次,都要改,否则无效)
```

去掉 extension=php_mbstring.dll 的注释。

重启 Apache2,命令如下:

```
$ /etc/init.d/apache2 restart
```

测试 PHP 与 MySQL 数据库是否能够协同工作。在 Firefox 浏览器地址栏中输入 http://127.0.0.1/phpmyadmin,即可看到如图 7-20 所示的登录数据库页面。输入安装 MySQL 时设置的用户名和密码,进入管理数据库页面,如图 7-21 所示。

图 7-20　phpMyAdmin 登录

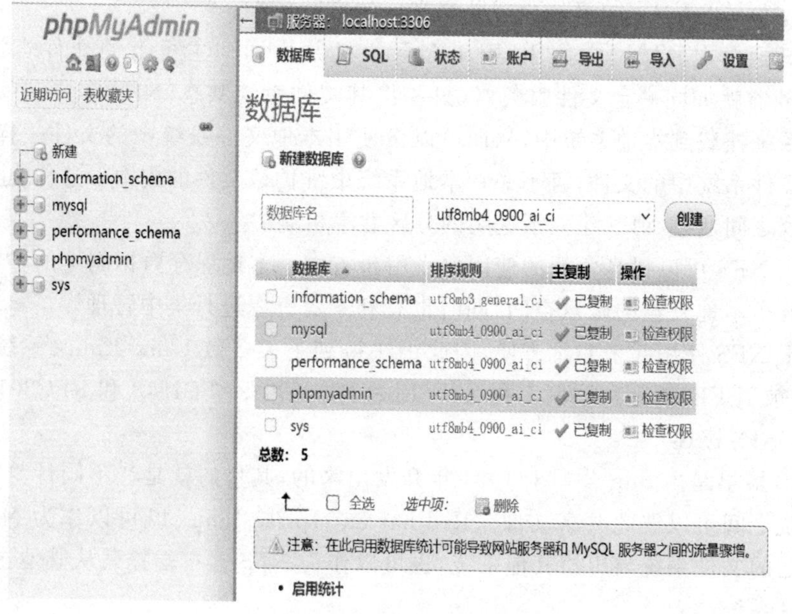

图 7-21　phpMyAdmin 界面

7.3.4 文件服务

文件服务就是将文件服务主机上的目录共享出来，让具有权限的用户可以通过网络对共享目录里的文件进行执行、读取、写入等操作。Windows、Linux 和其他 Unix 系统，都可以被设置为文件服务器向网络用户提供文件服务，而提供这些服务的方式主要有下面 3 种：

- 简单的通信方式　利用 FTP、TFTP 等命令和协议，实现网络间文件共享。
- 网络文件系统 NFS　NFS 可以在 Unix 主机之间、Linux 和 Windows 两系统之间实现资源共享。
- SMB 协议　通过在 Linux、Unix 主机上安装支持 SMB 协议的服务器和客户端软件，可以方便地实现文件和打印资源共享。

在许多企业的内部网中，同时存在着 Linux 和 Windows 两种操作系统，为了提高企业的资源利用率，需要能在这些不同系统之前共享资源，比如，可以从 Windows 的客户机访问 Linux 服务器的共享文件夹或打印设备，或者从 Linux 客户机上使用 Windows 服务器的磁盘空间和打印机等。可以利用上述方案解决在不同操作系统中共享资源的需要。

1. NFS 文件系统

NFS(Network File System，即网络文件系统)是使不同的计算机之间能通过网络进行文件共享的一种网络协议，多用于 Unix 和 Linux 网络系统中(Windows 中也有相应版本)，也是 Unix 系统之间共享文件的实际标准。

NFS 通常在局域网中使用，用于多台主机共享同一主机上的文件资源，一台 NFS 服务器就如同一台文件服务器，只要将其文件系统共享，NFS 客户端就可以将该文件系统挂载到本地系统中，从而可以像使用本地文件系统中的文件一样使用这些远程文件系统中的文件，且不必在本地系统中维护该文件的副本。这样，也就在不同的系统之间通过 NFS 建立了透明的分区共享机制。

使用 NFS 可以提高资源的使用率。由于省去了本地保存数据副本的步骤，从而大大节省了本地硬盘的磁盘空间，同时也有利于对资源进行集中管理。

由于 NFS 使用起来非常方便，因此很快得到了大多数 Unix/Linux 系统的广泛支持，并被 IEEE(国际互联网工程组)采用为 RFC1904. RFC1813 和 RFC3010 标准。

(1) NFS 概述

NFS 最早是由 Sun 公司于 1984 年开发出来的，其目的就是让不同计算机、不同操作系统之间可以彼此共享文件。Red hat enterprise Linux 既可以作为 NFS 服务器把自己的文件系统导出给其他系统，也可以作为 NFS 客户端挂载从其他主机上导入的文件系统。

如图 7－22 所示，NFS 采用了 C/S(客户端/服务器)工作模式。NFS 服务器将

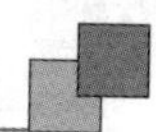

/nfs/share 目录设置为共享输出目录后，其他客户端可以通过将这个目录挂载到自己系统中（挂载点可以与 NFS 服务器的输出目录不同）来共享 NFS 服务器上的输出。例如客户机 PC1 与 PC2 分别将 NFS 服务器的输出挂载到目录/mnt/nfs 和目录/home/student/nfs 下。如果某用户登录到客户机 PC1 并进入到 mnt/nfs 目录下，只要该用户拥有相应的权限，就可以使用 lS、cp、cd、mv、rm、和 df 等命令对该目录进行相应的操作，而所有操作将直接影响到 NFS 服务器共享目录中的内容。

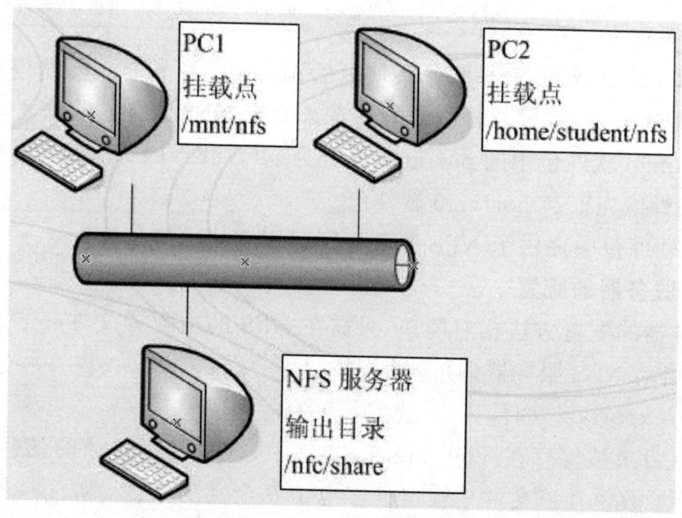

图 7-22 NFS 工作模式

NFS 非常适合于同一网络上的多个用户间共享目录。例如，一组致力于同一工程项目的用户可以通过使用 NFS 将共享目录挂载到本地目录上。当需要存取共享文件时，用户只需进入各自机器上的挂载目录即可，这种方法既不用输入口令又不用记忆特殊命令，非常方便。

NFS 是基于 RPC（远程过程调用）的服务，RPC 可以让用户在远程挂载上无缝地运行命令。虽然 NFS 可以在网络中进行文件共享，但是 NFS 协议本身并没有提供数据传输的功能，它必须借助于远程过程调用（RPC）协议来实现数据传输，RPC 定义了一种进程间通过网络进行交互的机制，允许客户端进程通过网络向远程服务器上的服务进程提出服务请求，而且不需要客户端用户了解底层的通信协议细节。当发生数据传输时，NFS 服务器将起到 RPC 服务器的作用，而 NFS 客户端则类似于 RPC 客户端，从而使得 NFS 服务器与 NFS 客户端之间可以通过 RPC 协议进行数据传输。

（2）NFS 的安装

目前几乎所有的 Linux 发行版本都默认安装了 NFS 服务，Red hat 也不例外。使用默认配置安装 Ubuntu 10 完毕后，NFS 服务就已经被安装在系统中了。与 NFS 相关的软件包及其说明如表 7-7 所列。

表 7-7 NFS 服务相关软件包及其说明

软件包名	说　明
Setup-*	共享 NFS 目录被定义在/etc/exports 文件中
Portmap-*	提供 NFS 安全的远程过程调用连接
Initscripts-*	包含在引导期间安装网络目录的脚本
nfs. uills-*	包含基本的 NFS 命令和守护程序
Quota-*	包含可以对网络共享目录设置配额的 rpc. rquotad 守护进程，该软件包非必需

由于顺利安装完成的 NFS 服务必须包括 nfs-utils 和 portmap 软件包，用户可以在进行 NFS 配置前，查询该软件包是否存在来确定 NFS 服务是否被正确安装。

由于 portmap 软件包中的 portmap 服务为 NFS 和 NLS 等提供 RPC 服务支持，因此根据依赖性应先安装 portmap 软件包。

nfs-utils 软件包中提供了 NFS 服务程序和相应的维护工具。

(3) NFS 服务器的配置

NFS 服务器的配置方法相对简单，只需在 NFS 的主配置文件/etc/exports 中进行设置，然后启动 NFS 服务器即可。格式如下：

配置/etc/exports　文件

NFS 共享目录被保存在/etc/exports 文件中，并且共享目录的访问权限和允许访问的主机等参数也在该文件中被定义。出于安全性的考虑，为了防止意外输出任何资源，该文件默认配置为空，即没有任何共享目录。

在/etc/exports 文件中，每一行定义一个共享目录，命令格式为：

<输出目录>[客户端 1(选项 1，选项 2，…)][客户端 2(选项 1，选项 2，…)]

其中，输出目录与客户端之间、客户端与客户端之间要有空格，但客户端与选项之间无空格。此外，除了输出目录是必选参数外，其他参数均为可选。

- 输出目录　指 NFS 服务器提供给客户端使用的目录。
- 客户端　指网络中可以访问 NPS 服务器共享目录的计算机，可以使用主机名或 IP 地址直接进行指定，也可以配合通配符“*”对子网或域中的计算机进行指定。表 7-8 列出了几个客户端的示例。

表 7-8　在/etc/exports 中客户端常用的指定方式

客户端示例	说　明
-* example. com	example. com 域中的全部计算机
stu1	名为 stu1 的计算机
10. 23. 32. 11/255. 255. 255. 0	指定子网中的所有主机
192. 168. 23. 32	指定 IP 地址的主机
www. bit. edu. cn	指定域名的主机
*	所有主机

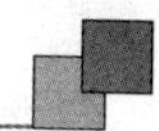

➢ 选项　用来设置输出目录的访问权限、用户映射等。/etc/exports 中使用的选项比较多，如表 7 - 9 所列。

表 7 - 9　在/etc/exports 中客户端选项及说明

选　项	说　明
Ro	默认设置，指定输出目录以只读方式被共享，客户端只能读取无权写入
Rw	设置输出目录可读可写
Sync	将数据同步写入内存缓冲区和磁盘中，虽然效率比较低，但可以确保数据的一致性
Async	异步方式，将数据先储存在缓冲区，需要时(例如收到一个请求)再将数据写入磁盘
secure	限制客户端只能从小于 1 024 的 TCP/IP 端口连接 NFS 服务器，默认的中级或高级安全防火墙会关闭这些端口
msecure	允许客户端使用大于 1 024 的 TCP/IP 端口连接 NFS 服务器
wdelay	默认设置，检查是否有一台以上的计算机将要执行对一个共享目录的写操作，如果有则将这些写操作集中执行
no_wdelay	若有写操作则立即执行
hide	默认设置，当设置共享一个目录时，不共享该目录中的子目录
no_hide	当设置共享目录时，将该目录中的子目录一并共享
subtree_check	默认设置，如果输出目录是一个子目录，NFS 会检查其父目录的权限
no_subtree_check	如果输出目录是一个子目录，NFS 不检查其父目录的权限，这样会提高效率
insecure_locks	对于有些旧版的 NFS 客户端，不会检查用户是否有权读取一个被请求的文件
secure_locks	对于有些旧版的 NFS 客户端，检查用户在一个被请求的文件上的权限
all_squash	将远程访问的所有普通用户及其所属的用户组都映射为匿名用户和用户组(通常为 nfsnobody)。该选项适用于一些公共目录(例如 FTP 目录)，且用户的访问权限应该设置得越低越好
no_all_squash	不将远程访问的所有普通用户及其所属的用户组映射为匿名用户和用户组
root_squash	默认选项，将 root 用户及其所属的用户组都映射为匿名用户和用户组
no_root_squash	不将 root 用户及其所属的用户组映射为匿名用户和用户组。客户端上的 root 用户可以拥有与在服务器上的 root 一样的权限。由于该设置会引发严重的安全性问题，因此尽量不要使用
anonuid＝xyz	指定 NFS 服务器的/etc/passwd 文件中的匿名用户的 UID
anongid＝xyz	指定 NFS 服务器的/etc/group 文件中的匿名用户组的 GID

例如，配置一台 NFS 服务器，服务器的接口地址为 202.204.222.213，共享目录为/home/ftp，要求以只读方式允许客户端访问，客户端地址为 202.204.222.200，则 NFS 服务器端需修改配置文件如下：

```
#vi /etc/exports
/home/ftp 202.204.222.200(ro)
```

再如某 NFS 服务器主配置文件的内容如下：

```
/nfs/share 192.168.8.0(rw) *(ro)
/nfs/teacher 192.168.8.111(rw)
/nfs/root *.bit.edu.cn(ro,ro_root_squash)
/nfs/home *.bit.edu.cn(rw,insecure,all_squash,sync,no_wdely)
/media/home 192.168.8.*(ro)
```

其中各行含义说明如下：

- "/nfs/share 192.168.8.0(rw) *(ro)"表示 NFS 服务器将/nfs/share 设为共享目录，允许子网 192.168.9.0/24 内的所有主机进行读/写操作，而其他主机只具有读取的权限。
- "/nfs/teacher 192.168.8.111(rw)"表示 NFS 服务器将/nfs/teacher 设为共享目录，且仅允许 192.168.8.111 主机执行读/写操作。
- "/nfs/root *.bit.edu.cn(ro,ro_root_squash)"表示 NFS 服务器将/nfs/root 设为共享目录，且 bit.edu.cn 域中的主机只能以只读方式访问该目录，且对于客户端为 root 用户的情况，不将 root 映射为匿名用户。
- "/nfs/home *.bit.edu.cn(rw,insecure,all_squash,sync,no_wdely)"表示 NFS 服务器将/nfs/home 设为共享目录，bit.edu.cn 域中的所有主机都可以读/写该目录，且将所有用户和所属的用户组映射为匿名用户和用户组，数据同步写入磁盘，如果有写入操作则立即执行。
- "/media/home 192.168.8.*(ro)"表示 NFS 服务器将/media/cdrom 设为共享，192.168.8.0/24 子网中的所有用户都可以读取该共享目录。

(4) NFS 服务器的启动和终止

要启动或终止 NFS 服务器，用户只需在 Shell 下输入相应的命令来启动或终止 NFS 守护进程即可。

1) 启动 NFS 服务器

启动 NFS 服务器，需要启动 portmap 和 NFS 两个服务，并且 portmap 一定要先于 NFS。

启动：

```
[root@localhost ~]$ service portmap start
Starting portmapper:                                    [确定]
```

也可以使用 portmap start 命令启动 portmap 服务，命令行如下：

```
[root@localhost ~]$ /etc/init.d/portmap start
```

要启动 NFS 服务，可以使用 service nfs start 命令，命令行如下：

```
[root@localhost ~]$ service nfs start
```

也可以使用 nfs start 命令启动 nfs 服务，命令行如下：

```
[root@localhost ~]$ /etc/init.d/nfs start
```

可以看到，NFS 服务脚本启动了多个不同的服务进程。如果用户需要重新启动 NFS 服务，可以使用下面的命令：

```
[root@localhost ~]$ service nfs restart
```

可以使用 service nfs status 命令查看 NFS 服务当前的状态，命令行如下：

```
[root@localhost ~]$ service nfs status
```

从上面的执行结果中可以看到 rpc. mountd、nfsd 及 rpc. rquotad 进程都在运行中，NFS 服务已启动。可以使用 service portrnap status 命令查看 portmap 服务当前的状态，命令行如下：

```
[root@localhost~]$ service portmap status
portmap (pid 3493)正在运行中…
```

为了在下次重启系统时，NFS 服务能够自动运行，可以使用 checkconfig 命令来设置。

首先检查 NFS 和 portmap 服务启动时的运行等级，命令行如下：

```
[root@localhost ~]$ chkconfig --list portmap
Portmap   0:关闭   1:关闭   2:关闭 3:启用   4:启用   5:启用   6:关闭
[root@localhost~]$ chkconfig --list nfs
nfs      0:关闭   1:关闭   2:关闭   3:关闭   4:关闭   5:关闭   6:关闭
```

可以看到 portmap 启动时的运行等级为 3、4、5，而 NFS 在任何运行等级中都不会运行。为了让 NFS 在系统运行级别为 3、4、5 时也能自动运行，可使用下面的命令进行设置：

```
[root@localhost ~]$ chkconfig --level 345 nfs on
```

2）终止 NFS 服务器

在需要终止 NFS 服务器的运行时，需要先终止 NFS 服务，再终止 portmap 服务。如果系统中还有其他服务（例如 NLS 服务）需要使用 portmap，则无须停止 portmap 服务，命令如下：

```
[root@localhost ~]$ service nfs stop
```

也可以使用 nfs 和 portmap 命令终止 NFS 服务，命令行如下：

```
[root@localhost ~]$ /etc/init.d/nfs stop
```

(5) 利用 exports 命令修改设置

NFS 服务器启动后，可以使用适当的 exportfs 命令对 NFS 服务器的输出目录进行维护。

exportfs 命令格式如下：

exportfs [选项]

exportfs 命令格式及其说明如表 7－10 所列。

表 7－10　exportfs 命令格式及其说明

命令格式	说　明
Exportfs　-a	输出/etc/exports 文件中的所有共享目录
Exportfs　-r	重新读取/etc/exports 文件中的设置，并使设置生效，而无需重新启动 NFS 服务
Exportfs　-u	停止输出共享目录
Exportfs　-v	显示当前的共享目录及详细的选项设置

例如，当前 etc/exports 文件的内容如下：

```
[root@localhost ~]$ cat/etc/exports
/home 192.168.255.128(rw) *(ro)
/mnt/cdrom 192.168.255.*(ro)
/share *.bit.edu.cn(rw,insecure,all_squash,sync,no_wdelay)
```

使用 exportfs -v 命令显示当前设置的共享目录，命令行如下：

```
[root@localhost ~]$ exportfs -v
/home
192.168.255.128(rw,wdelay,root_squash,no_subtree_check,anonuid = 65534,
anongid = 65534)
/mnt/cdrom 192.168.255.*(ro,wdelay,root_squash,no_subtree_check,
anonuid = 65534,anongid = 65534)
/share
*.bit.edu.cn(rw,insecure,root_squash,all_squash,no_subtree_check,
anonuid = 65534,anongid = 65534)
```

可以看到，输出结果与/etc/exports 文件中设置的内容相同，表示所有的设置均已生效，同时 exportfs 命令将所有默认选项设置也一并显示出来。

当修改了/etc/exports 文件后，可以使用下面的命令使其生效，而无须重启 NFS：

```
[root@localhost ~]$ exportfs -rv
exporting 192.168.255.128:/home
exporting 192.168.255.*:/mnt/cdrom
exporting *.bit.edu.cn:/share
exporting *:/public
```

如果需要终止 NFS 服务器当前的所有共享目录，则可以使用下面的命令：

```
[root@localhost ~]$ exportfs -au
[root@localhost ~]$ exportfs -v
```

如果需要恢复并输出/etc/exports 文件中定义的共享目录，则可以使用下面的

命令：

```
root@localhost ~]$ exportfs -a
[root@localhost ~]$ exportfs-v
/home
192.168.255.128(rw,wdelay,root_squash,no_subtree_check,anonuid = 65534,
anongid = 65534)
/mnt/cdrom 192.168.255. * (ro,wdelay,root_squash,no_subtree_check,
anonuid = 65534,anongid = 65534)
/share
 * .bit.edu.cn(rw,insecure,root_squash,all_squash,no_subtree_check,
anonuid = 65534,anongid = 65534)
```

(6) NFS 客户端配置

1) 使用 mount 命令挂载 NFS 文件系统

在 NFS 服务器设置完成后，客户端可以使用 showmount 命令查询 NFS 服务器输出的共享目录，然后使用 mount 命令将所需的共享目录挂载到自己的文件系统中。

在客户端，使用 showmount 命令可以查询 NFS 服务器输出的共享目录。例如查询 IP 地址 192.168.255.2 的 NFS 服务器的共享目录，命令行如下：

```
[root@localhost ~]$ showmount -e 192.168.1.112
Export list for 192.168.1.112:
/share * .bit.edu.cn
/mnt/cdrom 192.168.255. *
/home (everyone)
```

如果在执行 showmount -e 命令时，出现如下所示错误信息：

```
[root@localhost ~]$ showmount -e 192.168.1.112
mount clntudp_create: RPC: Program not reglstered
```

其原因可能是 NFS 服务器没能正常工作，这种情况下启动 NFS 服务器所需的 portmap 和 NFS 即可。如果 NFS 服务器已经正常工作，则可能与防火墙设置有关，须重新设置防火墙的安全策略(nfsd 守护进程会在 2 049 端口监听 NFS 请求，因此防火墙必须设置为在 2 049 端口和 111(RPC)端口上可接收 UDP 请求。作为临时测试，也可以使用下面的命令，暂时关闭防火墙。

```
[root@localhost ~]$ service iptablesstop
```

查询到 NFS 服务器上的共享目录后，可以使用 mount 命令挂载 NFS 服务器上的共享目录，命令格式如下：

mount [选项] [NFS 服务器名或 IP 地址:输出目录] [本地挂载点]

其中与 NFS 相关的 mount 命令选项及其说明如表 7 - 11 所列。

表 7-11　与 NFS 相关的 mount 命令选项及其说明

选　项	说　明
-a	将/etc/fstab 中列出的路径全部挂载
-t nfs	所要挂载的文件类型为 nfs
-r	将所挂载的路径设为只读
-v	verbose 模式，显示每一步骤的消息
-o rslze=n	以字节为单位，设置读缓存大小，默认为 4 096
-o wslze =n	以字节为单位，设置写缓存大小，默认为 4 096
-o tlweo=n	从超时到开始重新传送占用的 0.1 s 的数目
-o retry=n	在放弃挂载之前进行尝试的次数
-o ro	将被挂载的文件系统设为只读
-o soft	软挂载方式，即客户端的请求在指定时间间隔后，仍没有得到响应，则放弃尝试并返回错误信息
-o hard	硬挂载方式，即重复请求，直到服务器响应为止
-o fg	在提示符下重复进行挂载尝试直到响应为止
-o bg	如果第一次挂载文件系统失败，则继续在后台进行尝试
-o top	对文件系统的挂载使用 TCP 协议，而不使用不可靠的 UDP 协议
-o intr	允许 NFS 服务被中断
-o noexec	不使用文件锁，即不启动 lockd 守护进程，通常在连接旧版 NFS 服务器时需要使用该选项
-o siuid	禁止在 NFS 被挂载的文件系统上执行二进制文件
-o nfsveers	禁止在 NFS 被挂载的文件系统上设置用户标识(setUID)和组标识(setGID)，以防止远程用户通过 setUID 和 setGID 获取更高的系统访问权限
-o nfsveers=2	使用 NFS2 版本
-o nfsveers=3	使用 NFS3 版本

注：相同类型选项可以联合使用并用逗号分隔。

例如将主机名为“NFSserver”的 NFS 服务器上的/user/local/share 共享目录挂载到客户端的 share 目录上，并且设为只读，软挂载，同时在后台进行连接重试操作，客户端执行的命令如下：

```
# mount -t nfs -o ro,soft,bg NFSsever:/usr/local/share /share
```

再如 NFS 服务器的 IP 地址为 192.168.1.112，共享目录为/home/public，需要被挂载到客户端的/home/stu1 目录上，且设定连接超过 2 s，则客户端需执行的命令如下：

```
#mount -t nfs -o time0 = 20 192.168.1.112:/home/public /home/stu1
```

需要注意的是,客户端必须具有相符的权限才能顺利挂载 NFS 服务器输出的共享目录,否则系统会提示权限不符。

```
#mount -t nfs -o time0 = 20192.168.1.112:/home/public /home/stu1
mount:192.168.1.112:/home/public failed,reason given by server:权限
```

2) 利用 fstab 文件自动挂载 NFS 文件系统

使用 mount 命令挂载 NFS 文件系统存在一个缺陷,即在重新启动系统后,所有挂载点和设置都会丢失。如果希望在每次重新启动后,系统都能使用相同的选项挂载 NFS 文件系统,则可在/etc/fstab 文件中加入相应的记录项。/etc/fstab 文件中一个典型的 NFS 挂载记录项的格式如下:

NFS 服务器名或 IP 地址:输出目录 挂载点 nfs [选项] 0 0

其中,第 1 字段“NFS 服务器名或 P 地址:输出目录”用于指定 NFS 服务器所在的计算机和共享目录路径;第 2 字段指定客户端挂载 NFS 目录的本地挂载点;第 3 个字段指明所挂载的文件系统类型为 NFS;第 4 个字段是与挂载相关的选项,各选项之间用逗号分隔;最后两个字段设置为 0,表示不需要转载文件系统,也不需要在该文件系统上使用 fsck 进行检查。下面是加入 NFS 文件系统的/etc/fstab 文件的例子:

```
[root@localhost ~]$ vi /etc/fstab
/dev/VolGroup00/LogVol00 / ext3 defaults 1 1
LABEL = /boot /boot ext3 defaults 1 2
//下面是添加的 NFS 文件系统
/RHEL5.stu1.com:/public /mypublic nfs noauto,ro 0 0
stu1:/home/stu1 /home/share nfsrsize = 8192,wsize = 8192 0 0
```

其中,添加的第 1 项记录表示:所挂载的 NFS 服务器是/RHELL5. stu1. com,共享目录为/public,需要挂载到客户端的/mypublic 上,文件系统类型为 NFS。noauto 表示该文件系统不会自动加载,但可以在系统启动后用 mount 命令以只读方式进行加载。

注意:在/etc/fstab 文件中会有一些设置为不自动加载(noauto)的文件系统,例如/dev/cdrom 和/dev/fd0 等。一个设置为不自动加载的文件系统后可以使用 mount 命令手动加载。在使用 mount 命令手动加载时,不需要再指定详细的选项参数,mount 命令会自动查找/etc/fstab 文件获得相关信息。例如手动挂载上例中的“/RHEL5. bit. edu. cn:/public”文件系统,命令行如下:

```
#mount /mypublic
```

添加的第 2 项记录表示:所挂载的 NFS 服务器的主机名为 stu1,共享目录为/home/stu1,需要挂载到客户端的/home/share 上,文件系统类型为 NFS,读/写缓存大小为 8 192 字节。

(7) 卸载 NFS 文件系统

如果希望在客户端取消已经挂载的 NFS 文件系统，可以使用 umount 命令，命令格式如下：

＃umount [挂载点]或[远程文件系统]

例如，取消挂载到客户端/mnt/nfs 目录下的 NFS 共享目录，命令行如下：

```
#umount /mnt/nfs
```

再如取消客户端挂载的 NFS 服务器(192.168.255.3)的共享目录/public，命令行如下：

```
#umount 192.168.1.112:/public
```

也可以使用下面的命令，取消所有已经挂载的目录：

```
#umount -a
```

对于 NFS 服务器，如果在关机前仍有客户端正在连接其共享目录，则系统将需要等待很长时间才能正常关闭。通常在关机前先关闭 portmap 和 NFS 两个服务，即可将系统很快关闭。如果无法正常关闭这两个服务，则可以使用 kill 命令将相应进程结束，或使用 exportfs.auv 命令关闭 NFS 服务器的共享目录。

(8) NFS 服务器的测试

使用 showmount 命令可以测试 NFS 服务器的输出目录状态，showmount 命令格式如下：

showmount [选项] [NFS 服务器名称或地址]

showmount 常用命令格式及其说明如表 7－12 所列。

表 7－12　showmount 常用命令格式及其说明

命令格式	说　明
showmount -a	显示指定的 NFS 服务器的所有客户端及其所连接的共享目录
showmount -d	显示指定的 NFS 服务器中已被客户端连接的所有共享目录
showmount -e	显示指定的 NFS 服务器上所有输出的共享目录

例如，显示当前主机 NFS 服务器的输出目录列表：

```
[root@localhost ~]$ showmount -e
Export list for RHEL5:
/share *.bit.edu.cn
/mnt/cdrom192.168.255.*
/home (everyone)
```

再如，显示当前主机已被客户端连接的所有输出目录，命令行如下：

```
[root@localhost ~]$ showmount -d
Directories on RHEL5:
```

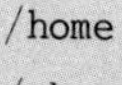

```
/home
/share
```

如果不带任何选项使用 showmount 命令，则显示连接到指定 NFS 服务器的所有主机：

```
[root@localhost ~]$ showmount
Hosts on RHEL5:
192.168.255.23
192.168.255.45
```

使用 showmount -a 命令可以显示指定 NFS 服务器的所有客户端主机及其所连接的目录，命令行如下：

```
[root@localhost ~]$ showmount -a
All mount points on RHEL5:
192.168.255.23:/home
192.168.255.45:/share
```

2. Samba 文件系统

在网络中经常存在着多个操作系统，如何实现不同操作系统间文件的共享成为需要解决的问题。Samba 服务提供了这一问题的解决方案。通过架设 Samba 服务器，用户能够共享不同操作系统中的文件和打印机。Samba 使用基于 TCP/IP 的 SMB(Server Message Block)协议，SMB 协议能够使 Linux 主机在“网络邻居”中看起来与一台 Windows 主机相同。Windows 用户可以“登录”到 Linux 主机中，从 Linux 文件系统中复制文件、提交打印任务等。

(1) Samba 概述

Samba 的核心是 SMB 协议。SMB 协议是客户端/服务器协议，客户端通过该协议可以访问服务器上的共享文件系统、打印机及其他资源。

(2) Samba 工作原理

Linux 使用一个名为 Samba 的程序集来实现 SMB 协议，通过 Samba 服务，可以将 Linux 系统配置成一台 SMB 服务器。而在安装和使用了 SMB 协议的机器之间，可以通过 Samba 实现共享文件和打印机。Samba 是属于 GNU Public License(简称 GPL)的软件，其最新版本可以在 Samba 的官方网站 www. samba. org 上获得。Samba 的最新版本是 3.0，其主要功能如下：

- 提供 Windows 风格的文件和打印机共享。Windows 95/98/NT/2000/XP 等操作系统利用 Samba 共享 Unix、Linux 等其他操作系统的资源，从外表上看起来与共享 Windows 资源没有区别。
- 能够在 Windows 网络中解析 NetBIOS 名字。为了能够利用网上资源，并使自己的资源也能被利用，各主机都定期向网络发布自己的身份信息。而负责收集这些信息，为别的主机提供检索情报的服务器被称为浏览服务器。

Samba 可以有效地完成这项任务。在跨网关时，Samba 还可以作为 WINS (Windows Internet Name Service)服务器使用。

- 提供 SMB 客户端功能。能够利用 .samba 提供的 smbclient 程序，在 Unix、Linux 上以类似于 FTP 的方式访问 Windows 的资源。
- 备份 PC 上的资源。能够利用一个叫 smbtar 的 Shell 脚本进行备份，恢复一台远程 Windows 主机上的共享文件。
- 提供一个命令行工具，能够在命令行工具中一定程度地实现 Windows 的管理功能。

Samba 让 NetBIOS 和 SMB 两个协议运行在 TCP/IP 之上，使用 Windows 的 NetBEUI 协议让 Linux 系统可以在“网上邻居”中被 Windows 用户看到，同时也使 Linux 客户端可以使用服务器上的资源。其工作步骤如下：

客户端发送一个 SMB negprot(negotiate protocol，即协商协议)请求并给出客户端支持的所有 SMB 协议版本，服务器收到请求后，列出能够使用的协议版本，如果双方没有可以共同使用的协议版本，则通信结束，否则，进行下一步。

确定协议版本后，客户端进程向服务器发起一个用户或共享认证，通过 SesssetupX(Session setup and X，即会话建立和 X)请求数据报实现。客户端发送一对用户名和密码或一个简单密码到服务器请求认证，服务器返回 SesssetupX 应答数据报，允许或拒绝连接。如果认证通过，则进行下一步。

客户端发送一个 Tcon 或 SMB TconX 数据报，并给出客户端需要访问的网络资源列表请求数据连接，服务器返回应答数据报，应答数据连接是否允许。如果请求允许，则进行下一步。

客户端连接到相应资源，可以通过 openSMB 打开文件，通过 readSMB 读取文件，通过 writeSMB 写入文件，最后通过 closeSMB 关闭文件。

(3) Samba 的安装与启动

默认情况下，Ubuntu 10 安装程序已将 Samba 安装在系统上，服务名为 smb。安装了 Samba 的 Linux 系统将作为 Samba 服务器，Windows 用户可以作为客户端访问 Linux 环境中的资源。

1) Samba 软件包的获取与安装

对于已经安装完成的 Ubuntu 10，可以在面板“应用程序”菜单中的“添加/删除软件”选项中查看是否安装了 smb 服务。如果系统还未安装 Samba，则可以通过系统升级进行安装。

2) 启动与停止 Samba 服务

① 用命令行方式启动和停止　在 Ubuntu 中，启动和停止 Samba 服务使用如下命令：

启动 Samba 服务的命令为：

```
[root@localhost ~] $ service smb start
```

停止 Samba 服务的命令为：

```
[root@localhost ~]$ service smb stop
```

重新启动 Samba 服务的命令为：

```
[root@localhost ~]$ service smb restart
```

也可以使用以下命令，实现相同的结果：

```
[root@localhost ~]$ /etc/init.d/smb start
[root@localhost ~]$ /etc/init.d/smb stop
[root@localhost ~]$ /etc/init.d/smb restart
```

② 自动启动 Samba 服务　对于系统自带的 Samba 服务，如果希望 Samba 服务在系统启动时自动加载，可以执行 ntsysv 命令，启动服务配置程序。找到其中的[smb]服务，在其前面选择“ * ”(星号)，并单击“确定”按钮，如图 7-23 所示。

图 7-23　设置自动运行 Samba 服务

(4) Samba 服务器的配置

Samba 安装完成后，还不能使 Windows 客户端与 Linux 服务器正常连接，必须对 Samba 进行配置，才能使其提供正常的服务。

需要注意的是，在配置 Samba 服务器前，还需要查看/etc/services 文件中以“netbios-”开头的记录，如果这些记录前有“ # ”号或者没有这些记录，则用户无法访问 Linux 服务器上的共享资源。正确的记录文件应如下所示：

```
[root@localhost ~]$ grep netbios/etc/services
netbios-ns 137/tcp # NETBIOS Name Service
```

```
netbios-ns 137/udp
netbios-dgm 138/tcp # NETBIOS Datagram Service
netbios-dgm 138/udp
netbios-ssn 139/tcp # NETBIOS session service
netbios-ssn 139/udp
```

smb.conf 主配置文件由两部分组成，分别是全局设置(Global Settings)和共享定义(Share Definitions)。全局设置可以设置有关 Samba 服务整体运行环境的选项，针对所有共享资源；而共享定义设置共享目录。

主配置文件中，“#”和“;”是注释符。以“#”和“;”开头的语句被注释而不会生效。配置文件的格式为：

配置参数名字=参数值

其中，主要的配置参数如下：

➢ Workgroup

该参数设置域名或工作组名称，该名称会出现在 Windows 的网上邻居和 Linux 的网络服务器中。例如，设置工作组名称为 MYFROUP：

```
workgroup = MYGROUP
```

➢ Server string

该参数用于设置对 Samba 服务器的简要说明，方便访问用户的识别。例如：

```
server string = Samba Server
```

➢ hosts allow

该参数设置可访问 Samba 服务器的 IP 范围或域名，是一个与服务器安全相关的重要参数。默认情况下，该参数被禁用，即表明所有主机都可以访问 Samba 服务器。若进行设置，应将语句的分号去掉。当设置的参数值超过一个时，应使用空格或逗号进行分隔。

默认情况下该语句如下：

```
; hosts allow = 192.168.1. 192.168.2. 127.
```

若要允许主机名为 new 的主机、域名为 master. website. com 的域及 192.168.10.* 中除 192.168.10.149 外的所有主机访问，可以将该参数设置为：

```
hosts allow = new,master.website.com,192.168.10. EXCEPT 192.168.10.149
```

➢ load printers

该参数设置是否共享打印机，若参数值为 yes，则为共享。

```
load printers = yes
```

➢ printcap name

如果启用该参数，则默认情况下将自动加载打印机配置文件/etc/printcap。

```
printcap name = lpstat
```

➢ printing

该参数设置打印机类型。若使用的打印机是标准型的，则无需更改打印机类型。标准打印机类型包括 bsd、cups、sysv、plp、lprng、aix、hpux、qnx 等。

➢ Guest account

该参数设置用户 guest（来宾）账号。在此设置的账号名都必须在/etc/passwd 文件中。如果没有指定，服务器会当成“nobody”账号进行处理。默认情况下不启用 guest 账号。

```
; guest account = pcguest
```

➢ Log file

该参数设定日志文件，Samba 服务器为每个登录的用户建立不同的日志文件，存放在/etc/log/samba 文件下。

```
log file = /var/log/samba/ %m.log
```

➢ interfaces

该参数为多网卡的 Samba 服务器使用，用以设置 Samba 服务器需要监听的网卡。可以通过网络接口或 IP 地址进行设置。例如：

```
interfaces = 192.168.12.2/24 192.168.13.2/24
```

或

```
interfaces = eth0
```

➢ wins support

该参数设置 Samba 服务器是否作为 WINS 服务器。WINS 服务器的主要作用是将 NetBIOS 名称转换为对应的口地址。默认情况下不启用 WINS 支持。

```
; wins support = yes
```

➢ wins server

该参数设置 WINS 服务器地址。一台 Samba 服务器不能同时作为 WINS 服务器和客户端。当一台 Samba 服务器不是 WINS 服务器，仅需要 WINS 服务时，可设置该参数指定 WINS 服务器。该 WINS 服务器需要在 DNS 服务器中进行登记。

➢ wins proxy

该参数设置是否启用 WINS 代理。

➢ dns proxy

该参数设置是否启用 DNS 代理。

基本参数设置完毕后，可以使用 testparm 命令检查 smb. conf 文件内容是否有语法错误。

```
[root@localhost ~]$ testparm
Load smb config files from/etc/samba/smb.conf
```

```
Processing section "[homes]"
Processing section "[printers]"
Loaded s services e file   OK.
Server role: ROLE_STANDALONE
Press enter to see a dump of your service definitions
[global]
workgroup = MYGROUP
server string = Samba Server
logfile = /var/log/samba/%m.log
max log size = 50
dns proxy = No
cups options = raw
…
```

若看到“Loaded s services e file OK”，则表明配置文件加载正常，若不正常，系统会提示出错的地方，例如：

```
[root@localhost ~]$ testparm
Load smb config files from /etc/samba/smb.conf
Unknown parameterencountered: ", security"
Ignoring unknown parameter ", security"
Processing section "[homes]"
Processing section "[printers]"
```

(5) Samba 服务器安全设置

Samba 服务器的安全级别分为 5 种，分别是 user、share、server、domain 和 ads。在设置不同安全级别的同时，Samba 服务器还会使用口令服务器和加密口令。

Samba 服务器安全级在主配置文件的 security 参数中进行设置。默认值为 user。

1) Share 安全级

若服务器设置为 Share 安全级，则当客户端连接 Samba 服务器时，不需要输入账号和密码即可访问服务器上的共享资源。可在 smb.conf 文件中做如下设置：

```
[root@localhost ~]$ grep -v "^#" /etc/samba/smb.conf |grep -v "^;"
[global]
workgroup = MYGROUP
server string = Samba Server
security == share
load printers = yes
cups options = raw
log file = /var/log/samba/%m.log
max log size = 50
dns proxy = no
```

```
[homes]
comment = Home Directories
browseable = no
writable = yes
[printers]
comment = All Printers
path = /usr/spool/samba
browseable = no
guest ok = no
writable = no
printable = yes
```

配置完毕后，应重启 Samba 服务使设置生效。在 Windows 计算机中，打开“网上邻居”，即可看到 Linux 的 Samba 服务器了。当访问该服务器时，无需输入用户名和密码即可访问。在 Linux 系统中，也可以看到设置好的 Samba 服务器和网络中的其他计算机。通过“位置”|“网络服务器”命令，可以打开系统中类似 Windows 网络邻居的窗口，在“文件”菜单中选择“打开位置”命令，弹出如图 7－24 所示对话框。

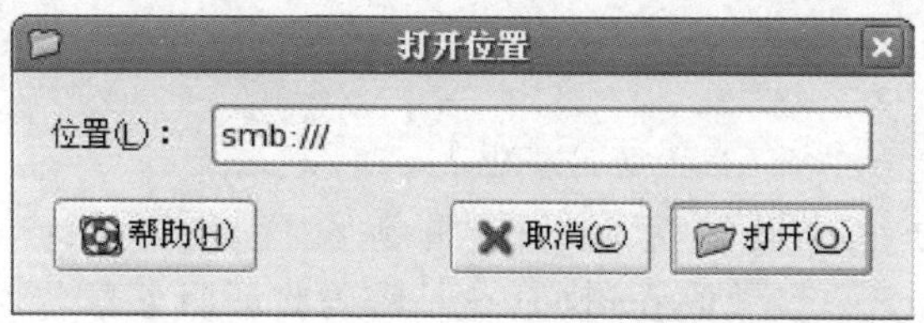

图 7－24　“打开位置”对话框

在对话框中输入 smb:///，将打开如图 7－25 所示的“Windows 网络”窗口，在该窗口中可以看到 Samba 服务器和 Windows 系统中的共享资源。

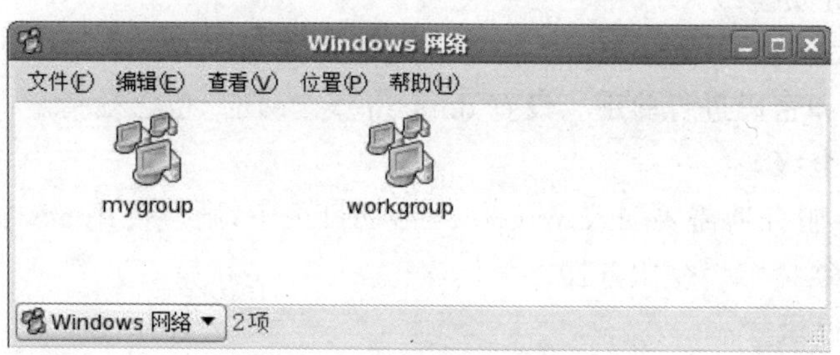

图 7－25　Windows 网络窗口

2）user 安全级

当 Samba 服务器的安全级设置为“user”时，客户端访问该服务器时需要输入有效的用户名和密码，通过验证后，才能使用服务器的共享资源。user 安全级是 Samba 服务器的默认等级。在 user 安全级下，可使用加密的方式传输密码，即加密口令。

设置 user 安全级需要对 smb. conf 文件做如下修改：

```
security = user
guest account = teacher
encrypt passwords = yes
smb passwd file = /etc/samba/smbpasswd
```

smb. conf 文件其他部分不变。该 Samba 服务器使用 user 安全级，需要在 Linux 系统中有用户账号 teacher，并用 smbpasswd 命令创建 Samba 账号密码。配置完毕后，应重启 samba 服务使设置生效。Windows 用户在"网络邻居"中访问 Linux 服务器时，就需要输入用户名和密码进行验证了。

3）server 安全级

设置 server 安全级的 Samba 服务器，用户在访问时，同样需要输入用户名和密码，但是，密码的验证需要由另一台服务器负责，也就是需要启用密码验证服务器。

```
security = server
guest account = teacher
password server = pwdserver
encrypt passwords = yes
smb passwd file = /etc/samba/smbpasswd_1
```

将 security 的参数设置为 server，重新设置 smb passwd file 参数，添加 password server 参数。参数值 pwdserver 是密码验证服务器名。如果验证失败，则服务器使用 user 安全级访问。但此时如果采用了加密口令，则 Samba 服务器无法反向检查原有密码文件，因此，必须使用另一个 smbpasswd 密码文件，此例中为 /etc/samba/smbpasswd_1。

4）domain 安全级

使用 domain 安全级的 Samba 服务器能够加入到 Windows NT 域中，采用域控制对用户账户和密码进行验证。设置 domain 安全级时，也必须指定口令服务器。

5）ads 安全级

若 Samba 服务器需要加入 Windows 活动目录中，则应使用 ads 安全级。ads 安全级设置也必须指定口令服务器。

(6) 共享目录

1）用户主目录

用户主目录是 Samba 为每个 Samba 用户提供的共享目录。这个共享目录只有用户本身可以使用。默认情况下，用户主目录位于/home 目录下，每个 Linux 用户有一个以用户名命名的子目录。

```
[homes]
comment = Home Directories
```

```
browseable = no
writable = yes
```

/home 目录的权限设置为不允许浏览，允许写入用户自己的主目录。而对于用户 teacher，用户主目录为/home/teacher，设置如下：

```
[teacher]
path = /home/teacher
writeable = yes
; browseable = yes
```

“comment”后是对目录的说明文字；“browseable”表示目录浏览权限；“writeable”表示目录是否可写入；“path”是该目录的路径；“guest ok”表示是否允许来宾用户访问。

2）目录共享

用户除了拥有自己的用户主目录外，Samba 服务器还可以根据需要设置其他的共享目录。

例如，设置一个目录 share，它在 Samba 服务器上的路径为/home/share，只有 share 组的用户可以读/写该目录，而用户 stu1 只具有读取权限。

用 groupadd 命令添加 share 组，并用 usermod -G 命令将用户 stu1 加入 share 组中。创建/home/share 目录，使得 share 目录所属的组是 share 组，并用 chmod 命令设置组 share 对该目录的读/写、执行权限。

```
# groupadd share
# usermod -G share stu1
# mkdir /home/share
# chown :share /home/share
# chmod -c g + wxr /home/share
#"/home/share"的权限模式已更改为 0775 (rwxrwxr-x)
```

完成以上命令操作后，在 smb. conf 主配置文件中添加如下内容：

```
[share]
path = /home/share
read list = stu1
write list = @share
```

其中，“read list”设置只读权限的用户；“write list”设置具有读/写权限的用户（@表示用户组）。设置完成后，重启 Samba 服务使设置生效。

3）共享打印机

实现打印机的共享是 Samba 服务器的一个常见应用，许多企业都在使用 Samba 设置共享打印机，这样就不需要为每台计算机都配置一台打印机，用户通过网络即可访问并使用共享打印机，从而节省了开销。实现打印机共享应在 smb. conf 文件中做如下设置：

```
load printers = yes
printcap name = lpstat
printing = cups

[printers]
  comment = All Printers
  path = /usr/spool/samba
  browseable = no
# Set public = yes to allow user 'guest account' to print
; guest ok = no
; writable = no
  printable = yes
```

如果允许“guest”来宾账号用户使用共享打印机，应在末尾加入“public＝yes”。设置完毕后，需要重启 Samba 服务器，共享打印机功能才会生效。

(7) Samba 客户端

Samba 服务器设置完成后，处于其他操作系统环境中的用户就可以作为客户端访问 Samba 服务器了。通过客户端访问 Samba 服务器仍需要进行简单的配置。根据客户端环境的不同，可分为 Linux 客户端配置和 Windows 客户端配置。

1) Linux 客户端配置

➢ 使用 smbclient 工具

在 Linux 主机上，可以使用 smbclient 程序连接 Samba 服务器上的共享资源。smbclient 是一个类似于 FTP 客户端的软件，功能实用，操作简单。

默认情况下，Ubuntu 10 安装了 smbclient 软件，可以使用以下命令进行查看：

```
#rpm -q samba-client
samba-client-3.0.23c-2
```

如果系统还未安装 smbclient，可以通过以下方法进行安装。

将 Ubuntu 10 的光盘放入光驱，加载光驱后，在光盘的 Server 目录下找至 smbclient 的 RPM 安装包文件 samba-client-3.0.23c-2.el5.i386.rpm，使用以下命令进行安装：

```
#rpm -ivh samba-client-3.0.23c-2.el5.i386.rpm
```

安装完成后，即可通过该工具访问 Samba 服务器。其命令格式如下：

```
Smbclient -L     //IP 地址或主机名 -U 用户名
Smbclient        //IP 地址或主机名或共享目录名 -U 用户名
```

执行结果如下：

```
[root@localhost ~]$ smbclient -L //192.168.1.108 -U teacher
Password:
Domain = [MYGROUP] OS = [Unix] Server = [Samba 3.0.23c-2]
```

```
Sharename          Type          Comment
---------          ----          -------
Teacher            Disk
share              Disk
IPC $              IPC           IPC Service (Samba Server)
Domain = [MYGROUP] OS = [Unix] Server = [Samba 3.0.23c-2]

Server                        Comment
---------                       -------
LOCALHOST                    Samba Server
Workgroup                     Master
---------                          -------
MYGROUP
```

命令“smbclient-L//IP 地址或主机名-u 用户名”表示查看 samba 服务器共享资源列表。执行的结果显示 Samba 客户端所属的组、操作系统类型和版本，以及所链接 Samba 服务器的共享资源。

此外，在 Linux 客户端可以用 smbmount 命令将共享资源加载到本机，通过 smbunmount 命令将已加载的共享资源卸载。

命令格式为：

smbmount 共享资源地址 加载点 -o 参数

smbmount 加载点

例如，cjc 主机上的 ac 用户，将 cjc 主机的 share 目录加载到本地的/nmt/cjc_share 目录。首先在/mnt 目录中建立 cjc_share 目录，使用以下命令加载目录：

```
# smbmount //cjc/share /mnt/cjc_share -o username = back
Password:
```

在“Password”后输入密码，若密码输入正确，则命令执行完毕后在/mnt/cjc_share 目录下即可查看共享资源。

卸载该共享资源应使用以下命令：

```
# smbunmount /mnt/cjc_share
```

➢ 通过主机名访问

在客户端通过主机名访问 Samba 服务器需要设置 lmhosts 文件。该文件位于/etc/samba/目录下。该文件的功能与 WINS 服务器类似，提供了主机名与 IP 地址的映射。

文件中记录的格式为：

IP 地址 主机名(NetBIOS 名称)

例如，可添加一条记录如下，表示主机名为 cjc 的 IP 地址为 192.168.10.153：192.168.10.153。

默认情况下，lmhosts 文件中有一条默认记录，即“127. 0. 0. 1 localhost”。在编辑 lmhosts 文件时，请勿删除该条记录。

2）Windows 客户端配置

Windows 客户端在访问 Samba 服务器时不需要进行配置，只需要在“网上邻居”中找到 Mygroup 工作组，如图 7－26 所示。

图 7－26　Mygroup 工作组

在该工作组内能够查看 Samba 服务器，如图 7－27 所示。

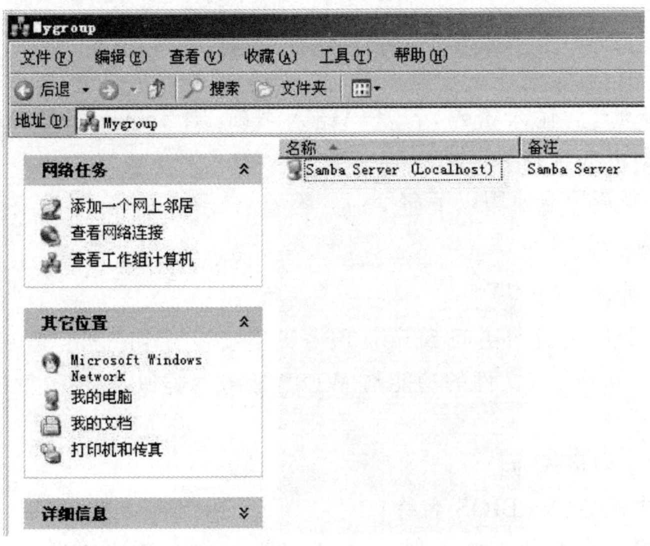

图 7－27　通过 Mygroup 工作组访问 Samba 服务器

在“开始”菜单的“运行”中，输入\\Samba 服务器名或 IP 地址，如图 7-28 所示。

图 7-28　“运行”对话框

单击“确定”按钮后，输入用户名、密码可以查看 Samba 服务器的共享资源，如图 7-29 所示。

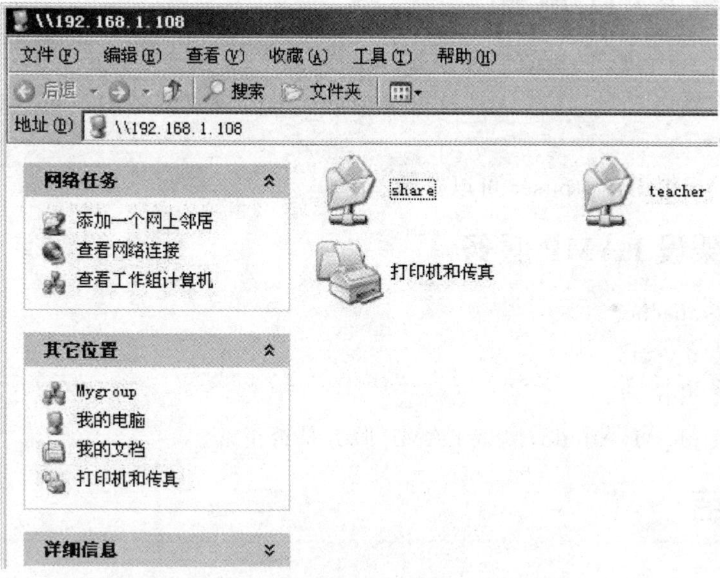

图 7-29　查看 Samba 服务器上的共享文件夹

7.4　项目实践

7.4.1　软件安装、卸载练习

1. 安装 Samba 服务器，然后卸载 Samba 服务器。
2. 安装 Shotwell 照片管理器，然后卸载 Shotwell。
3. 安装 Rhythmbox 音乐播放器，然后卸载 Rhythmbox。

7.4.2 编辑器练习

1. 将文件"/etc/inittab"复制到用户家目录下，使用 VI 打开。
2. 设定行号，指出设定 initdefault(类似于"id:5:initdefault")的所在行号。
3. 复制该行内容，粘贴复制行到文件末。
4. 撤销复制动作。
5. 光标移到第 10 行，删除该行。
6. 存盘但不退出。
7. 将光标移到首行，插入模式下输入"Hello,this is vi world!"。
8. 返回命令行模式，向下查找字符串"0:wait"，再向上查找字符串"halt"。
9. 强制退出 VI，不存盘。

7.4.3 架设 FTP 服务

1. 安装 vsftp 服务，配置服务参数，最后测试 FTP 服务能否正常工作。
2. 允许匿名登录，其默认目录设置为/var/ftp，设置匿名用户在/var/ftp/anon 目录能读能写。
3. 设置虚拟用户 ftpuser 可以登录。

7.4.4 架设 LAMP 服务

1. 安装 apache。
2. 安装 mysql8。
3. 安装 php8.1。
4. 安装 phpMyAdmin，测试 LAMP 服务是否正常。

本章小结

本章主要讲解了 Linux 软件管理。首先介绍了 Linux 软件源的概念和软件源的更新方法；然后对 Ubuntu 下软件安装方法(APT 和 dpkg)进行了讲解，并给出各命令的详细用法；最后介绍了常用软件如编辑器(VI)、FTP 服务(vsftp)、lamp 搭建的安装和使用方法。通过学习本章的内容，读者可以了解 Ubuntu 软件管理功能及其作用，熟悉 Ubuntu 软件源更新、软件安装、常用软件安装和使用，并能根据实际需要独立完成 Ubuntu 环境软件安装和使用。

第 8 章

Shell 脚本

学完本章内容以后，你将能够：

➢ 掌握 Shell 脚本；

➢ 了解 Shell 高级功能。

8.1 Shell 高级功能

8.1.1 标准输入/输出

Linux 系统中对所有的设备都通过文件的形式来引用，而每一个文件在 Linux 系统内核中都分配一个文件描述符(非负整数)来进行管理：

➢ 固定的 0 号文件描述符分配给标准输入文件(stdin)，通常对应终端的键盘；

➢ 1 号文件描述符分配给标准输出文件(stdout)，通常对应终端的屏幕；

➢ 2 号文件分配给标准错误输出文件(stderr)，也对应终端的屏幕。

在用户执行命令时，需要从输入文件读取信息，执行的结果或执行过程中的信息会存入输出文件，如果执行过程中产生错误，则错误信息会写入错误输出文件。而 Shell 在启动时会打开 0、1、2 三个标准输入/输出文件，在用户执行命令没有指定输入/输出文件时，默认使用这 3 个输入/输出文件来读/写信息。

下面以 cat 命令为例来说明标准输入/输出的使用。cat 命令的功能是从命令行给出的文件中读取数据，并将这些数据直接送到标准输出文件中，如图 8-1 所示。

在图 8-1 中，cat 命令把文件 .test.sh 的内容输出到屏幕上。但是，如果 cat 命令行中没有参数，它就会从标准输入中读取数据，并将其送到标准输出文件中，如图 8-2 所示。

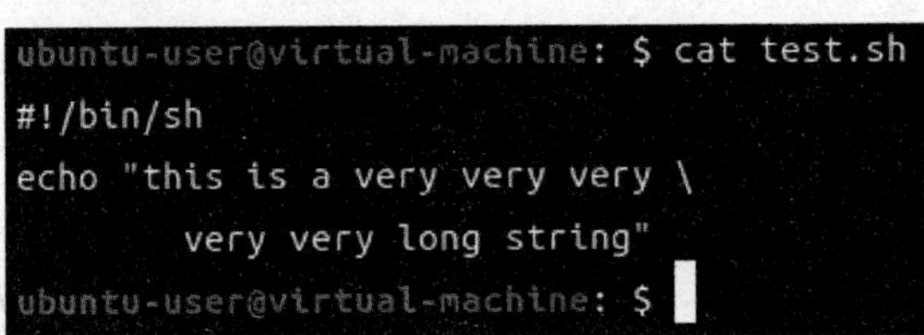

图 8-1　cat 输出

```
ubuntu-user@virtual-machine: $ cat
hello,world
hello,world
this is test
this is test
```

图 8-2　cat 的输入/输出

用户输入的每一行都被 cat 命令从键盘上(标准输入)读入,然后再显示在屏幕上(标准输出)。

在 bash 执行命令失败后,其错误消息会写入标准错误输出文件。由于标准错误输文件也是终端屏幕,因而错误消息就会显示在屏幕上。

8.1.2　重定向

直接使用标准输入/输出文件,可以帮助用户直接向程序输入信息,并能够直接获得输出信息。但从终端输入数据时,用户花费许多时间输入的数据只能用一次。下次再想用这些数据时,就得重新输入。而且,在终端上输入时,若输入有误,修改起来很不方便。同样,输出到终端屏幕上的信息只能看,不能对其进行更多的操作处理,如将输出作为另一命令的输入,则需要进一步的处理。

针对上述问题,bash 提供了输入/输出重定向操作来扩展输入/输出的范围。

1. 输入重定向

输入重定向是指把命令(或可执行程序)的标准输入重定向到指定的文件中。也就是说,输入可以不来自键盘,而来自一个指定的文件。所以,输入重定向主要用于改变一个命令的输入源,特别是改变那些需要大量输入的输入源。

例如,wc 命令统计指定文件包含的行数、单词数和字符数。如果仅在命令行上输入 wc,则意味着统计标准输入文件的信息,如图 8-3 所示。

按“回车”键后,wc 等待用户通过键盘输入信息,从键盘输入的所有文本都出现在屏幕上,直至按下 Ctrl+D 组合键结束输入,wc 统计标准输入文件的信息,将统计结果输出到屏幕(标准输出)上。

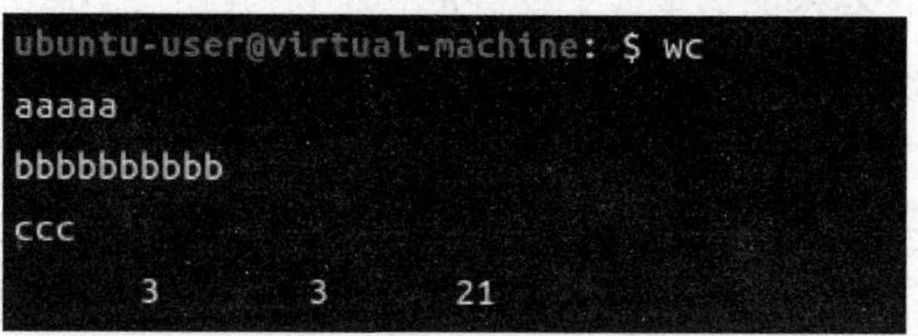

图 8-3 wc 命令统计标准输入文件的信息

为了改变命令等待从键盘输入信息的方式，可将标准输入重定向到一个文本文件，读取文件中存在的信息进行统计。输入重定向的一般形式为：

命令 < 文件名

将 wc 命令的输入重定向为/etc/passwd 文件，如图 8-4 所示。

```
ubuntu-user@virtual-machine: $ wc < /etc/passwd
  47   85 2828
```

图 8-4 重定向 wc 的输入文件为/etc/passwd

wc 命令接收从/etc/passwd 文件中输入的信息，统计数据后输出到标准输出。

另一种输入重定向称为 here 文档，它告诉 Shell 当前命令的标准输入来自命令行。here 文档的重定向操作符使用“<<”。它将一对分隔符之间的正文重定向输入给命令，第一个分隔符在命令行中的重定向符后面指定(本例中使用数字 8 作为分隔符)，在内容输入完成后，按“回车”键重起一行，输入分隔符(本例中是数字 8)，按“回车”键则结束整个输入。下例中，将一对分隔符 8 之间的正文作为 wc 命令的输入，统计出正文的行数、单词数和字符数，如图 8-5 所示。

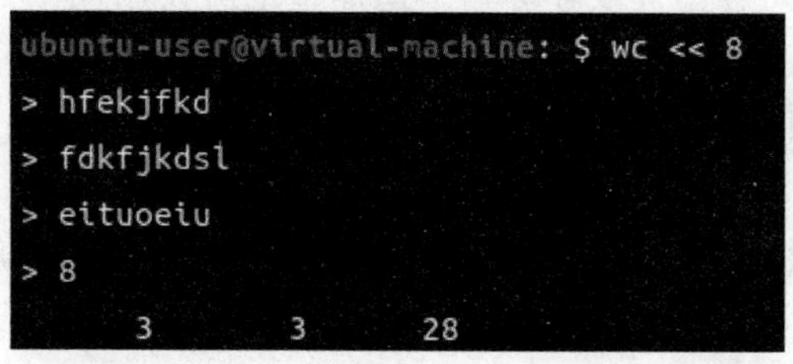

图 8-5 使用标准输入作为 wc 的输入文件

由于大多数命令都以参数的形式在命令行上指定输入文件的文件名，如 cat 命令同样可以使用/etc/passwd 文件作为参数来从文件输入信息，所以输入重定向并不经常使用。尽管如此，当要使用不接受文件名作为输入参数的命令，而需要的输入内容又存在一个文件时，就能用输入重定向解决问题。

2. 输出重定向

输出重定向是指把命令(或可执行程序)的标准输出或标准错误输出重定向到指

定文件中。这样，该命令的输出就不显示在屏幕上，而是写入指定文件中。

输出重定向比输入重定向更常用，很多情况下都可以使用这种功能。例如，如果某个命令的输出很多，在屏幕上不能完全显示，那么，将输出重定向到一个文件中，然后再用文本编辑器打开这个文件，就可以查看输出信息；如果想保存一个命令的输出，也可以使用这种方法。另外输出重定向可以用于把一个命令的输出当作另一个命令的输入。

输出重定向的一般形式为：

命令 > 文件名

将 ls 的输出重定向到一个文件中，如图 8-6 所示，即将 ls 命令的输出保存到文件 show. ls 中。

```
ubuntu-user@virtual-machine:~$ ls -l > show.ls
ubuntu-user@virtual-machine:~$ cat show.ls
总用量 88
drwxr-xr-x 2 ubuntu-user ubuntu-user 4096  7月 3
drwxr-xr-x 2 ubuntu-user ubuntu-user 4096  7月 3
drwxr-xr-x 2 ubuntu-user ubuntu-user 4096  7月 3
drwxr-xr-x 2 ubuntu-user ubuntu-user 4096  7月 3
drwxr-xr-x 2 ubuntu-user ubuntu-user 4096  7月 3
```

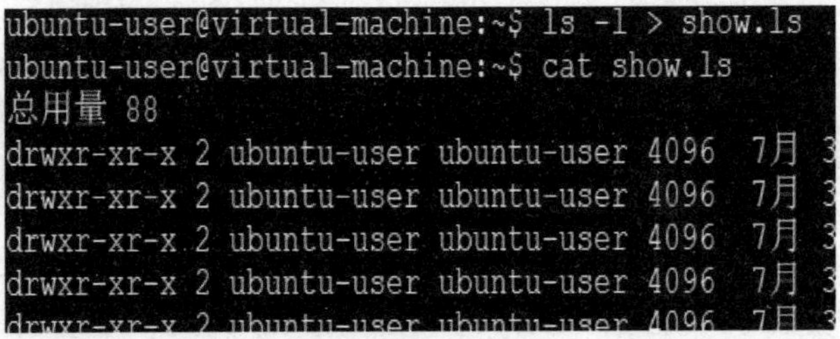

图 8-6　重定向 ls 命令的输出到文件

注意：如果“>”符号后边的文件已经存在，那么这个文件将被重写。

为避免输出重定向中指定文件只能存放当前命令的输出内容，bash 提供了输出重定向的一种追加手段。输出追加重定向与输出重定向的功能非常相似，区别仅在于，输出追加重定向的功能是把命令（或可执行程序）的输出结果追加到指定文件的最后，而该文件原有内容不被破坏。输出追加重定向使用操作符“>>”，命令形式为：

命令>>文件名

使用输出追加重定向将 ls -l 的输出信息追加到文件 show. ls 中，如图 8-7 所示。

与程序的标准输出重定向一样，程序的错误输出也可以重新定向。标准的错误输出文件的描述符为 2，因此可以将 2 重定向为其他文件，则表示对错误输出设备重定向，其语法为：

2 >文件名

如使用 ls 命令查看一个不存在的文件，则会产生错误输出，默认输出到屏幕，但使用错误输出重定向后，错误输出将不会显示在屏幕上，而是写入重定向文件中，如图 8-8 所示。

同样，可以使用输出追加操作符“>>”追加错误输出到文件中。

还可以使用另一个输出重定向操作符“& >”将标准输出和错误输出同时送到同一文件中。例如：

```
ubuntu-user@virtual-machine:~$ ls -l >> show.ls
ubuntu-user@virtual-machine:~$ cat show.ls
hello,world
this is a test
aaaaa
bbbbbbbb
ccc
总用量 70624
drwxr-xr-x 2 ubuntu-user ubuntu-user     4096  7月  1 15:14 公共的
drwxr-xr-x 2 ubuntu-user ubuntu-user     4096  7月  1 15:14 模板
drwxr-xr-x 2 ubuntu-user ubuntu-user     4096  7月  1 15:14 视频
drwxr-xr-x 2 ubuntu-user ubuntu-user     4096  7月  1 15:14 图片
drwxr-xr-x 2 ubuntu-user ubuntu-user     4096  7月  1 15:14 文档
drwxr-xr-x 2 ubuntu-user ubuntu-user     4096  7月  1 15:14 下载
drwxr-xr-x 2 ubuntu-user ubuntu-user     4096  7月  1 15:14 音乐
drwxr-xr-x 2 ubuntu-user ubuntu-user     4096  7月  1 15:14 桌面
-rw-rw-r-- 1 ubuntu-user ubuntu-user       46  7月  4 13:32 show.ls
drwx------ 4 ubuntu-user ubuntu-user     4096  7月  1 15:34 snap
-rw-rw-r-- 1 ubuntu-user ubuntu-user       67  7月  3 16:36 test.sh
-rw-rw-r-- 1 ubuntu-user ubuntu-user 72270857 11月 11  2015 VMwareTools-10.0.5-3
228253.tar.gz
```

图 8-7 重定向 ls 的输出追加到文件

```
ubuntu-user@virtual-machine:~$ ls new
ls: 无法访问 'new': 没有那个文件或目录
ubuntu-user@virtual-machine:~$ ls new 2>error.ls
ubuntu-user@virtual-machine:~$ cat error.ls
ls: 无法访问 'new': 没有那个文件或目录
ubuntu-user@virtual-machine:~$
```

图 8-8 重定向标准错误输出到文件

```
ubuntu-user@virtual-machine:~$ ls /var/log &>show.ls
```

可以将重定向命令组合在一起，实现复杂的输入/输出控制。例如，使用/etc/passwd 文件作为 wc 命令的输入，然后将 wc 命令的输出重定向为 output. wc，同时将 wc 的错误输出重定向为 error. wc，实现所有的输入/输出通过文件记录，如图 8-9 所示。

```
ubuntu-user@virtual-machine:~$ wc</etc/passwd>output.wc 2>error.ls
ubuntu-user@virtual-machine:~$ cat output.wc
  47   85 2828
ubuntu-user@virtual-machine:~$ cat error.ls
ubuntu-user@virtual-machine:~$
```

图 8-9 组合重定向输入/输出

8.1.3 管　道

管道用来把一系列命令连接起来,这意味着,第 1 个命令的输出通过管道传给第 2 个命令,作为第 2 个命令的输入,第 2 个命令的输出又会作为第 3 个命令的输入,以此类推。显示在屏幕上的是管道行中最后一个命令的输出(如果命令行中未使用输出重定向)。通过使管道符“|”来建立一个管道行,它的使用形式为:

命令 1 | 命令 2

管道的意义在于把信息从一端传送到另一端。如果要使用 ls 命令的输出作为 wc 命令的输入,那么使用管道将会很容易实现,如图 8-10 所示。

```
ubuntu-user@virtual-machine: $ ls -al ./|wc
     26     227    1805
ubuntu-user@virtual-machine: $
```

图 8-10　ls 的输出通过管道输出给 wc 命令作为输入

ls 命令列出当前目录下的文件信息,但没有输出到屏幕,而是通过管道输出到 wc 命令,然后 wc 统计 ls 的输出信息,将统计结果输出到屏幕。

管道也可以与输入/输出重定向操作结合进行,例如,上面的操作可以把最后的输出重定向一个文件中,如图 8-11 所示。

```
ubuntu-user@virtual-machine: $ ls -al ./|wc>ls.wc
ubuntu-user@virtual-machine: $ cat ls.wc
     27     236    1873
ubuntu-user@virtual-machine: $
```

图 8-11　组合管道和输出重定向

8.2 Shell 脚本编程

Shell 脚本是利用 Shell 的功能所写的一个纯文本程序,将各类 Shell 命令预先放入一个文件中,方便管理员进行设置或管理。Shell 脚本与 Windows 下批处理类似,一个操作执行多条命令。Shell 脚本提供了数组、循环、条件以及逻辑判断等功能,可以直接以 Shell 来写程序,而不必使用类似 C 语言等传统程序编写。

8.2.1 脚本运行

1. Shell 脚本执行过程

在 Shell 脚本中,命令、参数间的多个空白以及空白行都会被忽略掉,一般是遇

到一个 Enter 符号(CR)或分号“;”就尝试开始执行该行命令,如果一行的内容太多,则可以使用“\[Enter]”来扩展至下一行。比如输入一行长的字符串:

```
echo "this is a very very very very very very very very very very very very \
>very very long string"
```

在 Shell 脚本中,任何加在#后面的数据将全部视为批注文字而被忽略。

2. Shell 脚本执行方式

(1) 直接命令执行

设置 Shell 脚本的权限为可执行后在提示符下执行。使用文本编辑器(如 VI)编辑生成的脚本文件没有“执行”权限不能直接执行,如图 8-12 所示。

```
-rw-rw-r-- 1 ubuntu-user ubuntu-user   67  7月  3 16:36 test.sh
ubuntu-user@virtual-machine: $ ./test.sh
bash: ./test.sh: 权限不够
```

图 8-12　VI 下编辑的脚本文件没有执行权限

注:使用 ls -l 命令可以查看 Shell 脚本执行所需要的角色和权限,如图 8-13 所示。

```
ubuntu-user@virtual-machine: $ ls -l
总用量 40
drwxr-xr-x 2 ubuntu-user ubuntu-user 4096  7月  1 15:14 公共的
drwxr-xr-x 2 ubuntu-user ubuntu-user 4096  7月  1 15:14 模板
drwxr-xr-x 2 ubuntu-user ubuntu-user 4096  7月  1 15:14 视频
drwxr-xr-x 2 ubuntu-user ubuntu-user 4096  7月  1 15:14 图片
drwxr-xr-x 2 ubuntu-user ubuntu-user 4096  7月  1 15:14 文档
drwxr-xr-x 2 ubuntu-user ubuntu-user 4096  7月  1 15:14 下载
drwxr-xr-x 2 ubuntu-user ubuntu-user 4096  7月  1 15:14 音乐
drwxr-xr-x 2 ubuntu-user ubuntu-user 4096  7月  1 15:14 桌面
drwx------ 4 ubuntu-user ubuntu-user 4096  7月  1 15:34 snap
-rw-rw-r-- 1 ubuntu-user ubuntu-user   67  7月  3 16:36 test.sh
```

图 8-13　查看文件属性

如果要把 Shell 脚本当作命令直接执行,就需要利用 chmod 命令将它设置为有“执行”权限,如图 8-14 所示。

(2) sh/bash [选项] 脚本名

打开一个 Shell 读取并执行脚本中的命令,该脚本文件可以没有“执行权限”。sh 或 bash 在执行脚本过程中,选项如下:

-n—不要执行 script,仅检查语法问题。

-v—在执行 script 前,先将 script 的内容输出到屏幕上。

-x—进入跟踪方式,显示所执行的每一条命令,并且在行首显示“+”号。

```
ubuntu-user@virtual-machine:~$ ./test.sh
bash: ./test.sh: 权限不够
ubuntu-user@virtual-machine:~$ chmod a+x test.sh
ubuntu-user@virtual-machine:~$ ./test.sh
this is a very very very        very very long string
ubuntu-user@virtual-machine:~$
```

图 8-14 修改文件权限

把 test.sh 文件去掉可执行权限，加参数-x，可以执行并显示所执行的每一条命令，如图 8-15 所示。

```
ubuntu-user@virtual-machine:~$ chmod a-x test.sh
ubuntu-user@virtual-machine:~$ sh -x test.sh
+ echo this is a very very very          very very long string
this is a very very very        very very long string
ubuntu-user@virtual-machine:~$
```

图 8-15 删除可执行权限，加参数-x 执行

(3) source 脚本名

source 命令可以在当前 Shell 环境下读取并执行脚本命令，脚本文件可以没有执行权限，如图 8-16 所示。

```
ubuntu-user@virtual-machine:~$ source test.sh
this is a very very very        very very long string
ubuntu-user@virtual-machine:~$
```

图 8-16 当前 Shell 环境为 bash

8.2.2 基本脚本编程

Shell 提供变量来设置环境参数和保存 Shell 信息，它可在与用户的交互操作中被用户读取使用，也可以在脚本程序中保存和获得信息，Shell 的变量名由字母、数字和下画线组成，并且变量名的第一个字符不能为数字(0～9)。与其他 Unix 名字一样，变量名是大小写敏感的，在编写 Shell 程序时，为了使变量名与命令名相区别，建议所有的变量名都用大写字母来表示。

对 Shell 来讲，所有变量的取值都是一个字符串，采用“变量名＝值”的方式来赋值，并采用在变量名前加符号 $ 的形式来引用变量的值。有时为了将变量名与其他字符串区别开来，可以用 $[变量名]的方式。变量只有在声明、赋值、unset、export 或表示 signal 时，不用符号 $ 作前缀。

Shell 变量根据作用不同可分成 4 种：本地变量、环境变量、位置参数变量和预定

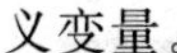

义变量。

1. 本地变量

本地变量由用户自己定义，只作为当前的 Shell 环境，对于在这个 Shell 环境下启动的子 Shell 进程，它将不能够被有效访问。

(1) 设置变量

使用下面的语法规则定义本地 Shell 变量：

变量名＝变量值

例如设置变量 movie 的值为“Life is Beautiful”：

```
ubuntu-user@virtual-machine:~$ MOVIE="Life is Beautiful"
```

注意：在给变量赋值时，等号两边一定不能留空格，若变量中本身包含了空格，则整个字符串都要用双引号括起来。如果想把一个变量设定为一个特质值后就不在改变它的值，可以用 readonly 命令设置这个变量为只读的：

readonly 变量名

如下设置 MOVIE 变量为只读的：

```
ubuntu-user@virtual-machine:~$ readonly MOVIE
```

这样将不能对 MOVIE 变量进行重新赋值或销毁，否则将会报告错误，命令行如下所示：

```
ubuntu-user@virtual-machine:~$ MOVIE="Life Ls Beautiful"
ubuntu-user@virtual-machine:~$ readonly MOVIE
ubuntu-user@virtual-machine:~$ MOVIE=haha;MOVIE2=haha2
bash: MOVIE: readonly variable
ubuntu-user@virtual-machine:~$ echo $MOVIE2
```

(2) 引用变量的值

需要引用变量的值时，在变量名前加上符号 $，如想要显示上面定义的变量，则可用 echo 命令：

```
ubuntu-user@virtual-machine:~$ echo $MOVIE
Life Ls Beautiful
```

(3) 清除变量

使用 unset 命令就可以清除变量定义。使用下面的语法：

unset 变量名

如可以清除非只读定义的变量 MOVIE2：

```
ubuntu-user@virtual-machine:~$ unset MOVIE2
```

(4) 查看所有的变量

使用 set|more 命令分页查看所有的变量，如图 8－17 所示。

```
ubuntu-user@virtual-machine: $ set|more
BASH=/usr/bin/bash
BASHOPTS=checkwinsize:cmdhist:complete_fullquote:expand_aliases:extglob:extquote
:force_fignore:globasciiranges:histappend:interactive_comments:progcomp:promptva
rs:sourcepath
BASH_ALIASES=()
BASH_ARGC=([0]="0")
BASH_ARGV=()
BASH_CMDS=()
BASH_COMPLETION_VERSINFO=([0]="2" [1]="11")
BASH_LINENO=()
BASH_SOURCE=()
BASH_VERSINFO=([0]="5" [1]="1" [2]="16" [3]="1" [4]="release" [5]="x86_64-pc-lin
ux-gnu")
BASH_VERSION='5.1.16(1)-release'
COLORTERM=truecolor
COLUMNS=80
DBUS_SESSION_BUS_ADDRESS=unix:path=/run/user/1000/bus
DESKTOP_SESSION=ubuntu
DIRSTACK=()
DISPLAY=:0
EUID=1000
GDMSESSION=ubuntu
```

图 8-17　使用 set|more 命令分页查看 Shell 变量

2. 环境变量

环境变量定义用户的工作环境，用户可以在当前 Shell 和任意子 Shell 中获得它们设置的信息。

(1) 设置环境变量

环境变量的设置等同于本地变量，但必须使用 export 命令导出，使之能够用于全部的 Shell 环境。如设置 MYHOST 环境变量，需使用下面的步骤：

```
ubuntu-user@virtual-machine:~$    MYHOST=192.168.0.100
ubuntu-user@virtual-machine:~$    export MYHOST
```

或直接在设置环境变量时导出，如：

```
ubuntu-user@virtual-machine:~$    export MYHOST=192.168.0.100
```

都可以设置环境变量 MYHOST，并且在该用户当前终端下所有 shell 环境中使用。

(2) 引用环境变量

同样，在环境变量前加上符号 $，就能获得环境变量的值，如显示环境变量 MYHOST：

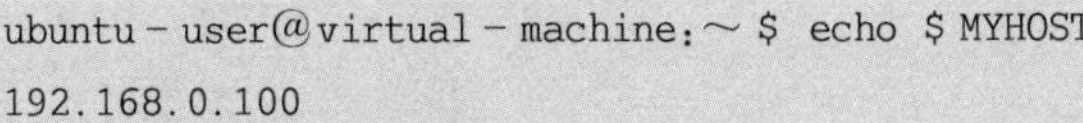

```
ubuntu-user@virtual-machine:~$ echo $MYHOST
192.168.0.100
```

(3) 常用的环境变量

Shell 在开始执行时就已经定义了一些与系统和工作环境有关的变量,用户可以重新定义这些变量,常用的 Shell 环境变量有:

- HOME　用于保存注册目录的完全路径名。
- PATH　用于保存用冒号分隔的目录路径名,Shell 将按 PATH 变量中给出的顺序搜索这些目录,找到的第一个与命令名称一致的可执行文件将被执行。
- TERM　终端的类型。
- UID　当前用户的标识符,取值是由数字构成的字符串。
- PWD　当前工作目录的绝对路径名,该变量的取值随 cd 命令的使用而变化。
- PSI　主提示符,在特权用户下,默认的主提示符是"#";在普通用户下,默认的主提示符是"$"。
- PS2　在 Shell 接收用户输入命令的过程中,如果用户在输入行的末尾输入"\"然后按"回车"键,或当用户按"回车"键时,Shell 判断出用户输入的命令没有结束时,显示这个辅助提示符,提示用户继续输入命令的其余部分。默认的辅助提示符是">"。

(4) 显示所有的环境变量

使用不带参数的 export 命令显示所有的环境变量:

```
ubuntu-user@virtual-machine:~$ export
```

(5) 清除环境变量

使用 unset 命令清除环境变量:

```
ubuntu-user@virtual-machine:~$ unset MYHOST
ubuntu-user@virtual-machine:~$ echo $MYHOST
```

3. 位置参数变量

在 Shell 程序执行过程中,Shell 通过位置参数变量来获得用户在命令行上附加的参数。位置参数变量共有 9 个——$1～$9,它们分别标识了用户输入的整个命令行中以空格分隔开的字符串,其中,$1 标识第 1 个位置的参数,$2 标识第 2 个,以此类推(注:$0 标识 Shell 命令程序本身,但不是位置参数),Shell 预定义变量 $# 标识参数的个数。下面编写一个 Shell 程序,演示位置参数变量的使用:

```
#! /bin/bash
#sharg.sh
echo "Command received $# params."
```

```
echo "Command: $0"
echo "Arg1: $1
echo "Arg2: $2"
echo "Arg3: $3"
```

使用下面的参数调用这个程序：

```
ubuntu-user@virtual-machine:~$ ./sharg.sh 80 f1 f2
Command received 3 params.
Command:./sharg.sh
Arg1:80
Arg2:f1
Arg3:f2
```

在常规情况下，位置参数变量可以标识 9 个参数，如果参数变量超过 9 个，在标准情况下，第 9 个及其以后的参数将被作为一个字符串赋给 $ 9 变量，如：

```
ubuntu-user@virtual-machine:~$ ./sharg.sh 1 2 3 4 5 6 7 8 9 f1 f2
```

在这个脚本程序运行的过程中，$ 9 变量所代表的值将是"9 file1 file2"这个字符串。如何把 9. file1. file2 这 3 个变量分离出来？Shell 提供了 shift 命令来完成这个工作。Shift 命令把参数列表向前移动一位，即每运行一次 shift 命令，第一个参数就被挤掉，而后面的参数依次前移一个位置。如修改 sharg. sh 脚本文件如下：

```
#! /bin/bash
#sharg.sh
echo "Command received $# params."
echo "Command: $0"
echo "Arg1: $1"
shift
echo "Arg3: $2"
echo "Arg3: $3"
```

然后运行：

```
ubuntu-user@virtual-machine:~$ ./sharg.sh 80 f1 f2
Command received 3 params.
Command:./sharg.sh
Arg1:80
Arg2:f2
Arg3:
```

运行结果显示 shift 命令后，$ 2 的值由 f2 替代了 f1，即参数列表依序前移了一位。通过这样的方法，即可获得多于 9 个的参数传递值。

4. 预定义变量

预定义变量是 Shell 内部已经定义好的变量，它的值由 Shell 根据系统环境的变

化自动赋值，不能手工更改它的值。所有预定义变量都是由 $ 符和另一个符号组成的，用户通过它们可以获得当前脚本程序的运行信息，常用的 Shell 预定义变量如表 8－1 所列。

表 8－1　Shell 预定义变量表

变量名	变量说明
$#	传递到脚本的参数的数量
$*	一个单字符串显示传递到脚本的所有参数的内容
$?	命令执行后返回的状态，返回 0 表示执行成功，其他值则表明执行错误
$$	当前进程的进程号
$!	后台运行的最后一个进程号
$0	当前执行的进程名

8.2.3　Shell 编程语法

与传统的编程语言一样，Shell 提供了很多特性，这些特性可以有效地增强 Shell script 程序的功能，如数据变量、参数传递、判断、流程控制、数据输入和输出、函数及其中断处理等，这些特性将有机地融合到 Shell 程序中。

1. 条件测试

在 Shell 脚本中，需要进行大量的条件测试，包括字符串比较、文件状态检查、数字测试等，大部分的运行动作都基于这些比较的结果来进行。Shell 中的比较有两种方式，其意义和使用的比较表达式是相同的。

① 使用 test 命令，格式为：

test 条件表达式

② 使用中括号，格式为：

[条件表达式]

提示：在条件表达式的两边都必须留有一个空格。

两种测试的结果相同，当条件表达式为真时传回 0(真)，当条件表达式为假时传回非零值，错误：1～255(假)。

常用的条件运算符如表 8－2 所列。

表 8－2　Shell 常用条件运算符

运算符	描　述
测试时逻辑操作符	
-a	逻辑与，操作符两边为真，结果为真，否则为假
-o	逻辑或，操作符两边一边为真，结果为真，否则为假

续表 8-2

运算符	描　述
文件比较运算符	
-e filename	如果 filename 存在,则为真
-d filename	如果 filename 为目录,则为真
-f filename	如果 filename 为常规文件,则为真
-l filename	如果 filename 为符号链接,则为真
-r filename	如果 filename 可读,则为真
-w filename	如果 filename 可写,则为真
-x filename	如果 filename 可执行,则为真
Filenamel-nt filename2	如果 filename1 比 filename2 新,则为真
Filenamel-on filename2	如果 filename1 比 filename2 旧,则为真
字符串比较运算符(请注意引号的使用,这是防止空格扰乱代码的好方法)	
-z string	如果 string 长度为零,则为真
-n string	如果 string 长度非零,则为真
Stringl＝string2	如果 string1 与 string2 相同,则为真
Stringl! ＝string2	如果 string1 与 string2 不同,则为真
算术比较运算符	
num1 -eq num2	等于
num1 -ne num2	不等于
num1 -lt num2	小于
num1 -le num2	小于或等于
num1 -gt num2	大于
num1 -ge num2	大于或等于

测试两个文件,一个是否可执行,另一个是否可写,测试为真,如下所示:

```
[stu1@stu1 ～]$ [ -w show.ls -a -x showenv ]
[stu1@stu1 ～]$ echo $?
0
```

测试两个字符串是否相等,如下所示:

```
[stu1@stu1 ～]$ test $PWD = /home/stu1
[stu1@stu1 ～]$ echo $?
0
```

测试用户 ID 号是否等于 2000,如下所示:

```
[stu1@stu1 ~]$ [ $UID = 2000 ]
[stu1@stu1 ~]$ echo $?
1
[stu1@stu1 ~]$
```

2. 流程控制

Bash 具有类似 C 语言的流程控制功能，用法也基本差不多，因而，对于有过 C 语言程序经验的用户，能够很容易地掌握 Shell 的流程控制。

(1) if then else 语句

if 语句测试条件，如果测试结果为真(0)，则执行 if 体中的某段语句；如果为假(1)，则执行 if 体外的语句。语法如下：

```
if 条件语句 1
then 命令语句 1
elif 条件语句 2
then 命令语句 2
else
命令语句 3
Fi
```

条件语句是用来测试的条件，如果条件语句 1 不成立，则测试条件语句 2；如果 2 还不成立，则直接执行命令语句 3。下面是一个相应的示例程序，比较用户的输入是否相同，代码如下：

```
test.1
------------------------------------------------------------------------
#! /bin/bash
#test.1
echo 'word1:'
read word1
echo 'word2:'
read word2
echo 'word3:'
read word3
if [ "$word1" = "$word2" -a "$word2" = "$word3" ]; then
echo 'match:words1,2&3'
elif [ "$word1" = "$word2" ]; then
echo 'match:words1&2'
elif [ "$word1" = "$word3" ]; then
echo 'match:words1&3'
elif [ "$word2" = "$word3" ]; then
echo 'match:words2&3'
else
```

```
echo 'nomatch'
fi
```

(2) for 循环

for 循环的格式为：

```
for 变量名 in 列表
do
命令
Done
```

当变量可以在列表中取值时，运行下面的命令，循环替换变量的值，直到列表中的值被替换完为止。如果没有 in 列表语法，则变量使用参数列表中的值。in 列表可以包含要替换的字符串和文件名。下面列出相应的演示程序，显示所有的 in 列表值：

```
test.2
-----------------------------------------------------------------
#! /bin/bash
#test.2
for var in 1 2 3 4 5
do
echo -n "$var"
done
echo
---------------------------------------------------------------------
运行 Shell 脚本，输出：
[stu1@stu1 ~]$ ./test.2
12345
```

(3) until 循环

until 在条件为假时执行命令，循环直到条件为真，until 的语法格式为：

```
until 条件
do
命令
done
until
```

下面的脚本不停地在系统中等待 root 用户，每隔 5 s 循环检查一次，如果 root 用户登录进来，则循环停止，同 bryant 用户发送 mail，退出脚本程序。

```
test.3
---------------------------------------------------------------------
#! /bin/bash
#test.3
until [ "LS_ROOT" ]
```

```
do
sleep 5
LS_ROOT = 'who | grep root'
done
echo "watch it ,roots in" |mail bryant
------------------------------------------------------------------
```

(4) while 循环

while 检测条件为真,则执行循环体内的命令语句,它经常用于从输入文件中读取数据,其语法格式为:

```
while 条件
do
    命令
done
```

下面是一个按数字递增的 while 循环示例:

```
test.4
------------------------------------------------------------------
#! /bin/bash
#test.4
number = 0
while [  $number  - lt 10 ]
do
echo  - n " $number"
number = 'expr  $number  +  1'
done
echo
------------------------------------------------------------------
```

运行 test.4 脚本程序化,结果如下:

```
[stu1@stu1 ~]$ ./test.4
0123456789
```

(5) case 语句

case 语句提供多重选择,case 可以匹配一个值或者一个模式,如果匹配成功,则执行相应的那一部分程序/命令。它的语法格式如下:

```
case 值 in
模式 1)
命令 1;
模式 2)
命令 2;;
模式 3)
```

```
命令 3;;
Esac
```

case 的模式必须以右括号结束，它除了可以指定一些确定的字符串外，也可以指定如下的字符串的集合：

*	任意多个字符串
?	任意一个字符
[abc]	a、b、c 三个字符之一
[a-n]	从 a 到 n 的任一字符
|	多重选择

下面的示例接收用户从终端输入的字符，并判断输入的字符是否为 A、B、C 或 a、b、c，然后输出相应的结果：

```
Test5.sh
------------------------------------------------------------------------
#!/bin/bash
#test.5
echo 'enter A,B,C'
read letter
case $letter in
A|a) echo "you entered A.";;
A|b) echo "you entered B.";;
A|c) echo "you entered C.";;
*) echo "not a,b,c";;
esac
------------------------------------------------------------------------
```

(6) break 及 continue

break 及 continue 用于 for、while、until 等循环控制。break 会直接跳出循环，执行循环体后面的程序；而 continue 会中断本次循环，跳到循环开始部分，进行条件测试，根据条件测试的结果，决定是继续循环，还是退出循环。

3. 函　数

在 bash 中，可以很方便地定义和调用函数，还可以使用与脚本接收命令行参数变量类似的方式来接收参数变量。Shell 函数由两部分组成，即函数标题和函数体。标题是函数名；函数体是函数内的命令集合。标题名应该唯一；如果不唯一，将会导致函数调用混乱。定义函数的格式为：

```
函数名()
{
command
...
```

```
Command;
}
```

Shell 程序的任何地方都可以用命令"函数名"调用，使用函数的好处有两点：一是使用函数可以把一个复杂的程序化为多个模块，易于管理，符合结构化程序的设计思想；二是代码的重用。

Shell 函数与 Shell 程序化比较相似，它们的区别在于 Shell 程序在子 Shell 中运行，对当前的 Shell 程序没有作用，而 Shell 函数在当前 Shell 中可以看到，Shell 函数对变量的修改，在任何 Shell 中都可以定义函数，包括交互式 Shell。

函数可以放在同一个文件中作为一段代码，也可以放在只包含函数的单独文件中。函数不必包含很多语句或命令，甚至可以只包含一个 echo 命令，这取决于使用者。

(1) 在同一个文件中使用函数

在 test.6 文件中创建和使用函数。函数在使用之前必须先定义，它只要位于调用点之前定义即可。使用函数名调用函数。在这个文件中将定义函数能够显示当天的日期，如下所示：

```
#!/bin/bash
#test.6
hello()
{
echo "Hello theretoday's date 'date'"
}


echo "now going to thefunction hello"
hello


echo "back from the function"
```

运行脚本程序，输出如下所示：

```
[stu1@stu1 ~]$ ./test.6
Now going to the function hello
Hello theretoday's date Sun Aug 10 17:01:45 CST 2008
```

(2) 在 Shell 中使用函数

将函数导入 Shell 中，就可以在命令行和其他脚本中调用函数。可以使用 set 命令查看所有定义的函数。输出列表中将包括已经载入的 Shell 函数。使用"."运算符将上面建立的 hello 函数导入 Shell 环境中，如下所示：

```
[stu1@stu1 ~]$./home/stu1/test.6
now going to the function hello
Hello theretoday's date Sun Aug 10 17:07:21 CST 2008
```

```
Back from the function
[stu1@stu1 ~]$set |grep hello
Hello()
[stu1@stu1 ~]$hello
Hello theretoday's date Sun Aug 10 17:07:55 CST 2008
[stu1@stu1 ~]
```

导入函数后，可以通过 set 命令查看到 hello 函数，并能够直接在命令行调用并运行 hello 函数。

8.3 项目实践

8.3.1 重定向及管道练习

1. 将 etc 目录下的 usb_modeswitch.conf 第 4～8 行复制到家目录下的 a.txt 文件。

2. 要求使用 head、tail 命令及重定向和管道，一句话实现。

8.3.2 Shell 高级应用练习

1. 安装 mysql-server，同时把安装输出写入 mysql.install 文件中。

2. 读取/etc/passwd 文件，并把读取内容作为输入用 wc 命令统计。

3. 用 ls -l 命令查看/etc 目录下的文件详细信息，同时把输出的内容存放到 etc.ls 文件中。

8.3.3 Shell 脚本练习

1. 查看当前系统下用户 Shell 定义的环境变量的值。

2. 定义变量 AS，为它赋值为 29，显示在屏幕上，比较其值是否小于 18。

3. 使用 for 语句编写 Shell 程序：求出 1～1 000 中的素数。

4. 使用 for 语句创建一个 Shell 程序：计算 1～10 的阶乘。

本章小结

本章主要讲解了 Linux 中 Shell 及其编程。首先介绍了 Linux 中 Shell 标准输入/输出、重定向、管道等 Shell 高级功能；然后对 Shell 脚本的运行方式和基本脚本编程进行了讲解，并给出 Shell 命令的详细用法。通过学习本章的内容，读者可以了解 Linux 中 Shell 脚本的功能及其作用，熟悉 Shell 高级功能、Shell 脚本运行、基本 Shell 编程，并能根据实际需要独立编写 Shell 脚本实现预定的功能。

第 9 章

Linux 下 C 语言编程

学完本章内容以后，你将能够：

- 掌握 Linux 下 C 语言编译；
- 了解 Linux 下 GDB 编译。

9.1 GCC 简介

GCC 是以 GPL 许可证所发行的自由软件，也是 GNU 计划的关键部分。GCC 的初衷是为 GNU 操作系统专门编写一款编译器，现已被大多数类 Unix 操作系统（如 Linux、BSD、MacOS X 等）采纳为标准的编译器，甚至在微软的 Windows 上也可以使用 GCC。GCC 支持多种计算机体系结构芯片，如 x86、ARM、MIPS 等，并已被移植到其他多种硬件平台。

GCC 原名为 GNU C 语言编译器（GNU C Compiler），只能处理 C 语言。但其很快扩展，变得可处理 C++，后来又扩展为能够支持更多编程语言，如 Fortran、Pascal、Objective -C、Java、Ada、Go 以及各类处理器架构上的汇编语言等，所以改名 GCC 编译器套件（GNU Compiler Collection）。

9.2 GCC 的安装及使用

默认情况下，Ubuntu 22.04 系统里是没有安装 GCC 编译器的。我们需要通过 apt install gcc 命令安装，如图 9－1 所示。

GCC 对 C 语言的编译最多可以涉及 4 个阶段：预处理、编译、汇编和链接，按顺序进行。GCC 能够预处理和编译多个文件，要么将多个汇编程序输入文件，要么编译成一个汇编程序输入文件；然后，每个汇编程序输入文件都会生成一个对象文件，并且链接会将所有对象文件（新编译的和指定为输入的文件）合并到一个可执行文件中。

```
ubuntu-user@virtual-machine:~$ sudo apt install gcc
正在读取软件包列表... 完成
正在分析软件包的依赖关系树... 完成
正在读取状态信息... 完成
建议安装:
  gcc-multilib make autoconf automake libtool flex bison gcc-doc
下列【新】软件包将被安装:
  gcc
升级了 0 个软件包，新安装了 1 个软件包，要卸载 0 个软件包，有 287 个软件包未被升
需要下载 5,112 B 的归档。
解压缩后会消耗 51.2 kB 的额外空间。
获取:1 http://mirrors.aliyun.com/ubuntu jammy/main amd64 gcc amd64 4:11.2.0-1ubu
已下载 5,112 B，耗时 0秒 (24.8 kB/s)
正在选中未选择的软件包 gcc。
(正在读取数据库 ... 系统当前共安装有 210079 个文件和目录。)
准备解压 .../gcc_4%3a11.2.0-1ubuntu1_amd64.deb  ...
正在解压 gcc (4:11.2.0-1ubuntu1) ...
正在设置 gcc (4:11.2.0-1ubuntu1) ...
正在处理用于 man-db (2.10.2-1) 的触发器 ...
ubuntu-user@virtual-machine:~$ 
```

图 9-1 安装 GCC

9.2.1 GCC 编译过程

示例代码如图 9-2 所示。

```
ubuntu-user@virtual-machine:~/gcc$ cat cfile.c
#include <stdio.h>
int main()
{
        printf("hello world\n");
        return 0;
}
```

图 9-2 C 语言代码示例

1. 预处理阶段

预处理阶段使用 GCC -E 选项，在预处理阶段后停止，不继续运行编译器。在此阶段处理宏定义和 include，去除注释，不会对语法进行检查。不需要预处理的输入文件将被忽略。输出采用预处理源代码的形式，该源代码被发送到标准输出，如需保存预处理结果，需在命令中使用-o 选项指定文件名，如图 9-3 所示。

通过 ll 命令可以看到，经过预处理的文件比代码文件大了很多。查看文件最后几行，与代码文件比较，后面的语句都没有变化，说明预处理阶段就是对包含的头文件 stdio. h 进行了预处理。

2. 编译阶段

编译阶段使用 GCC -S 选项，通过编译生成汇编语言代码。可以对代码文件进

```
ubuntu-user@virtual-machine:~/gcc$ gcc -E cfile.c -o cfile.i
ubuntu-user@virtual-machine:~/gcc$ ll
总用量 32
drwxrwxr-x  2 ubuntu-user ubuntu-user  4096 10月 27 10:49 ./
drwxr-x--- 18 ubuntu-user ubuntu-user  4096 10月 27 10:53 ../
-rw-rw-r--  1 ubuntu-user ubuntu-user    71 10月 25 16:06 cfile.c
-rw-rw-r--  1 ubuntu-user ubuntu-user 17956 10月 27 10:53 cfile.i
ubuntu-user@virtual-machine:~/gcc$ tail cfile.i
# 902 "/usr/include/stdio.h" 3 4

# 2 "cfile.c" 2

# 2 "cfile.c"
int main()
{
 printf("hello world\n");
 return 0;
}
```

图 9-3　预处理

行编译,也可以对预处理阶段生成的预处理文件进行编译。默认情况下,生成的汇编程序文件名是通过将后缀"c""i"等替换为"s"来创建的,也可以使用-o 选项指定生成文件的文件名。

在这个阶段,GCC 会对代码的语法进行检查。

如果在编辑示例代码时,printf("hello world\n")这个语句后漏打了分号,在编译阶段会被检查并提示出来,同时不会生成汇编程序文件。而同样的错误,在预处理阶段将会顺利通过,如图 9-4 所示。

```
ubuntu-user@virtual-machine:~/gcc$ cat cfile.c
#include <stdio.h>
int main()
{
        printf("hello world\n")
        return 0
}
ubuntu-user@virtual-machine:~/gcc$ gcc -E cfile.c -o cfile.i
ubuntu-user@virtual-machine:~/gcc$ gcc -S cfile.c
cfile.c: In function 'main':
cfile.c:4:32: error: expected ';' before 'return'
    4 |         printf("hello world\n")
      |                                ^
      |                                ;
    5 |         return 0
      |         ~~~~~~
ubuntu-user@virtual-machine:~/gcc$
```

图 9-4　编译阶段发现错误

代码修改正确后,才能正确编译得到汇编代码,如图 9-5 所示。

```
ubuntu-user@virtual-machine:~/gcc$ cat cfile.c
#include <stdio.h>
int main()
{
        printf("hello world\n");
        return 0;
}
ubuntu-user@virtual-machine:~/gcc$ gcc -S cfile.c
ubuntu-user@virtual-machine:~/gcc$ ll
总用量 36
drwxrwxr-x  2 ubuntu-user ubuntu-user  4096 10月 27 11:14 ./
drwxr-x--- 18 ubuntu-user ubuntu-user  4096 10月 27 10:53 ../
-rw-rw-r--  1 ubuntu-user ubuntu-user    71 10月 27 11:14 cfile.c
-rw-rw-r--  1 ubuntu-user ubuntu-user 17954 10月 27 11:11 cfile.i
-rw-rw-r--  1 ubuntu-user ubuntu-user   659 10月 27 11:14 cfile.s
ubuntu-user@virtual-machine:~/gcc$ head cfile.s
        .file   "cfile.c"
        .text
        .section        .rodata
.LC0:
        .string "hello world"
        .text
        .globl  main
        .type   main, @function
main:
.LFB0:
ubuntu-user@virtual-machine:~/gcc$
```

图 9-5　编译阶段

3. 汇编阶段

编译阶段使用 GCC -c 选项，编译且汇编源文件，但不链接。代码文件、预处理文件、汇编代码文件都可以进行汇编操作。最终输出 elf 格式的文件。默认情况下，源文件的对象文件名是通过将后缀“c”“i”“s”等替换为“o”来创建的，也可以使用-o 选项指定生成文件的文件名。汇编阶段如图 9-6 所示。

```
ubuntu-user@virtual-machine:~/gcc$ gcc -c cfile.c
ubuntu-user@virtual-machine:~/gcc$ ll
总用量 40
drwxrwxr-x  2 ubuntu-user ubuntu-user  4096 10月 27 16:29 ./
drwxr-x--- 18 ubuntu-user ubuntu-user  4096 10月 27 10:53 ../
-rw-rw-r--  1 ubuntu-user ubuntu-user    71 10月 27 11:14 cfile.c
-rw-rw-r--  1 ubuntu-user ubuntu-user 17954 10月 27 11:11 cfile.i
-rw-rw-r--  1 ubuntu-user ubuntu-user  1496 10月 27 16:29 cfile.o
-rw-rw-r--  1 ubuntu-user ubuntu-user   659 10月 27 11:14 cfile.s
ubuntu-user@virtual-machine:~/gcc$
```

图 9-6　汇编阶段

4. 链接阶段

使用 GCC 命令不加选项，将会对文件进行链接处理，生成可执行文件。不管是

C 语言代码文件，还是以上三个阶段生成的文件，都可以进行链接处理。如果不指定生成的文件名，则默认生成可执行文件名为 a.out；如果需要指定文件名，则可以使用-o 选项，如图 9－7 所示。

```
ubuntu-user@virtual-machine:~/gcc$ gcc cfile.c
ubuntu-user@virtual-machine:~/gcc$ ll
总用量 56
drwxrwxr-x  2 ubuntu-user ubuntu-user  4096 10月 27 17:09 ./
drwxr-x--- 18 ubuntu-user ubuntu-user  4096 10月 27 10:53 ../
-rwxrwxr-x  1 ubuntu-user ubuntu-user 15952 10月 27 17:09 a.out*
-rw-rw-r--  1 ubuntu-user ubuntu-user    71 10月 27 11:14 cfile.c
-rw-rw-r--  1 ubuntu-user ubuntu-user 17954 10月 27 11:11 cfile.i
-rw-rw-r--  1 ubuntu-user ubuntu-user  1496 10月 27 16:29 cfile.o
-rw-rw-r--  1 ubuntu-user ubuntu-user   659 10月 27 11:14 cfile.s
ubuntu-user@virtual-machine:~/gcc$ ./a.out
hello world
ubuntu-user@virtual-machine:~/gcc$ gcc cfile.c -o cfile
ubuntu-user@virtual-machine:~/gcc$ ll
总用量 72
drwxrwxr-x  2 ubuntu-user ubuntu-user  4096 10月 27 17:10 ./
drwxr-x--- 18 ubuntu-user ubuntu-user  4096 10月 27 10:53 ../
-rwxrwxr-x  1 ubuntu-user ubuntu-user 15952 10月 27 17:09 a.out*
-rwxrwxr-x  1 ubuntu-user ubuntu-user 15952 10月 27 17:10 cfile*
-rw-rw-r--  1 ubuntu-user ubuntu-user    71 10月 27 11:14 cfile.c
-rw-rw-r--  1 ubuntu-user ubuntu-user 17954 10月 27 11:11 cfile.i
-rw-rw-r--  1 ubuntu-user ubuntu-user  1496 10月 27 16:29 cfile.o
-rw-rw-r--  1 ubuntu-user ubuntu-user   659 10月 27 11:14 cfile.s
ubuntu-user@virtual-machine:~/gcc$ ./cfile
hello world
ubuntu-user@virtual-machine:~/gcc$
```

图 9－7　链接阶段

9.2.2 GCC 编译优化

在没有任何优化选项的情况下，编译器的目标是降低编译成本并使调试产生预期的结果。

使用优化选项会使编译器尝试以牺牲编译时间和可能调试程序的能力为代价来提高性能或减少代码量。

常用的优化选项有-O0、-O1、-O2、-O3、-Os。

-O0：缩短编译时间，使调试产生预期的结果。这是默认值。

-O1：普通优化。编译器会尝试减少代码量和缩短执行时间，而不执行任何需要大量编译时间的优化。

-O2：进一步优化。GCC 执行几乎所有受支持的优化，这些优化不涉及空间速度权衡。与-O1 相比，此选项增加了编译时间和生成的代码的性能。

-O3：优化更多。打开指定的所有优化。

-Os：针对代码量进行优化。启用除增加代码量的优化之外的所有优化。

如果您使用多个选项，无论是否带有级别号，最后一个此类选项都是有效的选项。

优化示例代码如图 9－8 所示。

```
ubuntu-user@virtual-machine:~/gcc$ cat cop.c
#include <stdio.h>
int main(){
        long tmpint2=0;
        for (long i=1;i<5e9;i+=1){
                tmpint2++;
        }
        printf("循环次数: %ld",tmpint2);
        return 0;
}

ubuntu-user@virtual-machine:~/gcc$
```

图 9－8　优化示例代码

使用优化选项编译后的效果如图 9－9 所示。

```
gcc cop.c -O0 -o cop0
gcc cop.c -O1 -o cop1
gcc cop.c -O2 -o cop2
gcc cop.c -O3 -o cop3
gcc cop.c -Os -o cops
time ./cop0
循环次数: 4999999999
real    0m4.299s
user    0m2.943s
sys     0m1.325s
time ./cop1
循环次数: 4999999999
real    0m2.094s
user    0m1.521s
sys     0m0.557s
time ./cop2
循环次数: 4999999999
real    0m2.823s
user    0m1.939s
sys     0m0.863s
time ./cop3
循环次数: 4999999999
real    0m2.795s
user    0m1.916s
sys     0m0.856s
time ./cops
循环次数: 4999999999
real    0m4.157s
user    0m2.818s
sys     0m1.314s
ubuntu-user@virtual-machine:~/gcc$
```

图 9－9　优化示例

其中，time 命令的作用是运行一个程序，并显示运行所用的时长。

由图 9-9 可见，对于示例代码，使用-O1 选项优化，可以使代码执行的时间缩短一半以上。但是-O2、-O3、-Os 并没有进一步优化的效果。

修改代码并再次优化如图 9-10、图 9-11 所示。

```
ubuntu-user@virtual-machine:~/gcc$ cat cop.c
#include <stdio.h>
int main(){
        long tmpint2=0;
        long count=5e9;
        for (long i=1;i<count;i+=1){
                tmpint2++;
        }
        printf("循环次数: %ld",tmpint2);
        return 0;
}

ubuntu-user@virtual-machine:~/gcc$
```

图 9-10　示例代码修改

```
gcc cop.c -O0 -o cop0
gcc cop.c -O1 -o cop1
gcc cop.c -O2 -o cop2
gcc cop.c -O3 -o cop3
gcc cop.c -Os -o cops
time ./cop0
循环次数: 4999999999
real    0m4.314s
user    0m3.018s
sys     0m1.264s
time ./cop1
循环次数: 4999999999
real    0m1.420s
user    0m0.964s
sys     0m0.438s
time ./cop2
循环次数: 4999999999
real    0m0.002s
user    0m0.001s
sys     0m0.000s
time ./cop3
循环次数: 4999999999
real    0m0.002s
user    0m0.002s
sys     0m0.000s
time ./cops
循环次数: 4999999999
real    0m0.002s
user    0m0.001s
sys     0m0.000s
ubuntu-user@virtual-machine:~/gcc$
```

图 9-11　修改后代码优化

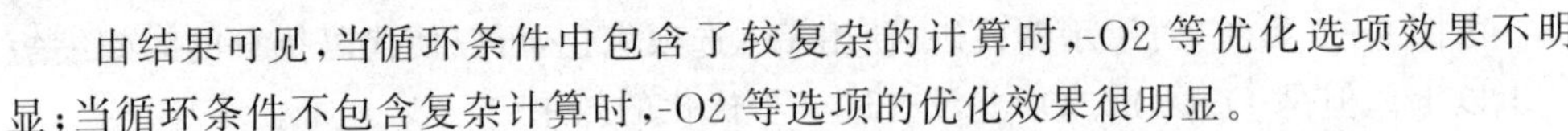

由结果可见,当循环条件中包含了较复杂的计算时,-O2 等优化选项效果不明显;当循环条件不包含复杂计算时,-O2 等选项的优化效果很明显。

优化的效果与代码有关,与编译使用的计算机性能也有关系。

9.3 GDB 调试

9.3.1 关于 GDB

GNU 调试器(GNU Debugger,简称 GDB)是一款 GNU 软件系统中的标准调试器,在 Linux 系统下用来调试 C 语言程序。

代码中出现的问题,仅用眼睛看,虽然也能找到其根源,但是使用工具是更好的办法,而 GDB 就是这样一个工具。

GDB 的目的是了解程序执行时内部的情况,或者程序在崩溃那一刻的情况。GDB 可以做 4 件事来帮助捕获行为中的错误:

- 启动程序,指定可能影响其行为的任何内容。
- 使程序在指定条件下停止。
- 检查程序停止时发生的情况。
- 更改程序中的内容,以便尝试消除一个错误的影响。

9.3.2 GDB 命令

直接运行 GDB,进入 GDB 调试界面,如图 9-12 所示。

```
ubuntu-user@virtual-machine:~/gdb$ gdb
GNU gdb (Ubuntu 12.0.90-0ubuntu1) 12.0.90
Copyright (C) 2022 Free Software Foundation, Inc.
License GPLv3+: GNU GPL version 3 or later <http://gnu.org/licenses/gpl.html>
This is free software: you are free to change and redistribute it.
There is NO WARRANTY, to the extent permitted by law.
Type "show copying" and "show warranty" for details.
This GDB was configured as "x86_64-linux-gnu".
Type "show configuration" for configuration details.
For bug reporting instructions, please see:
<https://www.gnu.org/software/gdb/bugs/>.
Find the GDB manual and other documentation resources online at:
    <http://www.gnu.org/software/gdb/documentation/>.

For help, type "help".
Type "apropos word" to search for commands related to "word".
(gdb)
```

图 9-12 进入 GDB 界面

GDB 调试界面是一个交互界面,通过输入 GDB 命令来调试程序。可以将 GDB 命令缩写为命令的前几个字母名称,前提是该缩写是明确的,即没有别的命令与其缩

写重复；也可以通过直接按“回车”键来重复某些 GDB 命令；还可以使用 Tab 键让 GDB 在命令中填写命令的其余部分，或在有多种可能性时展示可用的选择。

通过 quit 命令，可以退出 GDB 界面。

通过使用 file 命令可以加载需要调试的程序，也可以在运行 GDB 时，将需要调试的程序名作为参数运行以加载程序。

需要注意的是，被调试的程序在编译时必须生成了调试信息，否则 GDB 无法进行调试。如图 9 - 13 所示，提示“(No debugging symbols found in a. out)”。

```
ubuntu-user@virtual-machine:~/gdb$ gdb
GNU gdb (Ubuntu 12.0.90-0ubuntu1) 12.0.90
Copyright (C) 2022 Free Software Foundation, Inc.
License GPLv3+: GNU GPL version 3 or later <http://gnu.org/licenses/gpl.html>
This is free software: you are free to change and redistribute it.
There is NO WARRANTY, to the extent permitted by law.
Type "show copying" and "show warranty" for details.
This GDB was configured as "x86_64-linux-gnu".
Type "show configuration" for configuration details.
For bug reporting instructions, please see:
<https://www.gnu.org/software/gdb/bugs/>.
Find the GDB manual and other documentation resources online at:
    <http://www.gnu.org/software/gdb/documentation/>.

For help, type "help".
Type "apropos word" to search for commands related to "word".
(gdb) file a.out
Reading symbols from a.out...
(No debugging symbols found in a.out)
(gdb)
```

图 9 - 13　没有调试信息

使用 GCC 编译 C 语言程序时，用-g 选项可以生成调试信息，如图 9 - 14 所示，生成调试信息后，加载程序不再有错误提示。

```
ubuntu-user@virtual-machine:~/gdb$ gcc -g cfile.c
ubuntu-user@virtual-machine:~/gdb$ gdb a.out
GNU gdb (Ubuntu 12.0.90-0ubuntu1) 12.0.90
Copyright (C) 2022 Free Software Foundation, Inc.
License GPLv3+: GNU GPL version 3 or later <http://gnu.org/licenses/gpl.html>
This is free software: you are free to change and redistribute it.
There is NO WARRANTY, to the extent permitted by law.
Type "show copying" and "show warranty" for details.
This GDB was configured as "x86_64-linux-gnu".
Type "show configuration" for configuration details.
For bug reporting instructions, please see:
<https://www.gnu.org/software/gdb/bugs/>.
Find the GDB manual and other documentation resources online at:
    <http://www.gnu.org/software/gdb/documentation/>.

For help, type "help".
Type "apropos word" to search for commands related to "word"...
Reading symbols from a.out...
(gdb)
```

图 9 - 14　正确加载调试信息

程序加载后，可以通过 list 命令查看带行号的源代码，也可以通过 run 命令执行程序，如图 9-15 所示。

```
(gdb) list
1       #include <stdio.h>
2       int main(){
3               int sum=0;
4               int count=3;
5               for (int i=1;i<=count;i++){
6                       sum=sum+count;
7               }
8               printf("从1加到%d的和是%d\n",count,sum);
9               return 0;
10      }
(gdb) run
Starting program: /home/ubuntu-user/gdb/a.out
[Thread debugging using libthread_db enabled]
Using host libthread_db library "/lib/x86_64-linux-gnu/libthread_db.so.1".
从1加到3的和是9
[Inferior 1 (process 3596) exited normally]
(gdb)
```

图 9-15　查看及运行程序

其中，list 命令默认显示 10 行代码，再次执行 list 命令会从前一次显示的最后一行开始。如需显示指定行代码，使用 first、last 参数。例如“list 15”为显示第 15 行的前 5 行到后 4 行，即第 10～19 行；“list 15,”为显示从第 15 行开始的后 10 行，即第 15～24 行；“list 5,12”为显示第 5～12 行；“list, 12”为显示从第 12 行开始的前 10 行，即第 3～12 行。

使用调试器的主要目的是可以在程序异常退出前或者在程序出现错误结果前中断它，以便通过调试找出原因。中断后，可以检查和更改变量，设置新断点或删除旧断点，然后单步或继续执行程序。

使用 break 命令可以为程序设置断点，程序执行到断点时会中断，以便进行调试。断点可以通过 list 命令中的行号来设置，或通过函数名来设置，设置时还可以增加判断条件。

使用 info breakpoints 命令可以查看已设置的断点，使用 delete 命令可以删除已设置的断点，这两个命令都可以查看或删除指定的断点，如图 9-16 和图 9-17 所示。

由图 9-17 可见，可以指定 main 函数作为断点，但当指定一个不存在的函数作为断点时，GDB 会给出错误信息。设置断点后，再运行程序，程序会在运行到断点时中断，若设置了判断条件，GDB 会在执行到相应行数，同时判断条件满足时才会中断程序。中断后，即可通过各种手段，调试程序，找到运行结果与预期不一样的原因。

手段一：查看及修改变量值。print 命令可以显示指定变量的当前值，而 display 命令除了显示变量当前值外，在之后的每一次中断都会显示变量的值。print 命令除了显示变量值外，还能修改变量值，set variable 命令也可以修改变量值，这两个命令可以将变量设为期望它变成的值，以观察程序运行的变化。

```
(gdb) break 6
Breakpoint 1 at 0x116c: file cfile.c, line 6.
(gdb) break 8
Breakpoint 2 at 0x117e: file cfile.c, line 8.
(gdb) break 9
Breakpoint 3 at 0x119a: file cfile.c, line 9.
(gdb) info breakpoints
Num     Type           Disp Enb Address            What
1       breakpoint     keep y   0x000000000000116c in main at cfile.c:6
2       breakpoint     keep y   0x000000000000117e in main at cfile.c:8
3       breakpoint     keep y   0x000000000000119a in main at cfile.c:9
(gdb) info breakpoints 2
Num     Type           Disp Enb Address            What
2       breakpoint     keep y   0x000000000000117e in main at cfile.c:8
(gdb) delete 2
(gdb) info breakpoints
Num     Type           Disp Enb Address            What
1       breakpoint     keep y   0x000000000000116c in main at cfile.c:6
3       breakpoint     keep y   0x000000000000119a in main at cfile.c:9
(gdb) delete
Delete all breakpoints? (y or n) y
(gdb) info breakpoints
No breakpoints or watchpoints.
(gdb) 
```

图 9-16　设置断点(1)

```
(gdb) list
1       #include <stdio.h>
2       int main(){
3               int sum=0;
4               int count=3;
5               for (int i=1;i<=count;i++){
6                       sum=sum+count;
7               }
8               printf("从1加到%d的和是%d\n",count,sum);
9               return 0;
10      }
(gdb) break
break        break-range
(gdb) break
break        break-range
(gdb) break main
Breakpoint 1 at 0x1155: file cfile.c, line 3.
(gdb) break main1
Function "main1" not defined.
Make breakpoint pending on future shared library load? (y or [n]) n
(gdb) break 6 if i==2
Breakpoint 2 at 0x116c: file cfile.c, line 6.
(gdb) info breakpoints
Num     Type           Disp Enb Address            What
1       breakpoint     keep y   0x0000000000001155 in main at cfile.c:3
2       breakpoint     keep y   0x000000000000116c in main at cfile.c:6
        stop only if i==2
(gdb) 
```

图 9-17　设置断点(2)

手段二：单步调试及跳至下一断点。单步调试可用命令为 step 及 next，两者的区别是，next 命令遇到函数时会将函数当作一行命令，直接向下运行，而 step 命令会进入函数内部一步步执行。continue 命令的作用是继续运行到下一断点，若之后没有断点则运行到程序结束。

9.3.3 GDB 调试实例

下面以图 9-18 所示的代码演示 GDB 的使用。

```
ubuntu-user@virtual-machine:~/gdb$ cat cfile.c
#include <stdio.h>
int main(){
        int sum=0;
        int count=3;
        for (int i=1;i<=count;i++){
                sum=sum+count;
        }
        printf("从1加到%d的和是%d\n",count,sum);
        return 0;
}

ubuntu-user@virtual-machine:~/gdb$ gcc cfile.c
ubuntu-user@virtual-machine:~/gdb$ ./a.out
从1加到3的和是9
ubuntu-user@virtual-machine:~/gdb$
```

图 9-18　GDB 调试示例代码

图 9-18 中的代码是一个简单的循环，目的是计算从 1 加到 3 的和，但是计算结果明显是不对的。而使用 GCC 编译时能正确编译，生成的可行性文件也能正常运行，可见代码的语法是没有问题的。问题应该是出在代码的逻辑上。

如图 9-19 所示，调试时先用 list 命令查看源代码。首先怀疑是循环部分出了问题，因此使用 break 命令将断点设置在第 6 行，即循环执行的语句。再使用 run 命令执行代码，代码在第 6 行遇到断点，执行中断。使用 display 命令监视变量 i、sum、count 的值，此时 i=1，sum=0，count=3，表示这是第 1 次执行循环，sum 及 count 都是初始值。使用 next 命令单步执行下一步，发现此时 i=1，sum=3，count=3，即循环执行完第 1 步后 sum 的值变成了 3。而根据程序的目的，从数字 1 加到 3，第 1 步应该是加 1，sum 的结果应该是 1，明显出现了问题，说明这个语句是有问题的。仔细观察，发现当前代码为 sum=sum+count，而正确的应该是 sum=sum+i。

以上例子，通过设置断点，监视变量值，单步执行，定位到了产生问题的语句，为解决 bug 提供了极大的帮助。当然，这里举的例子比较简单，语句行数也很少，代码的问题不用工具也可以较快地发现。但是如果是一个成千上万行语句的项目，要查找一个 bug，没有类似 GDB 这样的调试工具，是极端困难的，会耗费大量的时间和精力。

查找到问题后，还可以通过使用 print 或 set variable 命令，设置变量的值，使程序输出期望的结果。

```
(gdb) list
1       #include <stdio.h>
2       int main(){
3               int sum=0;
4               int count=3;
5               for (int i=1;i<=count;i++){
6                       sum=sum+count;
7               }
8               printf("从1加到%d的和是%d\n",count,sum);
9               return 0;
10      }
(gdb) break 6
Breakpoint 1 at 0x116c: file cfile.c, line 6.
(gdb) run
Starting program: /home/ubuntu-user/gdb/a.out
[Thread debugging using libthread_db enabled]
Using host libthread_db library "/lib/x86_64-linux-gnu/libthread_db.so.1"

Breakpoint 1, main () at cfile.c:6
6                       sum=sum+count;
(gdb) display i
1: i = 1
(gdb) display sum
2: sum = 0
(gdb) display count
3: count = 3
(gdb) n
5               for (int i=1;i<=count;i++){
1: i = 1
2: sum = 3
3: count = 3
(gdb)
```

图 9-19 调试示例

9.4 项目实践

9.4.1 GCC 编译练习

1. 编写代码。

main.c 文件内容：

```
#include <stdio.h>
int calc(int);
int main(int argc, char * argv[])
{
        int iInput = 1, iOutput = 0;
        printf("阶乘计算器\n");
        while(iInput >0){
                printf("请输入一个正整数！(输入 0 退出)\n");
                scanf("%i",&iInput);
                while(iInput <0){
                        printf("请输入正整数！\n");
```

```
                scanf("%i",&iInput);
            }
            iOutput = calc(iInput);
            printf("%i! = %i\n", iInput , iOutput);
        }
        printf("感谢使用阶乘计算器,再见\n");
        return 0;
}
```

calc. c 的文件内容:

```
#include <stdio.h>
int calc(int iIn)
{
        int iOut = 1;
        for(int i = 1; i <= iIn; i++)
        {
                iOut = iOut * i;
        }
        return iOut;
}
```

2. 将 main. c 文件预处理为 main. i 文件,main. c 文件预处理为 main. i 文件。

3. 将 mian. i 文件编译为 main. s 文件,mian. i 文件编译为 main. s 文件。

4. 将 main. s 文件汇编为 mian. o 文件,main. s 文件编译为 mian. o 文件。

5. 将 main. o 文件及 calc. o 文件链接为可执行文件 main(GCC main. o calc. o -o main)。

6. 试运行 main。

9.4.2 GCC 优化练习

1. 编写一段包含多次循环的代码。

2. 编译代码,分别使用-O0,-O1,-O2,-O3,-Os 选项。

3. 比较不同选项编译得到结果的运行时长。

9.4.3 GDB 调试练习

1. 编写一段包含逻辑错误,但语法正确的代码。

2. 使用 gcc -g 选项对代码进行编译。

3. 使用 GDB 调试器对代码进行调试,找出逻辑错误的语句。

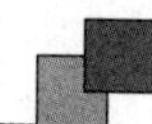

本章小结

本章主要讲解了 Linux 中 C 语言编程。首先介绍了 GCC 编译器;然后介绍了 GCC 编译的优化及调试,并给出调试的具体方法。通过学习本章的内容,读者可以了解 Linux 中 C 语言编程,熟悉 C 语言编译的优化及调试,并能根据实际需要独立编译 C 语言程序,实现预定的功能。

第 10 章 Linux 下防火墙

学完本章内容以后，你将能够：

- 了解 Linux 下防火墙；
- 掌握 nftables 防火墙配置。

10.1 Linux 下防火墙简介

在较早版本的 Linux 系统中，默认自带的防火墙工具是 iptables，开源世界中的每个主要发行版都在演进，逐渐将 nftables 作为默认防火墙。换言之，古老的 iptables 现在将被 nftables 取代。本章将介绍如何构建 nftables。

10.1.1 nftables 的概念

nftables 是一个新式的数据包过滤框架，旨在替代现用的 iptables、ip6tables、arptables 和 ebtables 的新的包过滤框架。nftables 诞生于 2008 年，2013 年底合并到 Linux 内核，从 Linux 内核 3.13 版本开始，大多数场景下 nftables 已经使用，但是完整的支持(即 nftables 优先级高于 iptables)应该是 Linux 内核 3.15 版本。

nftables 旨在解决现有{ip/ip6}tables 工具存在的诸多限制。相对于旧的 iptables，nftables 最引人注目的功能包括：改进性能、支持查询表、事务型规则更新、所有规则自动应用等。

nftables 主要由 3 个组件组成：内核实现、libnl netlink 通信和 nftables 用户空间。其中，内核提供了一个 netlink 配置接口以及运行时规则集评估，libnl 包含了与内核通信的基本函数，用户空间可以通过新引入的命令行工具 nft 与用户进行交互。

nft 可以通过在寄存器中储存和加载来交换数据。也就是说，它的语法与

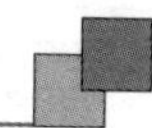

iptables 不同。但 nft 可以利用内核提供的表达式去模拟旧的 iptables 命令，维持兼容性的同时获得更大的灵活性。简单来说，nft 是 iptables 及其衍生指令（ip6tables 和 arptables）的超集。

10.1.2　nftables 的特点

nftables 的特点包括：

① nftables 拥有一些高级的类似编程语言的能力，例如：定义变量和包含外部文件，即拥有使用额外脚本的能力。nftables 也可以用于多种地址簇的过滤和处理。

② 不同于 iptables，nftables 并不包含任何内置表，需要哪些表及在这些表中添加什么处理规则等均由管理员决定。

③ 表包含规则链，规则链包含规则。

10.1.3　nftables 相较于 iptables 的优点

1. 更新速度更快

在 iptables 中添加规则，但随着规则数量增多更新速度会变得非常慢。这种状况对 nftables 而言就不存在了，因为 nftables 使用原子的快速操作来更新规则集合。

2. 内核更新更少

使用 iptables 时，每一个匹配或投递都需要内核模块的支持。因此，如果你忘记一些东西或者要添加新的功能时都需要重新编译内核。而在 nftables 中就不存在这种情况了，因为在 nftables 中，大部分工作是在用户态完成的，内核只知道一些基本指令（过滤是用伪状态机实现的）。例如，icmpv6 支持是通过 nft 工具的一个简单的补丁实现的，而在 iptables 中这种类型的更改需要内核和 iptables 都升级才可以。

10.2　nftables 管理

nftables 与 iptables 一样，由表（table）、链（chain）和规则（rule）组成，其中表包含链，链包含规则，规则是真正的动作。

在 nftables 中，表是链的容器。所以，开始使用 nftables 时，首先需要添加至少一个表，然后可以向表中添加链，最后向链里添加规则。

10.2.1　nftables 表管理

与 iptables 中的表不同，nftables 中没有内置表。表的数量和名称由用户决定。但是，每个表只有一个地址簇，并且只适用于该簇的数据包。nftables 表如表 10－1 所列，可以指定为以下 5 个簇中的一个：

ip（即 IPv4）是默认簇，如果未指定簇，则使用该簇。如果要创建同时适用 IPv4

和 IPv6 的规则，请使用 inet 簇。inet 允许统一 ip 和 ip6 簇，以便更容易定义规则。

注意：inet 不能用于 nat 类型的链，只能用于 filter 类型的链。

表 10－1　nftables 簇与 iptables 命令行工具的对应关系

nftables 簇	对应 iptables 命令行工具
ip	iptables
ip6	ip6tables
inet	iptables 和 ip6tables
arp	arptables
bridge	ebtables

下面来看 nftables 是如何进行表管理操作的。表 10－2 所列为 nftables 表管理的基本命令语法。

表 10－2　nftables 表管理的基本命令语法

命　令	描　述	语　法
add	创建表	nft **add** table [<family>] <name>
list	列出表	nft **list** tables [<family>]
		nft **list** table [<family>] <name>[-n] [-a]
delete	删除表	nft **delete** table [<family>] <name>
flush	清空表	nft **flush** table [<family>] <name>

接下来演示如何创建和管理一个新表(需要切换到 root 权限下进行操作)，如图 10－1 所示。

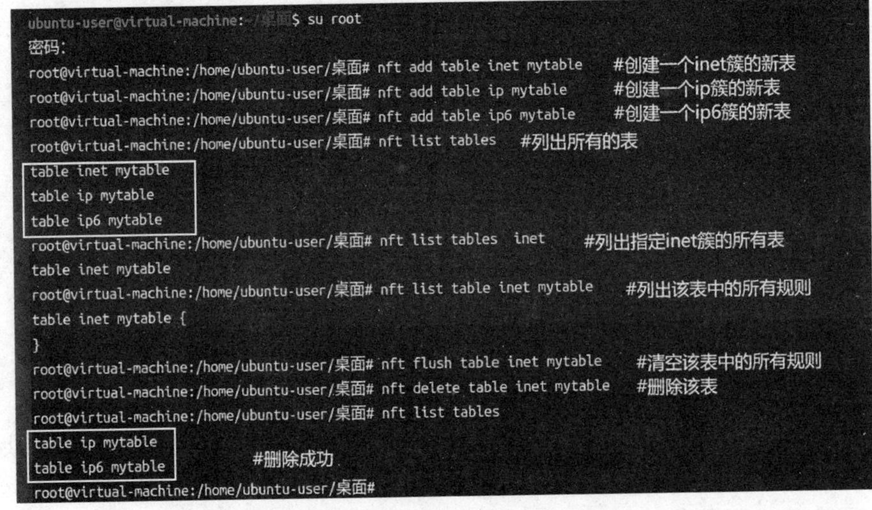

图 10－1　创建和管理一个新的表

注意:需要切换到 root 权限下进行,删除操作只能删除不包含链的表。

10.2.2　nftables 链管理

链是用来保存规则的,与 iptables 中的链不同,nftables 没有内置链。这意味着与表一样,链也需要被显示创建。链有以下两种类型:

- ➢ 常规链　主要用来做跳转,不需要指定钩子类型和优先级。从逻辑上对规则进行分类,支持所有的 nftables 簇。
- ➢ 基本链　来自网络栈数据包的入口点,需要指定钩子类型和优先级,支持 ip 和 ip6 簇。

nftables 与 iptables 类似,依然使用 netfiler 中的 5 个钩子,如图 10-2 所示。

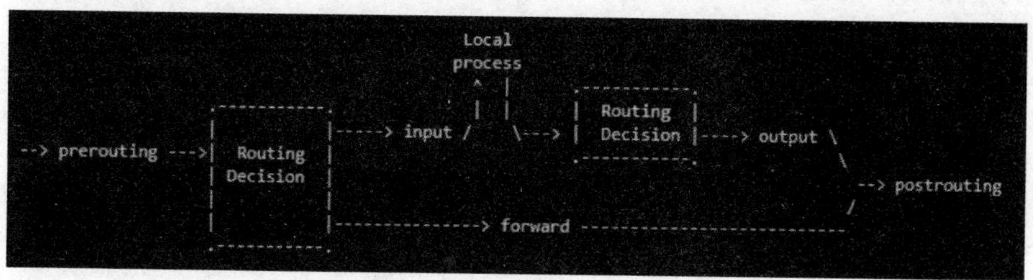

图 10-2　netfiler 中的 5 个钩子

不同的是,nftables 在 Linux Kernel 4.2 中新增了 ingress 钩子,如图 10-3 所示。

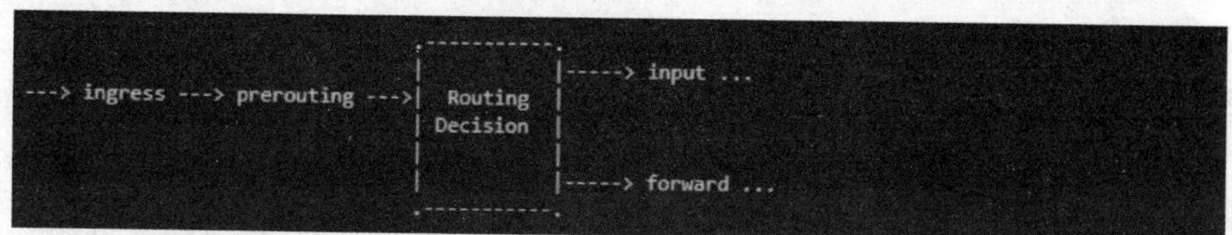

图 10-3　ingress 钩子

1. nftables 链支持钩子的作用

- ➢ prerouting:刚到达并未被 nftables 的其他部分所路由或处理的数据包。
- ➢ input:已经被接收并且已经过 prerouting 钩子的传入数据包。
- ➢ forward:如果数据包将被发送到另一个设备,它将会通过 forward 钩子。
- ➢ output:从本地传出的数据包。
- ➢ postrouting:仅仅在离开系统之前,可以对数据包进行进一步处理。

2. nftables 链支持钩子的适用范围

ip、ip6 和 inet 簇支持的钩子有:prerouting、input、forward、output、postrouting。

arp 簇支持的钩子有:input、output。

3. nftables 链支持的优先级

优先级采用整数值表示，数字较小的链优先处理，并且可以是负数。可以使用的值有：

- NF_IP_PRI_CONNTRACK_DEFRAG (−400)
- NF_IP_PRI_RAW (−300)
- NF_IP_PRI_SELINUX_FIRST (−225)
- NF_IP_PRI_CONNTRACK (−200)
- NF_IP_PRI_MANGLE (−150)
- NF_IP_PRI_NAT_DST (−100)
- NF_IP_PRI_FILTER (0)
- NF_IP_PRI_SECURITY (50)
- NF_IP_PRI_NAT_SRC (100)
- NF_IP_PRI_SELINUX_LAST (225)
- NF_IP_PRI_CONNTRACK_HELPER (300)

4. nftables 链对报文数据支持采取的动作

- accept
- drop
- queue
- continue
- return

5. nftables 创建链的基本命令语法

- nft (add | create) chain [<family >] <table ><name >[{ type <type >hook <hook >[device <device >] priority <priority >\; [policy <policy >\;] }]
- nft (delete | list | flush) chain [<family >] <table ><name >
- nft rename chain [<family >] <table ><name ><newname >

6. nftables 创建链的基本操作

nftables 创建链的基本操作包括创建常规链和基本链，以及编辑链、列出规则、清空规则和删除链等操作，相关命令和描述如表 10 - 3 所列。

表 10 - 3　nftables 创建链的基本操作

作　用	举　例	描　述
创建常规链	nft add chain inetmytable tcpchain	将名为 tcpchain 的常规链添加到 inet 簇中名为 mytable 的表中

续表 10－3

作　用	举　例	描　述
创建基本链	nft add chain inet mytable input { type filter hook input priority 0\; }	添加一个筛选输入数据包的基本链
编辑链	nft chain inet mytable input { policy drop \;	将默认表中的 input 链策略从 accept 更改为 drop
删除链	nft delete chain inet mytable inpu	删除指定的链，这里为 input

(1) 创建链

创建链可分为创建常规链和创建基本链，如图 10－4 所示。

```
root@virtual-machine:/home/ubuntu-user/桌面# nft add table inet mytable
root@virtual-machine:/home/ubuntu-user/桌面# nft add chain inet mytable tcpchain    #创建常规链
root@virtual-machine:/home/ubuntu-user/桌面# nft add chain inet mytable input { type filter hook input prior
ity 0\; }        #创建基本链
root@virtual-machine:/home/ubuntu-user/桌面#
```

图 10－4　创建链

添加一个基本链，必须指定钩子和优先级。基本链的类型可以是 filter、route 或者 nat。

注意：反斜线(\)用来转义，这样 Shell 就不会将分号解释为命令的结尾。

Priority 采用整数值，可以是负数，值较小的链优先处理。

列出所有的规则，如图 10－5 所示。

```
root@virtual-machine:/home/ubuntu-user/桌面# nft list ruleset
table ip mytable {
}
table ip6 mytable {
}
table inet mytable {
        chain tcpchain {
        }

        chain input {
                type filter hook input priority filter; policy accept;
        }
}
```

图 10－5　列出所有规则

(2)编辑链

要编辑一个链，只需按名称调用并重新定义要更改的规则即可，规则由语句或表达式构成，包含在链中，下面将默认表中的 input 链策略从 accept 更改为 drop，如

图 10－6 所示。

```
root@virtual-machine:/home/ubuntu-user/桌面# nft chain inet mytable input { policy drop \; }
root@virtual-machine:/home/ubuntu-user/桌面# nft list ruleset
table ip mytable {
}
table ip6 mytable {
}
table inet mytable {
        chain tcpchain {
        }

        chain input {
                type filter hook input priority filter; policy drop;
        }
}
root@virtual-machine:/home/ubuntu-user/桌面#
```

图 10－6　编辑链

(3) 清空链中的规则和删除链

以 input 链为例，nft flush chain inet mytable input 为清空 input 链中的规则，nft delete chain inet mytable input 为删除 input 链，如图 10－7 所示。

```
root@virtual-machine:/home/ubuntu-user/桌面# nft flush chain inet mytable input
root@virtual-machine:/home/ubuntu-user/桌面# nft delete chain inet mytable input
root@virtual-machine:/home/ubuntu-user/桌面# nft list ruleset
table ip mytable {
}
table ip6 mytable {
}
table inet mytable {
        chain tcpchain {
        }
}
```

图 10－7　清空链中的规则和删除链

注意：要删除的链中不能包含任何规则或者跳转目标。

10.2.3　nftables 规则管理

nftables 规则由语句或表达式构成，包含在链中。表 10－4 所列为创建 nftables 规则的基本命令语法。

在表 10－4 所列的语法中，matches 是报文需要满足的条件。matches 的内容非常多，可以识别多种类型的报文，如图 10－8 所示。

表 10 - 4 创建 nftables 规则的基本命令语法

命 令	语 法	描 述
add	nft **add** rule [<family>] <table><chain><matches> <statements>	增加规则，将规则添加到链的末尾
insert	nft **insert** rule [<family>] <table><chain>[position <position>] <matches><statements>	增加规则，从链的开头增加规则
replase	nft **replace** rule [<family>] <table><chain>[handle <handle>] <matches><statements>	
delete	nft **delete** rule [<family>] <table><chain>[handle <handle>]	

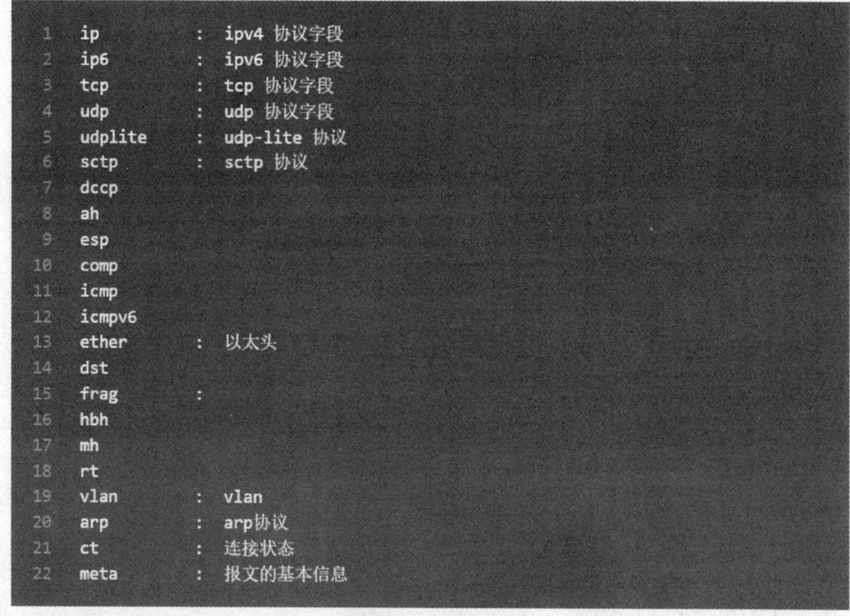

```
ip          :  ipv4 协议字段
ip6         :  ipv6 协议字段
tcp         :  tcp 协议字段
udp         :  udp 协议字段
udplite     :  udp-lite 协议
sctp        :  sctp 协议
dccp
ah
esp
comp
icmp
icmpv6
ether       :  以太头
dst
frag        :
hbh
mh
rt
vlan        :  vlan
arp         :  arp协议
ct          :  连接状态
meta        :  报文的基本信息
```

图 10 - 8 matches

对每一种类型的报文，又可以同时检查多个字段，如图 10 - 9 所示。

statement 是报文匹配规则时触发的操作。它大致有几种，如图 10 - 10 所示。

图 10 - 10 中，Verdict Statements 是一组动作，大致有以下几种：

- accept 接收数据包并停止剩余规则评估。
- drop 丢弃数据包并停止剩余规则评估。
- queue 将数据包排队到用户空间并停止剩余规则评估。
- continue 使用下一条规则继续进行规则评估。
- return 从当前链返回并继续执行最后一条链的下一条规则。

```
ip dscp cs1
ip dscp != cs1
ip dscp 0x38
ip dscp != 0x20
ip dscp {cs0, cs1, cs2, cs3, cs4, cs5, cs6, cs7, af11, af12, af13, af21,
af22, af23, af31, af32, af33, af41, af42, af43, ef}

ip length 232
ip length != 233
ip length 333-435
ip length != 333-453
ip length { 333, 553, 673, 838}

ip6 flowlabel 22
ip6 flowlabel != 233
ip6 flowlabel { 33, 55, 67, 88 }
ip6 flowlabel { 33-55 }
```

图 10-9　每种类型报文可检查多个字段

```
Verdict statements :  动作
Log                :  记录日志并继续处理请求
Reject             :  停止处理并拒绝请求
Counter            :  计数
Limit              :  如果达到了接收数据包的匹配限制，则根据规则处理数据包
Nat                :  NAT
Queuea             :  停止处理并发送数据包到用户空间程序
```

图 10-10　statements

➢ jump　跳转到指定的规则链，当执行完成或者返回时，返回到调用的规则链。

➢ goto　类似于跳转，发送到指定规则链但不返回。

下面将以添加一条允许 SSH 登录的规则为例，介绍如何增加或插入一条新的规则。

1. 增加规则

默认情况下，add 表示将规则添加到链的末尾，如图 10-11 所示。如果想从链的开头增加规则，可以使用 insert 来实现，如图 10-12 所示。

```
root@virtual-machine:/home/ubuntu-user/桌面# nft add rule inet mytable input tcp dport ssh accept
root@virtual-machine:/home/ubuntu-user/桌面#
```

图 10-11　使用 add 将规则添加到链的末尾

```
root@virtual-machine:/home/ubuntu-user/桌面# nft insert rule inet mytable input tcp dport http accept
root@virtual-machine:/home/ubuntu-user/桌面#
```

图 10-12　使用 insert 将规则添加到链的开头

2. 列出规则

列出目前链中所有的规则，如图 10 - 13 所示。

```
root@virtual-machine:/home/ubuntu-user/桌面# nft list ruleset
table inet mytable {
        chain tcpchain {
        }

        chain input {
                type filter hook input priority filter; policy accept;
                tcp dport 80 accept
                tcp dport 80 accept
                tcp dport 22 accept
        }
}
root@virtual-machine:/home/ubuntu-user/桌面#
```

图 10 - 13　列出目前链中所有的规则

列出某个表中的所有规则，如图 10 - 14 所示。

```
root@virtual-machine:/home/ubuntu-user/桌面# nft list table inet mytable
table inet mytable {
        chain tcpchain {
        }

        chain input {
                type filter hook input priority filter; policy accept;
                tcp dport 80 accept
                tcp dport 80 accept
                tcp dport 22 accept
        }
}
```

图 10 - 14　列出某个表中的所有规则

列出某条链中的所有规则，如图 10 - 15 所示。

```
}
root@virtual-machine:/home/ubuntu-user/桌面# nft list chain inet mytable input
table inet mytable {
        chain input {
                type filter hook input priority filter; policy accept;
                tcp dport 80 accept
                tcp dport 80 accept
                tcp dport 22 accept
        }
}
```

图 10 - 15　列出某条链中的所有规则

3. 按指定位置增加规则

无论使用 add 还是 insert 来增加规则，都可以通过 index 或者 handle 来指定添加的位置。

(1) 使用 index 来指定规则的索引

index 类似于 iptables 的-I 选项，add 表示新规则添加到索引位置的规则后面，insert 表示新规则添加在索引位置的规则前面。

在 input 链中，使用 insert 在规则中的第 2 条规则前插入一条新规则，如图 10－16 所示。

```
root@virtual-machine:/home/ubuntu-user/桌面# nft insert rule inet mytable input index 1 tcp dport nfs accept
root@virtual-machine:/home/ubuntu-user/桌面# nft list ruleset
table inet mytable {
        chain tcpchain {
        }

        chain input {
                type filter hook input priority filter; policy accept;
                tcp dport 80 accept
                tcp dport 2049 accept
                tcp dport 2049 accept
                tcp dport 80 accept
                tcp dport 22 accept
        }
}
```

图 10－16 使用 insert 插入一条新的规则

在 input 链中，使用 add 在规则中的第 2 条规则后插入一条新的规则，如图 10－17 所示。

```
root@virtual-machine:/home/ubuntu-user/桌面# nft add rule inet mytable input index 0 tcp dport 1234 accept
root@virtual-machine:/home/ubuntu-user/桌面# nft list ruleset
table inet mytable {
        chain tcpchain {
        }

        chain input {
                type filter hook input priority filter; policy accept;
                tcp dport 80 accept
                tcp dport 1234 accept
                tcp dport 2049 accept
                tcp dport 2049 accept
                tcp dport 80 accept
                tcp dport 22 accept
        }
}
root@virtual-machine:/home/ubuntu-user/桌面#
```

图 10－17 使用 add 插入一条新的规则

注意：index 的值是从 0 开始的，index 必须指向一条已存在的规则的索引。

(2) 使用 handle 来指定规则的句柄

通过 handle 的值来指定规则添加的位置，必须先知道现有规则的句柄位置。可以通过参数--handle 来获取当前规则的句柄位置，如图 10－18 所示。

```
root@virtual-machine:/home/ubuntu-user/桌面# nft --handle list ruleset
table inet mytable { # handle 1
        chain tcpchain { # handle 1
        }

        chain input { # handle 2
                type filter hook input priority filter; policy accept;
                tcp dport 80 accept # handle 5
                tcp dport 1234 accept # handle 8
                tcp dport 2049 accept # handle 7
                tcp dport 2049 accept # handle 6
                tcp dport 80 accept # handle 3
                tcp dport 22 accept # handle 4
        }
}
root@virtual-machine:/home/ubuntu-user/桌面#
```

图 10－18　通过参数--handle 来获取当前规则的句柄位置

获取当前规则的句柄位置后，就可以在指定句柄位置添加规则。下面在句柄位置 4 后面和句柄位置 5 前面分别增加一条新的规则，如图 10－19 所示。

```
root@virtual-machine:/home/ubuntu-user/桌面#  nft add rule inet mytable input handle 4 tcp dport 2345 accept
root@virtual-machine:/home/ubuntu-user/桌面# nft insert rule inet mytable input handle 5 tcp dport 3456 accept
root@virtual-machine:/home/ubuntu-user/桌面# nft --handle list ruleset
table inet mytable { # handle 1
        chain tcpchain { # handle 1
        }

        chain input { # handle 2
                type filter hook input priority filter; policy accept;
                tcp dport 3456 accept # handle 10
                tcp dport 80 accept # handle 5
                tcp dport 1234 accept # handle 8
                tcp dport 2049 accept # handle 7
                tcp dport 2049 accept # handle 6
                tcp dport 80 accept # handle 3
                tcp dport 22 accept # handle 4
                tcp dport 2345 accept # handle 9
        }
}
root@virtual-machine:/home/ubuntu-user/桌面#
```

图 10－19　在指定句柄位置添加规则

在 nftables 中，句柄值是固定不变的，除非规则被删除。而 index 的值是可变的，只要有新规则插入，就有可能发生变化。一般建议使用 handle 来插入新规则。

也可以在创建规则时就获取规则的句柄值，只需要在创建规则时同时加上参数--echo 和--handle，如图 10－20 所示。

```
root@virtual-machine:/home/ubuntu-user/桌面# nft --echo --handle add rule inet m
ytable input udp dport 3333 accept
add rule inet mytable input udp dport 3333 accept # handle 3
# new generation 7 by process 2932 (nft)
```

图 10－20　使用参数--echo 和--handle 创建规则

4. 删除规则

单个规则只能通过句柄值删除，每个规则的句柄值可通过 nft --handle list ruleset 命令查看。

通过 nft delete rule inet mytable input handle 4 命令将刚刚添加的句柄 4 规则删除，如图 10－21 所示。

```
root@virtual-machine:/home/ubuntu-user/桌面# nft --handle list ruleset
table ip mytable { # handle 2
}
table ip6 mytable { # handle 3
}
table inet mytable { # handle 4
        chain tcpchain { # handle 1
        }

        chain input { # handle 2
                type filter hook input priority filter; policy drop;
                tcp dport 80 accept # handle 4
                tcp dport 2345 accept # handle 7
                tcp dport 1234 accept # handle 6
                tcp dport 3456 accept # handle 8
                tcp dport 2049 accept # handle 5
        }
}
root@virtual-machine:/home/ubuntu-user/桌面# nft delete rule inet mytable input handle 4
root@virtual-machine:/home/ubuntu-user/桌面# nft --handle list ruleset
table ip mytable { # handle 2
}
table ip6 mytable { # handle 3
}
table inet mytable { # handle 4
        chain tcpchain { # handle 1
        }

        chain input { # handle 2
                type filter hook input priority filter; policy drop;
                tcp dport 2345 accept # handle 7
                tcp dport 1234 accept # handle 6
                tcp dport 3456 accept # handle 8
                tcp dport 2049 accept # handle 5
        }
}
root@virtual-machine:/home/ubuntu-user/桌面#
```

图 10－21　删除规则

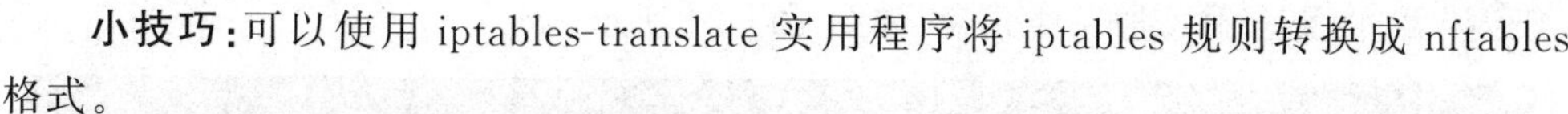

小技巧：可以使用 iptables-translate 实用程序将 iptables 规则转换成 nftables 格式。

10.2.4　nftables 高级功能进阶

nftables 除了上面的基础功能外，还额外提供了一些非常实用且功能强大的高级功能。

1. 集　合

nftables 的语法原生支持集合，可以用来匹配多个 IP 地址、端口号、网卡或其他任何条件。nftables 的集合可分为匿名集合和命名集合，相对 iptables 来说，nftables 是原生支持集合，并不需要借助 ipset 来实现。

(1) 匿名集合

匿名集合适用于将来不需要更改的规则，如图 10－22 所示。

```
                                        #允许来源于IP处于10.10.10.123--10.10.10.231这个区间内的主机流量
root@virtual-machine:/home/ubuntu-user/桌面# nft add rule inet mytable input ip saddr { 10.10.10.123,10.10.10.231 } accept
root@virtual-machine:/home/ubuntu-user/桌面# nft add rule inet mytable input tcp dport { http, nfs,ssh } accept
root@virtual-machine:/home/ubuntu-user/桌面#     #允许指定协议http, nfs, ssh 的流量通过
```

图 10－22　匿名集合

匿名集合的缺点是当需要修改集合规则时，就要替换原规则。如果需要频繁修改的集合，推荐使用命名集合。

(2) 命名集合

nftables 的命名集合是可以修改的。创建命名集合时需要指定其元素的类型，当前支持的数据类型有：

- ipv4_addr　IPv4 地址。
- ipv6_addr　IPv6 地址。
- ether_addr　以太网(Ethernet)地址。
- inet_proto　网络协议。
- inet_service　网络服务。
- mar　标记类型。

下面来看一个实例。首先，创建一个空的命名集合，如图 10－23 所示。

```
root@virtual-machine:/home/ubuntu-user/桌面# nft add set inet mytable myset { type ipv4_addr \; }
root@virtual-machine:/home/ubuntu-user/桌面# nft list sets
table inet mytable {
        set myset {
                type ipv4_addr
        }
}
```

图 10－23　创建一个空的命名集合

接着,向集合中添加一些元素,如图 10-24 所示。

```
root@virtual-machine:/home/ubuntu-user/桌面# nft add element inet mytable myset { 10.10.10.22, 10.10.10.33 }
root@virtual-machine:/home/ubuntu-user/桌面#  nft list set inet mytable myset
table inet mytable {
        set myset {
                type ipv4_addr
                elements = { 10.10.10.22, 10.10.10.33 }
        }
}
```

图 10-24　向集合中添加一些元素

然后,在添加规则时引用集合,可以使用符号@加集合的名字来引用命名集合,比如将来源为集合 myset 中的 IP 地址的请求阻止掉,如图 10-25 所示。

```
root@virtual-machine:/home/ubuntu-user/桌面# nft insert rule inet mytable input ip saddr @myset drop
root@virtual-machine:/home/ubuntu-user/桌面# nft list chain inet mytable input
table inet mytable {
        chain input {
                type filter hook input priority filter; policy accept;
                ip saddr @myset drop
                ip saddr { 10.10.10.123, 10.10.10.231 } accept
                tcp dport { 22, 80, 2049 } accept
        }
}
```

图 10-25　在添加规则时引用集合

(3) 支持区间

从上面的例子中可以看到,填加元素时是使用两个独立的 IP 地址,并没有直接使用 10.10.10.0~10.10.10.255 这样的区间段来表示。这是因为直接使用区间段会报出如图 10-26 所示的错误。

```
root@virtual-machine:/home/ubuntu-user/桌面# nft add element inet mytable myset { 10.10.10.0-10.10.10.255 }
Error: You must add 'flags interval' to your set declaration if you want to add range elements
add element inet mytable myset { 10.10.10.0-10.10.10.255 }
                                 ^^^^^^^^^^^^^^^^^^^^^^^
```

图 10-26　报　错

如果想在集合中使用区间,则需要加上一个 flag interval,因为内核必须提前确认该集合存储的数据类型,以便采用适当的数据结构。图 10-27 所示为创建一个支持区间的命名集合实例。

图 10-27 所创建的例子中直接使用了子网掩码来表示 IP 地址段,它会被隐式转换为 IP 地址的区间,也可以直接使用区间 10.10.10.0~10.10.10.255 来获得相同的效果。

(4) 级联不同类型

命名集合不仅支持同一类型元素,也可以支持对不同类型的元素进行级联。例如,下面的规则可以一次性匹配 IP 地址、协议和端口号。

```
root@virtual-machine:/home/ubuntu-user/桌面# nft add table inet mytable
root@virtual-machine:/home/ubuntu-user/桌面# nft add set inet mytable my_rangese
t { type ipv4_addr \; flags interval \; }
root@virtual-machine:/home/ubuntu-user/桌面# nft add element inet mytable my_ran
geset { 10.10.10.0/24 }
root@virtual-machine:/home/ubuntu-user/桌面# nft list set inet mytable my_ranges
et
table inet mytable {
        set my_rangeset {
                type ipv4_addr
                flags interval
                elements = { 10.10.10.0/24 }
        }
}
root@virtual-machine:/home/ubuntu-user/桌面#
```

图 10-27　创建一个支持区间的命名集合

首先,我们创建一个级联类型的集合,不同类型的元素可以通过级联操作符“.”来分隔,如图 10-28 所示。

```
root@virtual-machine:/home/ubuntu-user/桌面# nft add set inet mytable my_concatset  { type ipv4_addr . inet_proto . inet_service \; }
root@virtual-machine:/home/ubuntu-user/桌面# nft list set inet mytable my_concatset
table inet mytable {
        set my_concatset {
                type ipv4_addr . inet_proto . inet_service
        }
}
```

图 10-28　创建一个级联类型的集合

然后,向集合中添加元素,如图 10-29 所示。

```
nft add element inet mytable my_concatset { 10.30.30.30 . tcp . telnet }
```

图 10-29　向集合中添加元素

最后,在规则中对级联类型的集合进行引用,如果数据包的源 IP、协议类型、目标端口匹配 10.30.30.30、tcp、telnet,就会允许该数据包通过,如图 10-30 所示。

```
nft add rule inet mytable input ip saddr . meta l4proto . tcp dport @my_concatset accept
```

图 10-30　在规则中对级联类型的集合进行引用

除了命名集合外,匿名集合也可以使用级联元素,如图 10-31 所示。

```
root@virtual-machine:/home/ubuntu-user/桌面# nft add rule inet mytable input ip saddr . meta l4
proto . udp dport { 10.30.30.30 . udp . bootps } accept
```

图 10-31　匿名集合使用级联元素

在规则中引用级联类型的集合和一般类型集合的不同之处主要在于，需要标明集合中每个元素对应到规则中的位置，这类似于 ipset 的聚合类型，例如 hash：ip，port。

2. 字　典

字典是 nftables 的又一个高级特性，同样可以支持在一条规则上使用不同类型的数据，并且由于是哈希映射的方式，可以完美地避免链式规则跳转的性能开销。

首先，创建一个命名字典，如图 10－32 所示。

```
root@virtual-machine:/home/ubuntu-user/桌面# nft add map inet mytable my_vmap { type ipv4_addr:verdict \; }
```

图 10－32　创建一个命名字典

然后，向字典中添加一些元素，如图 10－33 所示。

```
root@virtual-machine:/home/ubuntu-user/桌面# nft add element inet mytable my_vmap { 192.168
.0.10 : drop, 192.168.0.11 : accept }
```

图 10－33　向字典中添加一些元素

最后，可以在规则中引用字典中的元素（前面已经定义了基本链叫做 input，这里才能找到 input，否则会找不到），如图 10－34 所示。

```
root@virtual-machine:/home/ubuntu-user/桌面# nft add rule inet mytable input ip saddr vmap @my_vmap
```

图 10－34　在规则中引用字典中的元素

完整命令如图 10－35 所示。

```
root@virtual-machine:/home/ubuntu-user/桌面# nft add map inet mytable my_vmap { type ipv4_addr:verdict \; }
root@virtual-machine:/home/ubuntu-user/桌面# nft add element inet mytable my_vmap { 192.168.0.10 : drop, 19
2.168.0.11 : accept }
root@virtual-machine:/home/ubuntu-user/桌面# nft add chain inet mytable input { type filter hook input prio
rity 0\; }
root@virtual-machine:/home/ubuntu-user/桌面# nft add rule inet mytable input ip saddr vmap @my_vmap
root@virtual-machine:/home/ubuntu-user/桌面# 
```

图 10－35　完整命令

与集合一样，除了命名字典，也可以创建匿名字典。例如，为了从逻辑上将 TCP 和 UDP 的数据包拆分开来用两条不同链来处理，就可以通过使用字典来实现，如图 10－36 所示。

```
root@virtual-machine:/home/ubuntu-user/桌面# nft add chain inet mytable my_tcpchain
root@virtual-machine:/home/ubuntu-user/桌面# nft add chain inet mytable my_udpchain
root@virtual-machine:/home/ubuntu-user/桌面# nft add rule inet mytable input meta l4proto vmap { tcp : jump
 my_tcpchain, udp : jump my_udpchain }
root@virtual-machine:/home/ubuntu-user/桌面# 
```

图 10－36　创建匿名字典

3. 表与命名空间

在 nftables 中,每个表都是一个独立的命名空间,这就意味着不同表中的链、集合、字典等名字可以相同,如图 10-37 和图 10-38 所示。

```
root@virtual-machine:/home/ubuntu-user/桌面# nft add table inet table_one
root@virtual-machine:/home/ubuntu-user/桌面# nft add chain inet table_one mychain
root@virtual-machine:/home/ubuntu-user/桌面# nft add table inet table_two
root@virtual-machine:/home/ubuntu-user/桌面# nft add chain inet table_two mychain
root@virtual-machine:/home/ubuntu-user/桌面# nft list ruleset
```

图 10-37 不同表中的同名链(1)

```
table inet table_one {
        chain mychain {
        }
}
table inet table_two {
        chain mychain {
        }
}
root@virtual-machine:/home/ubuntu-user/桌面#
```

图 10-38 不同表中的同名链(2)

有了这个特性后,不同的应用就可以在相互不影响的情况下管理自己表中的规则。不过使用这个特性前,需要注意的一点是:由于 nftables 将每个表都视为独立的防火墙,一个数据包必须被所有表中的规则放行才能真正通过。如果出现两条链的优先级相同,就会进入竞争状态。

为了解决这个问题,nftables 引入了优先级。优先级值越高的链优先级越低,所以优先级值低的链会比优先级值高的链先执行。

4. 备份与恢复

默认情况下,通过 nftables 用户态工具 nft 直接在终端中加入的规则都是临时的。如果要想永久生效,可以将规则备份后并在开机自动加载时进行恢复,可以使用 nft list ruleset >/root/nftables.conf 进行备份。

注意:恢复规则是基于规则全部删了才能恢复,若未删除,则会报规则已经删除的错误,如图 10-39 所示。

```
root@virtual-machine:/home/ubuntu-user/桌面# nft list ruleset > /root/nftables.conf
root@virtual-machine:/home/ubuntu-user/桌面# nft -f /root/nftables.conf
/root/nftables.conf:8:6-12: Error: Could not process rule: File exists
        map my_vmap {
            ^^^^^^^
root@virtual-machine:/home/ubuntu-user/桌面#
```

图 10-39 恢复未删除规则报错信息

因此,在恢复规则前先列出所有存在的规则将其全部删除后再执行恢复规则指令,完整命令如图 10-40~图 10-42 所示。

```
root@virtual-machine:/home/ubuntu-user/桌面# nft list ruleset > /root/nftables.conf
root@virtual-machine:/home/ubuntu-user/桌面# nft list ruleset
table inet mytable {
        map my_vmap {
                type ipv4_addr : verdict
                elements = { 192.168.0.10 : drop, 192.168.0.11 : accept }
        }

        chain input {
                type filter hook input priority filter; policy accept;
                ip saddr vmap @my_vmap
                meta l4proto vmap { tcp : jump my_tcpchain, udp : jump my_udpchain }
        }

        chain my_tcpchain {
        }

        chain my_udpchain {
        }
}
```

图 10-40　列出所有存在的规则

```
root@virtual-machine:/home/ubuntu-user/桌面# nft flush chain inet mytable input
root@virtual-machine:/home/ubuntu-user/桌面# nft flush map inet mytable my_vmap
root@virtual-machine:/home/ubuntu-user/桌面# nft list ruleset
table inet mytable {
        map my_vmap {
                type ipv4_addr : verdict
        }

        chain input {
                type filter hook input priority filter; policy accept;
        }

        chain my_tcpchain {
        }

        chain my_udpchain {
```

图 10-41　删除所有存在的规则

在 Ubuntu 中,nftables 是以 Systemd 服务形式进行工作的。

nftables. service 的规则被存储在/etc/nftables. conf 中,其中包含一些其他的示例规则,一般会位于/etc/sysconfig/nftables. conf 文件中。如果想开机自加载 nftables 规则,只需将备份规则放到/etc/sysconfig/nftables. conf 文件即可。

```
root@virtual-machine:/home/ubuntu-user/桌面# nft -f /root/nftables.conf
root@virtual-machine:/home/ubuntu-user/桌面# nft list ruleset
table inet mytable {
        map my_vmap {
                type ipv4_addr : verdict
                elements = { 192.168.0.10 : drop, 192.168.0.11 : accept }
        }

        chain input {
                type filter hook input priority filter; policy accept;
                ip saddr vmap @my_vmap
                meta l4proto vmap { tcp : jump my_tcpchain, udp : jump my_udpchain }
        }

        chain my_tcpchain {
        }

        chain my_udpchain {
        }
}
root@virtual-machine:/home/ubuntu-user/桌面#
```

图 10-42 恢复规则

10.3 Ubuntu 防火墙的配置——ufw 工具的使用

ufw 是 Ubuntu 系列发行版自带的类似 iptables 的防火墙管理软件，底层也是基于 netfilter 的。ufw 是 Uncomplicated Fire Wall 的缩写，真正地简化了 iptables，它从出现的这几年，已经成为 Ubuntu 和 Debian 等系统上的默认防火墙。而且 ufw 出乎意料的简单，这对新管理员来说是一个福音，否则他们可能需要投入大量时间来学习防火墙管理。ufw 默认关闭，开放所有端口。环境说明：以下操作命令和示例均在 Ubuntu 22.04 系统中测试，并且切换到了 root 权限下执行的，若在普通用户权限下，需要在每个指令前添加 sudo。

10.3.1 ufw 安装

Ubuntu 22.04 默认安装了 ufw，若没有安装，则使用以下命令安装，如图 10-43 所示。

```
root@virtual-machine:/home/ubuntu-user/桌面# apt-get install ufw
正在读取软件包列表... 完成
正在分析软件包的依赖关系树... 完成
正在读取状态信息... 完成
ufw 已经是最新版 (0.36.1-4build1)。
ufw 已设置为手动安装。
升级了 0 个软件包，新安装了 0 个软件包，要卸载 0 个软件包，有 125 个软件包未被升级。
root@virtual-machine:/home/ubuntu-user/桌面#
```

图 10-43 安装 ufw

10.3.2 查看 ufw 的状态

一般 ufw 是不会开启的，激活 ufw 用 sudo ufw enable 来激活。需要注意的是，在激活时，默认是不允许 ssh 端口连接的，ufw 会保持当前的连接，这时候执行 sudo ufw allow ssh 来开启 ssh 的端口。如果不执行，重启后再次 ssh 连接就不能正常连接，因为 ufw 默认允许内部流量出去，但不允许外部流量进来。

可以通过图 10-44 所示的命令来检查 ufw 的状态。

```
root@virtual-machine:/home/ubuntu-user/桌面# ufw status verbose
状态：不活动
```

图 10-44 检查 ufw 状态

一般 ufw 命令只能在具有 sudo 权限的用户以及 root 用户下执行。执行完上面的命令后，如果开启了 ufw，则会输出下面这段文字和防火墙的规则：

状态（Status）：活动（active）

日志记录（Logging）：打开（低）（on（low））

默认值（Default）：拒绝（传入）（deny （incoming））、允许（传出）（allow （outgoing））、禁用（路由）（disabled （routed））

新配置文件（New profiles）：跳过（skip）

查看 ufw 的规则还有另一条命令，如图 10-45 所示。

```
root@virtual-machine:/home/ubuntu-user/桌面# ufw status
状态：不活动
```

图 10-45 查看 ufw 规则

这条指令没有图 10-44 中的 ufw status verbose 命令输出的信息多，图 10-44 中的指令会输出更为详细的端口规则。因为没有激活 ufw，看不出两个指令的区别，输出均为状态（Status）：不活动（inactive）。通过 ufw enable 激活 ufw，就可以看到区别了，如图 10-46 所示。

```
root@virtual-machine:/home/ubuntu-user/桌面# ufw enable
在系统启动时启用和激活防火墙
root@virtual-machine:/home/ubuntu-user/桌面# ufw status
状态： 激活
root@virtual-machine:/home/ubuntu-user/桌面# ufw status verbose
状态：激活
日志： on (low)
默认：deny (incoming), allow (outgoing), disabled (routed)
新建配置文件：skip
root@virtual-machine:/home/ubuntu-user/桌面#
```

图 10-46 通过 ufw enable 激活 ufw

10.3.3　端口规则设置

ufw 激活后默认的策略是允许流量出去，不允许流量进来，这个可以在 ufw 的配置文件中看到。在配置文件/etc/default/ufw 中可以看到 DEFAULT_OUTPUT_POLICY="ACCEPT"，如果需要端口可以出去，则需要自己配置。

可以通过 ufw 的命令来直接修改端口规则。

命令格式为：

```
ufw allow port_number/protocol
```

ufw 配置了一些特定端口的规则可以直接用，如图 10-47 所示。

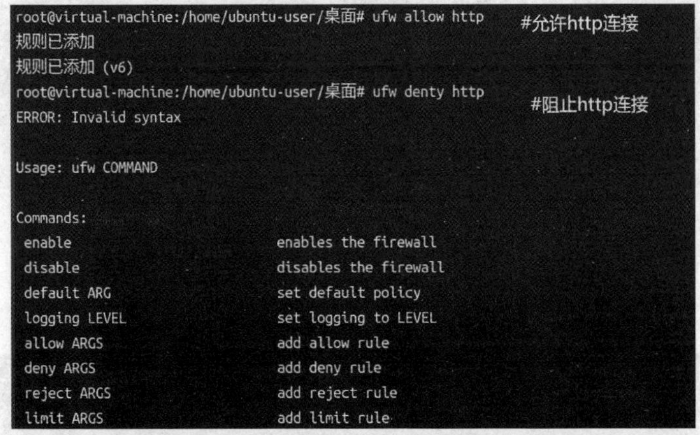

图 10-47　ufw 配置的特定端口的规则

这些特定端口定义在文件/etc/services 中。

也可以自行配置端口的规则，如图 10-48 所示。

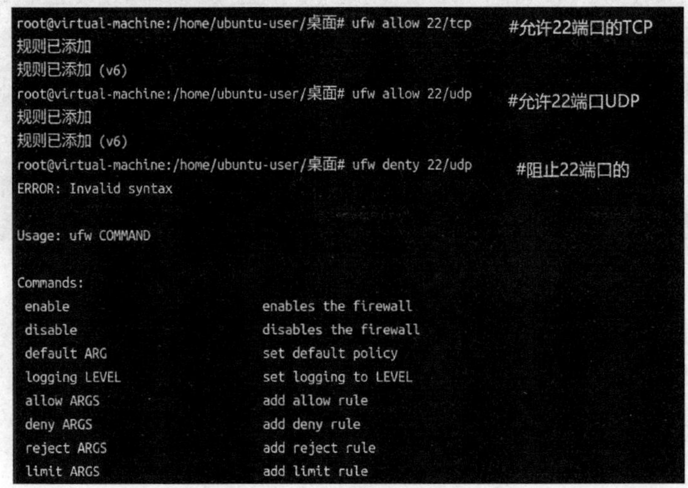

图 10-48　自行配置端口的规则

如果不带有 TCP 或者 UDP,则默认两种规则都可以,如图 10-49 所示。

```
root@virtual-machine:/home/ubuntu-user/桌面# ufw allow 22     #允许22端口的连接
规则已添加
规则已添加 (v6)
root@virtual-machine:/home/ubuntu-user/桌面# ufw denty 22     #阻止22端口的连接
ERROR: Invalid syntax

Usage: ufw COMMAND

Commands:
 enable                          enables the firewall
 disable                         disables the firewall
 default ARG                     set default policy
 logging LEVEL                   set logging to LEVEL
 allow ARGS                      add allow rule
 deny ARGS                       add deny rule
 reject ARGS                     add reject rule
```

图 10-49　两种配置情况

配置一组连续的端口,如图 10-50 所示。

```
root@virtual-machine:/home/ubuntu-user/桌面# ufw allow 20:22/tcp     #允许20到22端口的TCP
规则已添加
规则已添加 (v6)
root@virtual-machine:/home/ubuntu-user/桌面# ufw denty 20:22/tcp     #阻止20到22端口的TCP
ERROR: Invalid syntax

Usage: ufw COMMAND

Commands:
 enable                          enables the firewall
 disable                         disables the firewall
 default ARG                     set default policy
 logging LEVEL                   set logging to LEVEL
 allow ARGS                      add allow rule
 deny ARGS                       add deny rule
 reject ARGS                     add reject rule
```

图 10-50　配置一组连续的端口

10.3.4　设置特定的 IP 连接

可以设置特定的 IP 连接,如图 10-51 所示。

指定特定 IP 连接到特定端口,如图 10-52 所示。

设置特定的子网连接,如图 10-53 所示。

```
root@virtual-machine:/home/ubuntu-user/桌面# ufw allow from 10.10.10.123   #允许特定IP连接过来
规则已添加
root@virtual-machine:/home/ubuntu-user/桌面# ufw denty from 10.10.10.123   #阻止特定IP访问
ERROR: Invalid syntax

Usage: ufw COMMAND

Commands:
 enable                          enables the firewall
 disable                         disables the firewall
 default ARG                     set default policy
 logging LEVEL                   set logging to LEVEL
 allow ARGS                      add allow rule
 deny ARGS                       add deny rule
```

图 10－51　设置特定的 IP 连接

```
root@virtual-machine:/home/ubuntu-user/桌面# ufw allow from 10.10.10.123 to any port 22
规则已添加                                    #允许特定IP通过端口22
root@virtual-machine:/home/ubuntu-user/桌面# ufw denty from 10.10.10.123 to any port 22
ERROR: Invalid syntax
                                              #阻止特定IP通过端口22
Usage: ufw COMMAND

Commands:
 enable                          enables the firewall
 disable                         disables the firewall
 default ARG                     set default policy
```

图 10－52　指定特定 IP 连接到特定端口

```
root@virtual-machine:/home/ubuntu-user/桌面# ufw allow from 10.10.10.123/24
WARN: 标准化后规则被改变
规则已添加                                    #允许特定子网连接
root@virtual-machine:/home/ubuntu-user/桌面# ufw denty from 10.10.10.123/24
ERROR: Invalid syntax                         #阻止特定子网连接

Usage: ufw COMMAND

Commands:
 enable                          enables the firewall
```

图 10－53　设置特定的子网连接

10.3.5　配置出入

默认的规则都是针对进来的流量，可以通过 in 和 out 配置，如图 10－54 所示。

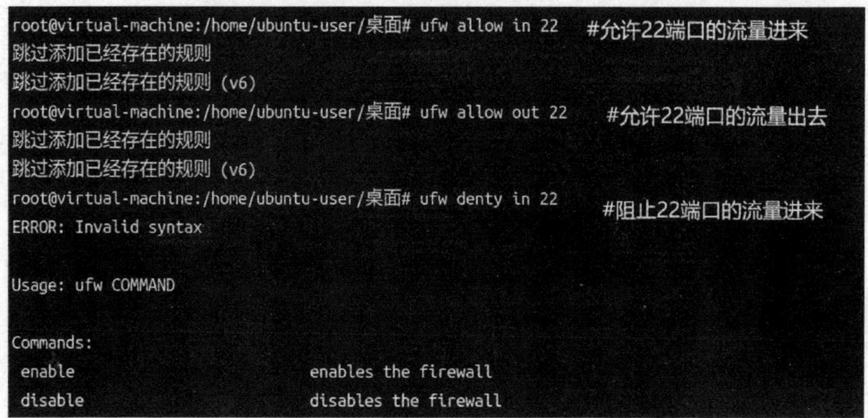

```
root@virtual-machine:/home/ubuntu-user/桌面# ufw allow in 22    #允许22端口的流量进来
跳过添加已经存在的规则
跳过添加已经存在的规则 (v6)
root@virtual-machine:/home/ubuntu-user/桌面# ufw allow out 22    #允许22端口的流量出去
跳过添加已经存在的规则
跳过添加已经存在的规则 (v6)
root@virtual-machine:/home/ubuntu-user/桌面# ufw denty in 22    #阻止22端口的流量进来
ERROR: Invalid syntax

Usage: ufw COMMAND

Commands:
 enable                          enables the firewall
 disable                         disables the firewall
```

图 10-54　通过 in 和 out 配置出入

10.3.6　删除端口规则

删除端口规则有两种方式：

① 通过 ufw status numbered 查看规则序列号来删除，如图 10-55 所示。

```
root@virtual-machine:/home/ubuntu-user/桌面# ufw status numbered
状态： 激活

     至                         动作          来自
     -                          --          --
[ 1] 80/tcp                     ALLOW IN    Anywhere
[ 2] 22/tcp                     ALLOW IN    Anywhere
[ 3] 22/udp                     ALLOW IN    Anywhere
[ 4] 22                         ALLOW IN    Anywhere
[ 5] 20:22/tcp                  ALLOW IN    Anywhere
[ 6] Anywhere                   ALLOW IN    10.10.10.123
[ 7] 22                         ALLOW IN    10.10.10.123
[ 8] Anywhere                   ALLOW IN    10.10.10.0/24
[ 9] 22                         ALLOW OUT   Anywhere                   (out)
[10] 80/tcp (v6)                ALLOW IN    Anywhere (v6)
[11] 22/tcp (v6)                ALLOW IN    Anywhere (v6)
[12] 22/udp (v6)                ALLOW IN    Anywhere (v6)
[13] 22 (v6)                    ALLOW IN    Anywhere (v6)
[14] 20:22/tcp (v6)             ALLOW IN    Anywhere (v6)
[15] 22 (v6)                    ALLOW OUT   Anywhere (v6)              (out)
```

图 10-55　查看规则序列号进行删除

通过 ufw delete 1 删除第 1 条规则，命令执行后会询问是否要删除这个规则？输入 y 即可完成删除操作，如图 10-56 所示。

图 10-56　删除询问

② 通过在规则前面加上 delete 删除规则，比如通过 ufw delete allow 22/tcp 命令删除 allow 22/tcp 这条规则，该方式没有询问的过程，按“回车”键执行后就完成了删除操作，如图 10-57 所示。

```
root@virtual-machine:/home/ubuntu-user/桌面# ufw delete allow 22/tcp
规则已删除
规则已删除 (v6)
```

图 10-57　删除操作完成

10.4　项目实践

10.4.1　nftables 配置练习

1. 增加规则，阻止对服务器 FTP 端口的访问。
2. 增加规则，允许对服务器 http 端口的访问。
3. 查看当前防火墙规则。

10.4.2　ufw 配置练习

1. 增加规则，阻止 192.168.0.0/24 网段对服务器的访问。
2. 增加规则，允许 192.168.1.0/24 网段对服务器的访问。
3. 查看 ufw 当前状态。

本章小结

本章讲解了 nftables 的基本功能和用法。首先介绍了 nftables 的概念和特点；然后对 nftables 的表管理、链管理和规则管理等进行了讲解，并给出相关命令及用法。通过学习本章的内容，读者可以了解 Linux 中防火墙功能及其作用，并能根据实际需要独立设置防火墙防护。

第 11 章

结课实践

11.1 结课实践——编程类

11.1.1 Shell 编程类

1. 日程提醒

设计要求：编写一个 shell 脚本，实现日程提醒功能。

(1) 编写一个脚本，用于接收用户的输入；

(2) 为该程序设置执行权限，设置开机自动执行该程序；

(3) 测试该程序能否满足预期要求。

2. 备忘录管理

设计要求：编写一个备忘录，能实现编辑、保存、查找等功能。

提示：使用文件保存用户的备忘录。

11.1.2 C 语言编程

1. 日程提醒

设计要求：编写一个 C 语言程序，实现日程提醒功能。

2. 备忘录管理

设计要求：使用 C 语言，编写一个备忘录，能实现编辑、保存、查找等功能。

提示：使用文件保存源代码，make 工具的使用。

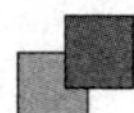

11.1.3 服务启用与配置

1. WWW 服务

设计要求：安装并正确配置 WWW 服务。

(1) 安装 apache；

(2) 正确设置 httpd 服务；

(3) 编写测试页面，并测试该服务是否正常启动。

2. FTP 服务

设计要求：安装并正确配置 FTP 服务。

(1) 安装 VSFTP；

(2) 正确设置 FTP 服务；

(3) upload 一些文件，并测试该服务是否正常启动。

11.2 结课实践——Ubuntu 体检系统

设计要求：

(1) 使用 Shell 脚本开发。

(2) 无参数运行时显示说明。根据不同参数，输出到屏幕或文件或两边都输出。输出到文件时，提示用户输入目录及文件名。根据用户输入内容建立目录。

(3) 体检内容至少包括：主机基本情况、目录基本情况、用户及组情况、硬盘基本情况、进程基本情况、网络基本情况。

(4) 通过任务计划执行脚本。

(5) 使用 lamp 平台，将体检结果，分时间分项目存入 MySql 数据库，并通过网页展示体检结果。

(6) 通过 C 语言访问 MySql 数据库获取体检结果并展示。

参考文献

[1] 马丽梅,郭晴,张林伟. Ubuntu Linux 操作系统与实验教程. 北京:清华大学出版社,2020.

[2] 杨云,戴万长,吴敏. Linux 网络操作系统与实训. 北京: 中国铁道出版社,2020.

[3] 邵国金,张娜. Linux 操作系统. 北京:电子工业出版社,2020.

[4] 刘遄. Linux 就该这么学. 北京:人民邮电出版社,2021.

[5] 王秀丽,于群,王震. 操作系统实践:Linux 操作系统从入门到提高. 成都:电子科技大学出版社,2019.

[6] 陈少芸. 只是为了好玩:Linux 之父林纳斯自传. 北京:人民邮电出版社,2014.

[7] 鸟哥. 鸟哥的 Linux 私房菜基础学习篇. 4 版. 北京:人民邮电出版社,2018.

[8] [美] William Shotts. Linux 命令行大全. 门佳,李伟,译. 2 版. 北京:人民邮电出版社,2021.

[9] [美] 布鲁姆,布雷斯纳汉. Linux 命令行与 shell 脚本编程大全. 门佳,武海峰,译. 3 版. 北京:人民邮电出版社,2016.

[10] 刘忆智,等. Linux 从入门到精通. 北京:清华大学出版社,2010.